JN021359

小・中・高の
理科
まるごと
おさらいノート
間地秀三
水素
水素
水素
ベレ出版

はじめに　理科…やりなおしてみると、かなり面白い！

小・中・高でずっと習ってきた理科ですが、しばらく離れてみると、断片的な知識は残っているけれど、それが何であったかあやふやだったりしませんか。

- リトマス紙やBTB液、何がわかるんだったっけ？
- 電流（A）と電圧（V）と抵抗（Ω）の関係は？
- フレミングの左手の法則、手の形は覚えているけれど、これって何だっけ？

他にも、光合成や遺伝の法則、食物連鎖といった生物の内容や、原子の構造、ドップラー効果、周期表、エネルギー保存の法則…など、昔習ったことはなんとなく覚えているけれどどのような内容だったかすっかり忘れてしまったな、でも久しぶりに見てみたら勉強したくなってきたぞ！　あるいは、昔はとにかく苦手だったけれど、テストで点数を取るための勉強ではない今なら愉しく学べそうだな！…というような人のために本書は構成されています。

理科の基礎知識を［生物］［地学］［化学］［物理］に分類して１冊でテンポよく、理科が得意な友達のノートを借りているようなわかりやすさで総ざらいできるマル秘ノート。

高校物理の項目まで一気に駆け抜けますが、文系だったから高校の最後までは習わなかった…という人でも大丈夫。高校で一部の生徒しか学ばないような専門的で難しい項目は出てきません。どんな人でも愉しみながら最後まで読み通せる内容になっています。

自分自身の学びなおし以外にも、子どもに教えるためのやりなおしや、就職試験・公務員試験等への対策として広い範囲を短期間で勉強する必要のある方にも最適です。

もう一度学生に戻って友達のノートを借りて勉強しているような気分で、愉しみながら理科を学んでみてください。

あの頃思っていたより、「理科」ってなんだか面白い！ と感じてくださる読者の方がたくさんいることを願っています。

小・中・高の理科 まるごとおさらいノート・目次

生物

その5 動物の分類 38

その6 消化と吸収 43

その7 心臓と肺と血液の循環 49

その8 刺激と神経と反応 58

その9 細胞と細胞分裂 63

地学

化学

物理

その3 電気　254

その4 力とエネルギー　290

生物

その1 水中の小さな生物

池などの水の中には、肉眼では見えないプランクトンと呼ばれる小さな生き物がいる。

そして、プランクトンには3つのタイプがある。

1 植物タイプ

- 植物なので動かない。
- 葉緑体を持ち、緑色で光合成をする。
- ミカヅキモ、ケイソウ、アオミドロなど。

ミカヅキモ

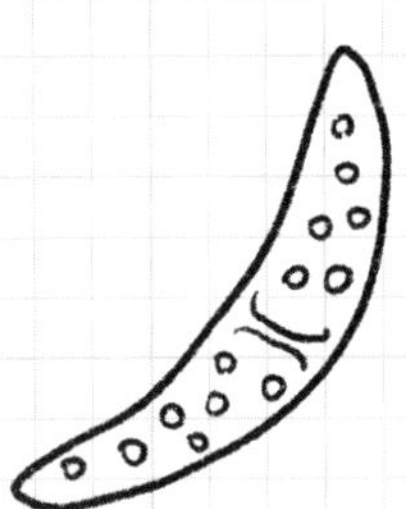

ケイソウ

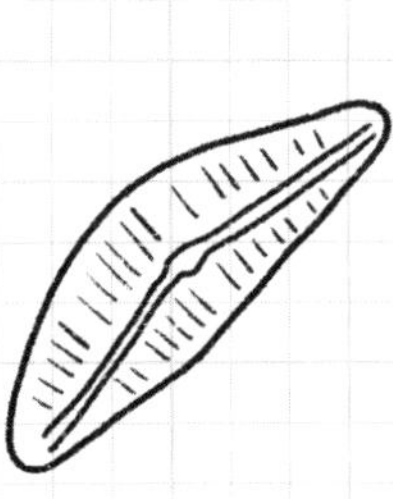

アオミドロ

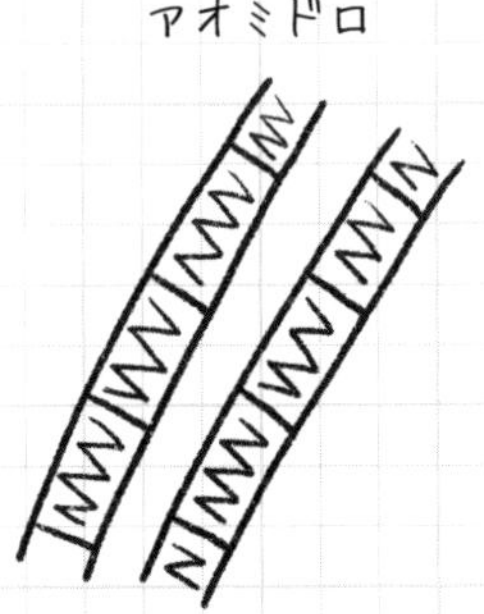

2 動物タイプ

- 動物なので動く。
- いろんな形に変わるアメーバ、せん毛を使って動くゾウリムシ、エビやカニの仲間であるミジンコなど。

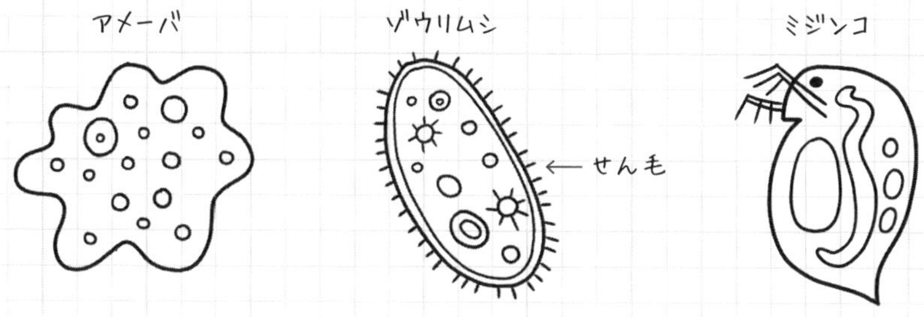

3 動植物タイプ

- 光合成をするという植物の性質と、べん毛を使って動くという動物の性質をあわせ持つ。ミドリムシがこれにあたる。

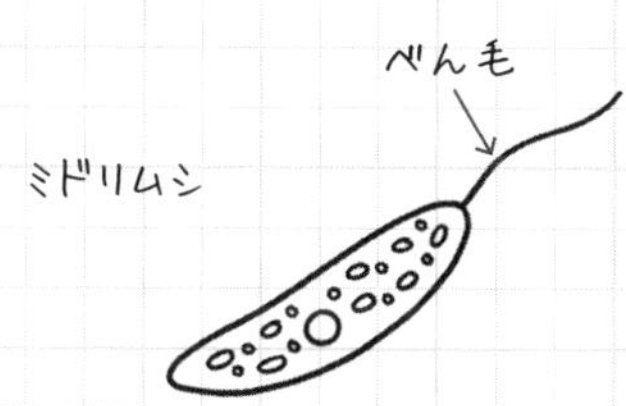

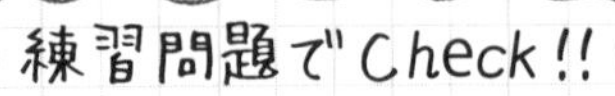

次の設問に答えよう。

池の水を顕微鏡で観察すると、下図のような生物が見えました。

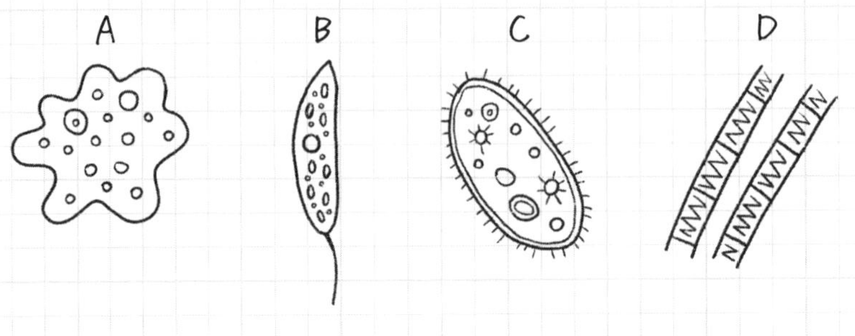

① AとCの生物名は何でしょうか。　（A　　　）（C　　　）

② 光合成をするものはどれでしょうか。　（　　　）

③ 動き回るものはどれでしょうか。　（　　　）

答え

① A）アメーバ　C）ゾウリムシ　② B、D　③ A、B、C

知っ得メモ

ミドリムシ＝ユーグレナ

ミドリムシの学術名がユーグレナです。近ごろよく聞きますね。ミドリムシは、動植物タイプでした。ということで、ユーグレナには、植物と動物に含まれる栄養素が両方含まれているのです。

その2 光合成と呼吸

光合成から見ていこう。

1 光合成のメカニズム

- 光合成は緑色の植物だけが行う。
- 光合成は水と二酸化炭素を原料にして、葉緑体という場所で光のエネルギーによってデンプン（など）と酸素をつくる働き。
- 水は根から吸い上げ道管（どうかん）で葉に運ばれる。
- 二酸化炭素は葉の気孔（きこう）から取り入れる。

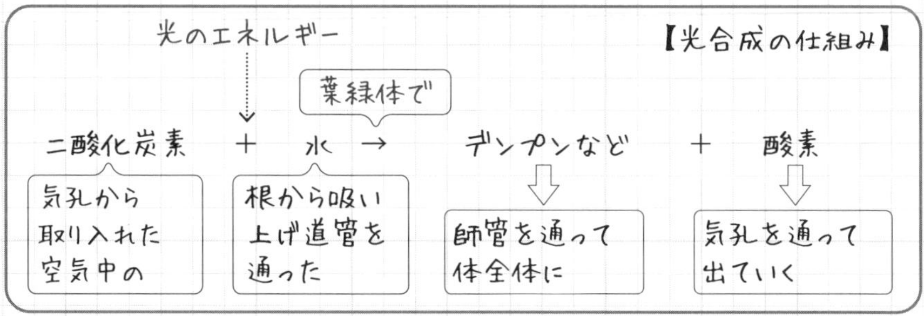

- つくられたデンプン（などの養分）は、師管（しかん）を通って体全体に運ばれる。
- 酸素は二酸化炭素を取り入れる気孔から出ていく。

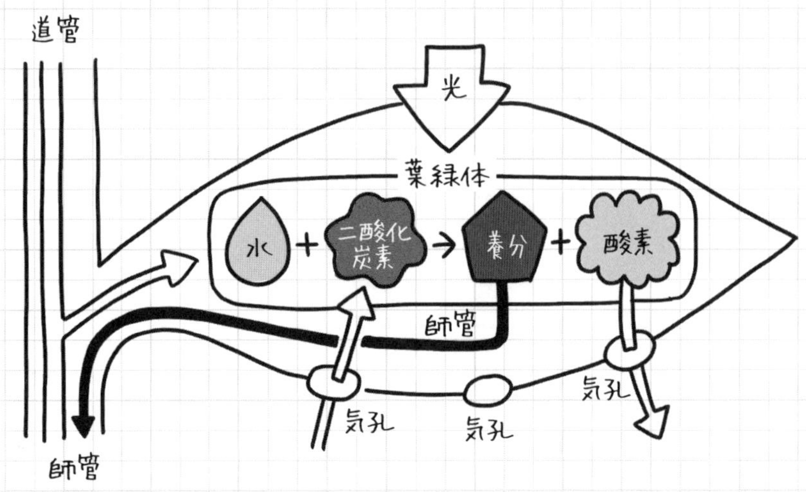

練習問題でCheck!!　次の設問に答えよう。

光合成では、葉緑体というところで、光のエネルギーを使ってデンプンなどの養分がつくられます。

① このデンプンなどの養分の材料は何と何でしょうか。

（　　　　と　　　　）

② 光合成でデンプンなどの養分の他につくられる物質は何でしょうか。

（　　　　）

答え

① 水と二酸化炭素　② 酸素

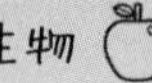

次は、光合成が行われる葉について、詳しく見ていこう。

2 葉のつくり

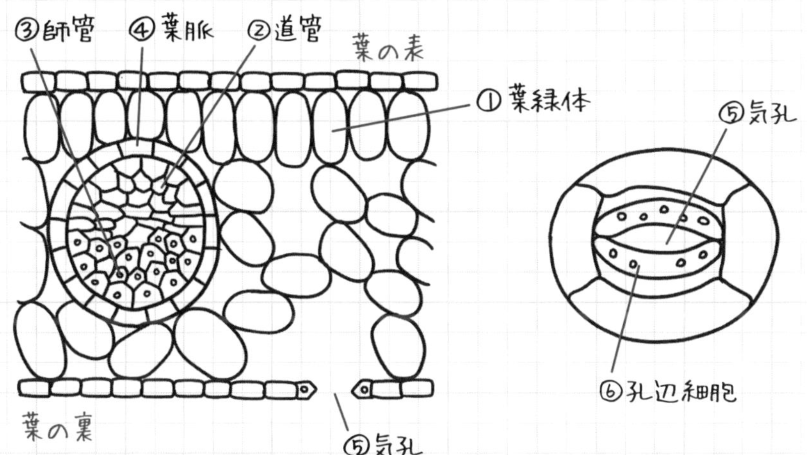

①は葉緑体。ここで光合成を行う。

②は根から吸い上げた水を運ぶ道管。

③は光合成でできたデンプンなどを運ぶ師管。

道管と師管をあわせて維管束（いかんそく）という。

④は葉脈。私たちの目には筋に見える。

⑤は気孔で、葉の裏側に多くある。

光合成に必要な二酸化炭素を取り入れ、光合成でできた酸素を出す。

⑥は一対の三日月形の孔辺細胞（こうへんさいぼう）で、この隙間が気孔。

葉の働きは、光合成の他にもう1つあります。

3 蒸散の働き

- 蒸散とは気孔から水が水蒸気となって出ていく現象。
- 蒸散に刺激されて、道管を通って水が葉っぱに上がっていく。

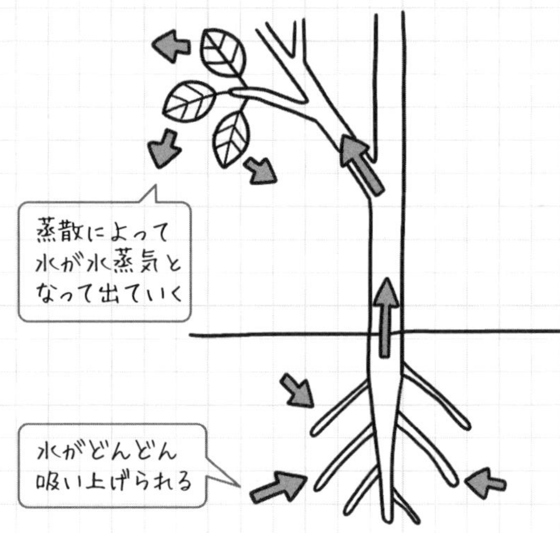

- 結局、葉っぱまで吸い上げられた水は、光合成と蒸散という2通りに使われる。

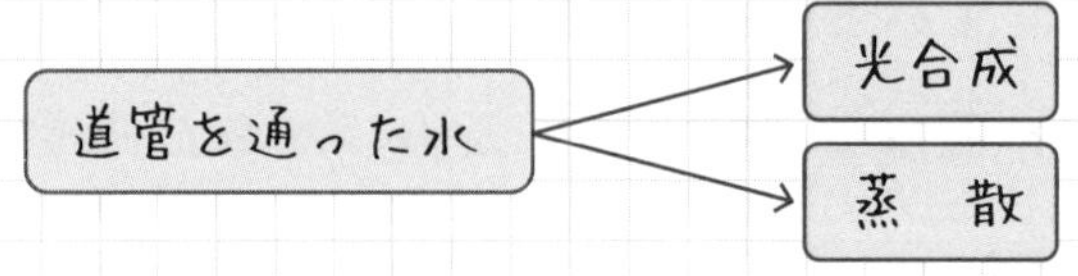

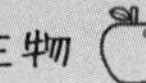

茎には当然道管と師管があります。ここを詳しく見ていこう。

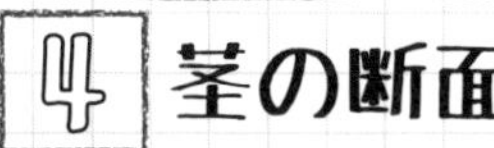

4 茎の断面

- 発芽のとき、子葉(しよう)が2枚の双子葉類には、細胞分裂の盛んな形成層をはさんで、内側に道管・外側に師管（あわせて維管束）がある。

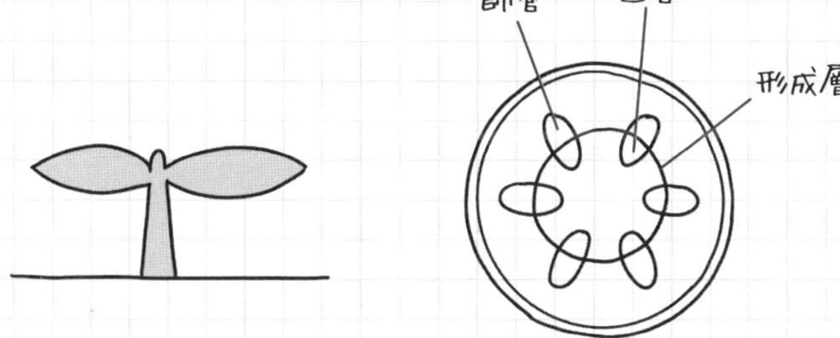

- 発芽のとき、子葉が1枚の単子葉類も、内側に道管・外側に師管ですが、形成層はなく、維管束が全体に散らばる。

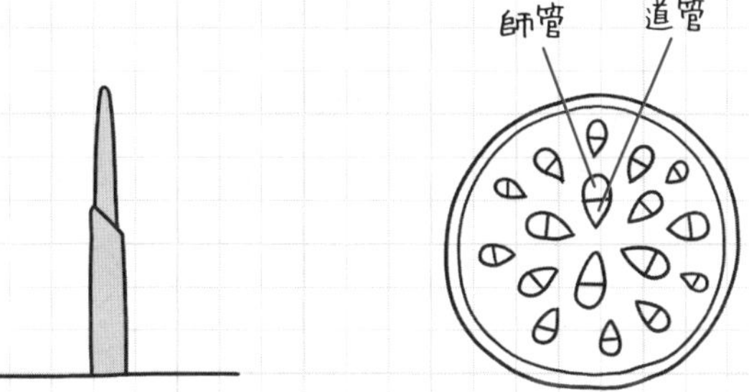

練習問題でCheck!!　次の設問に答えよう。

1　下の図を見て、いくつかの設問に答えよう。

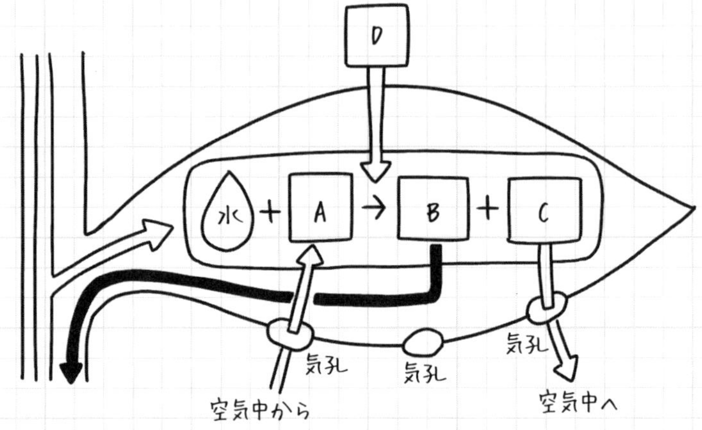

① これは何の働きを表す模式図ですか。　(　　　　　　)

② Dは何のエネルギーですか。　(　　　　　　)

③ Aは何でしょうか。　(　　　　　　)

④ Bは何でしょうか。　(　　　　　　)

⑤ Cは何でしょうか。　(　　　　　　)

2　右の葉の断面図について、いくつかの設問に答えよう。

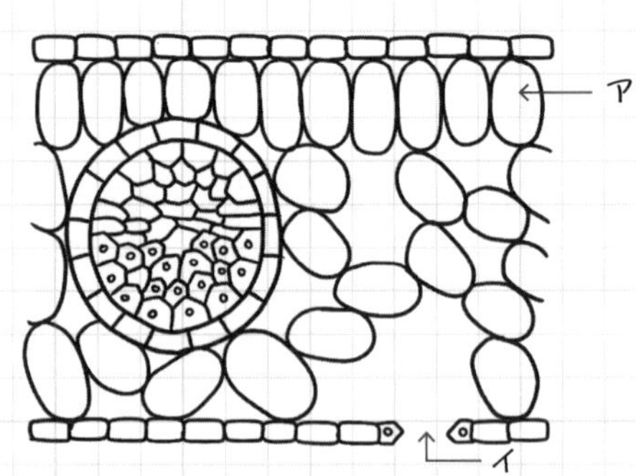

① アの緑色の粒は何でしょうか。 (　　　　)

② イのような細胞の隙間を何といいますか。 (　　　　)

③ イから水が水蒸気となって大気中に出ていきますが、この現象を何といいますか。 (　　　　)

3 次の茎の断面図について、いくつかの設問に答えよう。

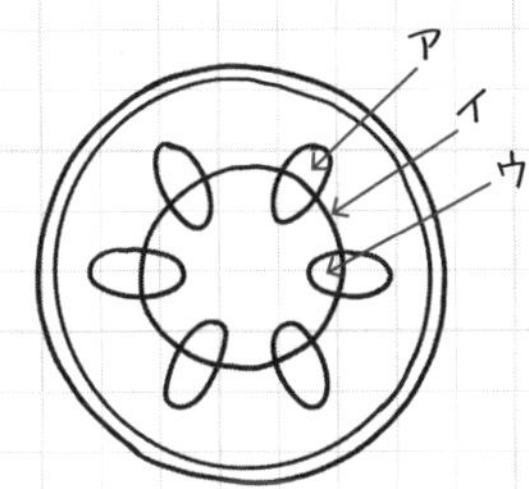

① 光合成でつくられたデンプンなどの養分が通るのはア～ウのどの部分ですか。 (　　　　)

② 根から吸収した水が通るのはア～ウのどの部分ですか。 (　　　　)

③ イを何といいますか。 (　　　　)

答え

1 ①光合成　②光　③二酸化炭素　④デンプン　⑤酸素

2 ①葉緑体　②気孔　③蒸散

3 ①ア　②ウ　③形成層

5 光合成と呼吸

- 植物も生物だから呼吸をする。
- 呼吸は昼も夜も一日中行われる。
- 呼吸では空気中の酸素を取り入れ、二酸化炭素を出す。
- 一方光合成は、光のエネルギーが得られる昼間だけ行われる。
- 結局昼間は光合成と呼吸の両方が行われ、夜は呼吸だけになる。

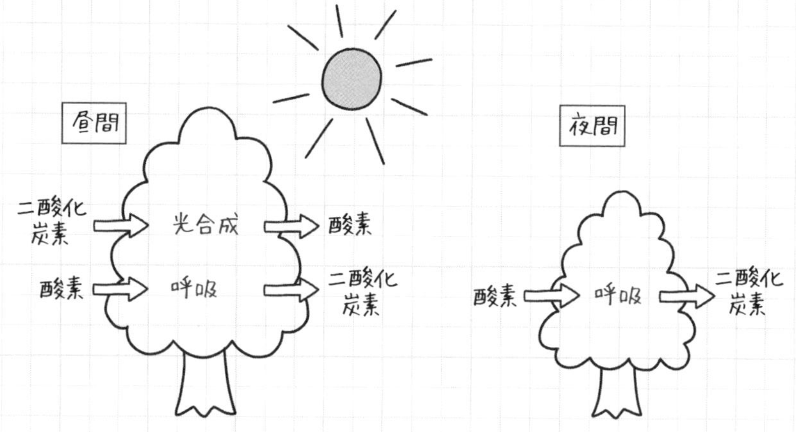

練習問題でCheck!! 次の設問に答えよう。

> 光合成を行うためには、葉緑体（緑の葉）と二酸化炭素と水と光のエネルギーの4つが必要です。どれか1つが欠けても、光合成でデンプンと酸素をつくることはできません。そして、ヨウ素液にデンプンを加えると液は青紫色になります。

以上を参考に、問題文を読んで設問に答えよう。

一昼夜暗室に置いた、ふ入りのアサガオの葉（葉の白い部分を［ふ］といいます）の一部をアルミ箔でおおい、十分日光にあてます。この葉を切り取って、熱湯につけたあとエタノールにひたし、最後にヨウ素液につけます。

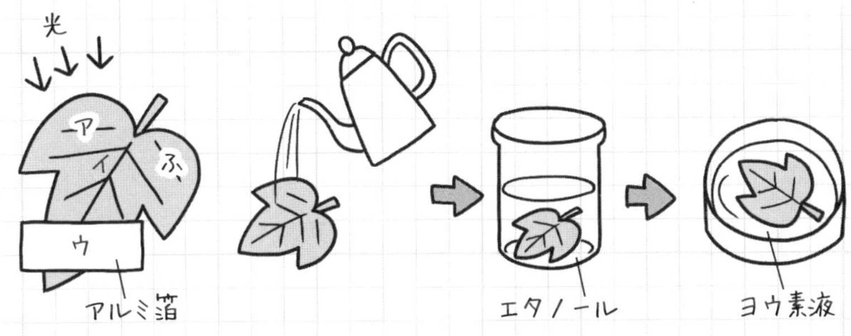

① ヨウ素液で青紫色に変化するのはア～ウのどの部分でしょうか。
（　　　　　　　）

② 実験の結果から、光合成に必要なものが2つわかります。それは何と何ですか。（　　　　　と　　　　　）

答え

①イ（アは葉緑体がなく、ウは光のエネルギーがないのでデンプンができない）

②葉緑体と光のエネルギー

その3　植物の分類

植物は、花が咲く植物と花が咲かない植物に分けられます。まず前者から見ていこう。

1 花が咲く植物

- 花が咲く植物は、種子をつくるので種子植物という。
- 種子植物は子房(しぼう)のある被子(ひし)植物と子房のない裸子(らし)植物に分かれる。
- 子房のある被子植物は、成長して種子になる胚珠(はいしゅ)が子房に包まれている。
- 子房のない裸子植物は、胚珠がむき出し。

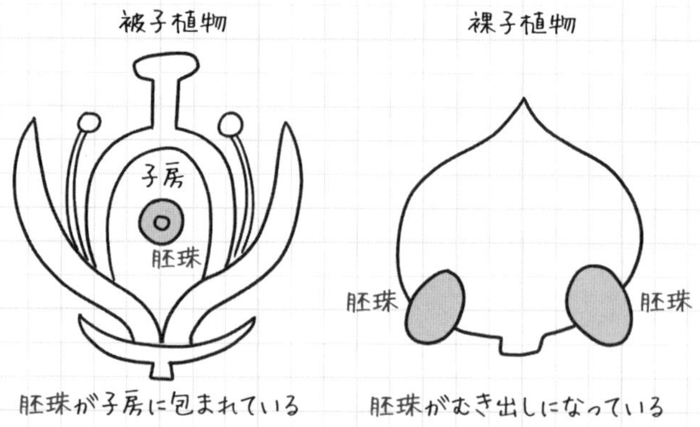

① 裸子植物

- 裸子植物は、ヒノキ、イチョウ、ソテツ、スギ、マツなど。

覚え方は［裸になってヒノキ風呂にいそぎます］
裸（裸子植物）になってヒノキ風呂に
い（イチョウ）そ（ソテツ）ぎ（スギ）ます（マツ）

マツ

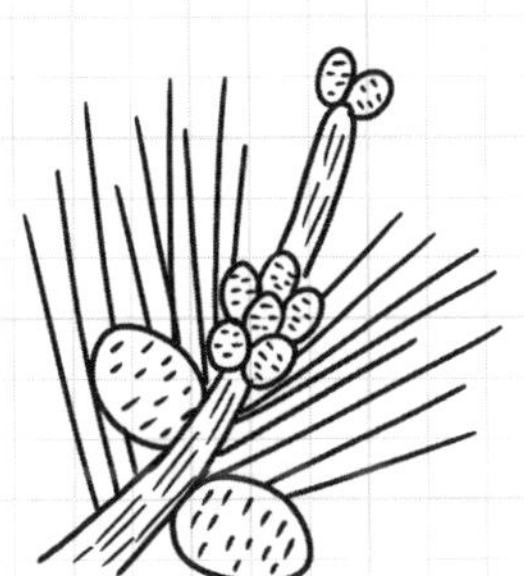

イチョウ

- 子房がないマツには、お花とめ花がある。
- お花の花粉がめ花の胚珠について受粉する。
- 胚珠はやがて種子になり、め花はまつかさになる。

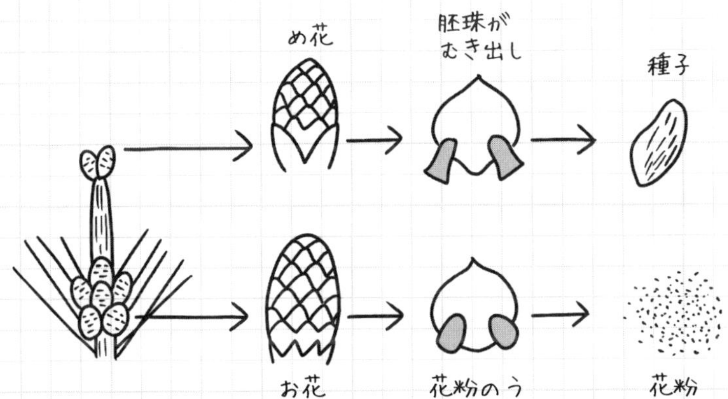

② 被子植物

- 胚珠が子房に包まれた被子植物は、単子葉類と双子葉類に分かれる。
- 単子葉類は芽生えのときの子葉が1枚で、根はひげ根、葉脈は平行で維管束はバラバラ。

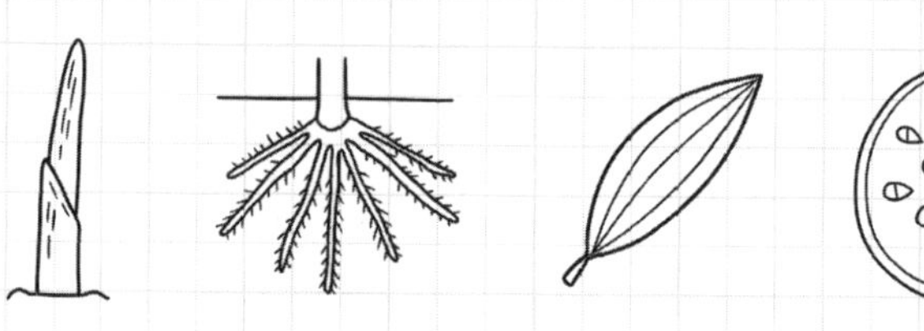

- 単子葉類は、ツユクサ、ユリ、アヤメ、ススキ、イネ、トウモロコシなど。

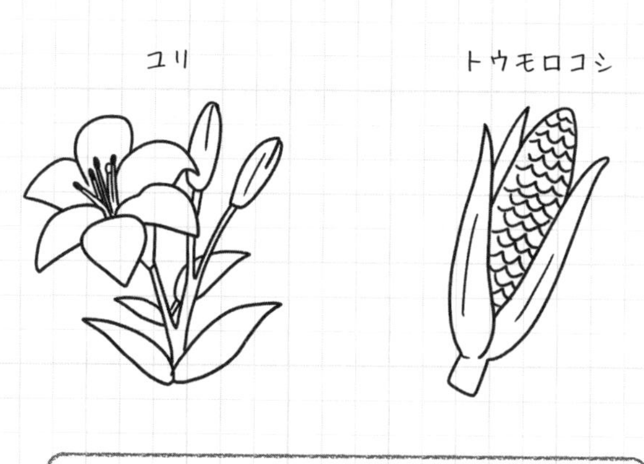

［釣り好いとう］という語呂で覚える！
釣（ツユクサ）り（ユリ）好（ススキ）い（イネ）
とう（トウモロコシ）

- 双子葉類は、芽生えのときの子葉が2枚で、根は主根と側根、葉脈は網目状で、維管束は輪のように並ぶ。

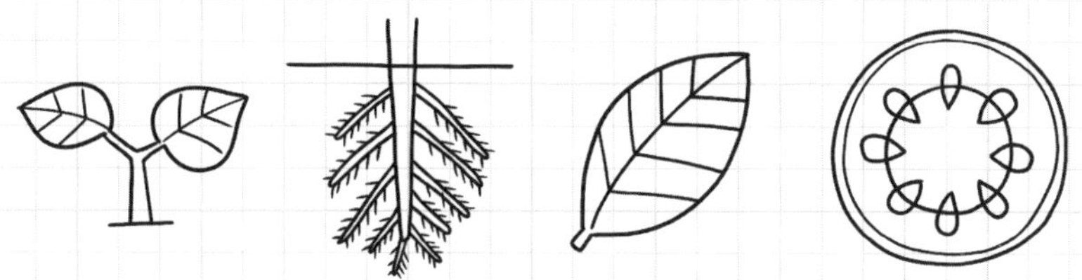

- 双子葉類は、花弁が1つにくっついている合弁花類（ごうべんかるい）と、花弁が1枚1枚離れている離弁花類（りべんかるい）に分かれる。

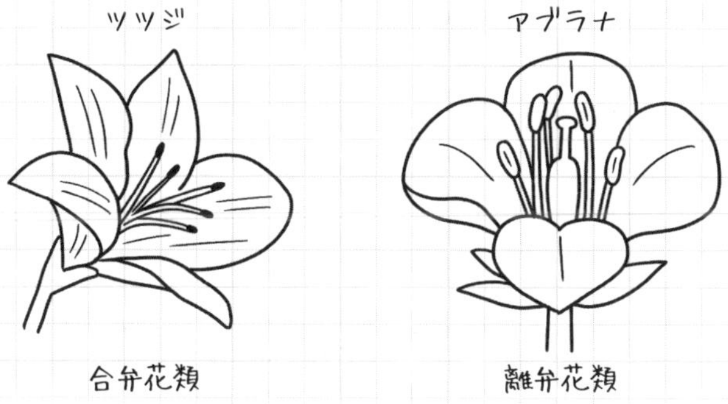

- 合弁花類は、ツツジ、タンポポ、アサガオ、ヒマワリ、キクなど。

[短気な辻ちゃん、ヒマな朝] という語呂で覚える！
短（タンポポ）気（キク）な辻（ツツジ）ちゃん、
ひま（ヒマワリ）な朝（アサガオ）

③ 花のつくりと受粉

- 花粉がめしべの先の柱頭につくことを受粉という。胚珠は種子に、子房は果実になる。

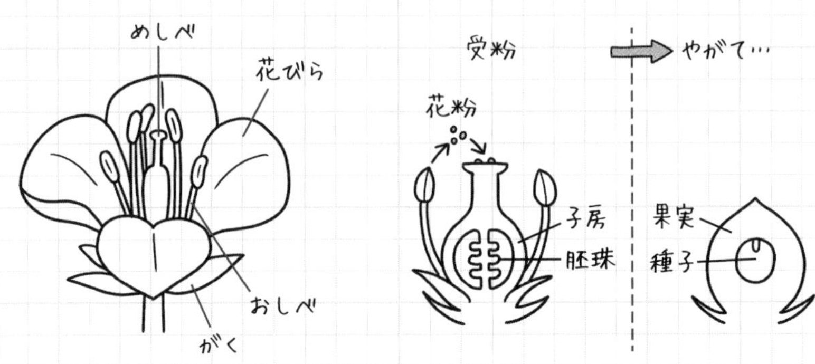

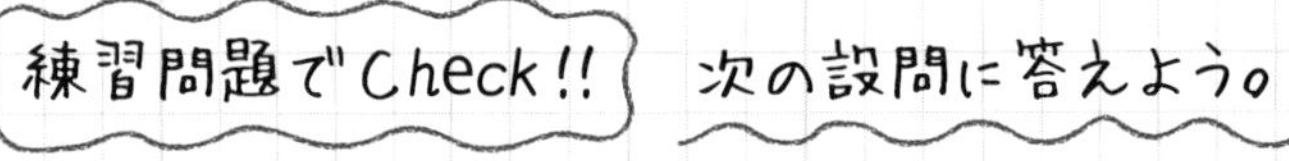

1 次のマツの図について答えよう。

① Aは何ですか。　　A（　　　　）

② Bは何ですか。　　B（　　　　）

③ 種子はA、Bのどちらにできますか。　　（　　　　）

2 下図を見て、①と②の（　　　）にアルファベットを入れよう。

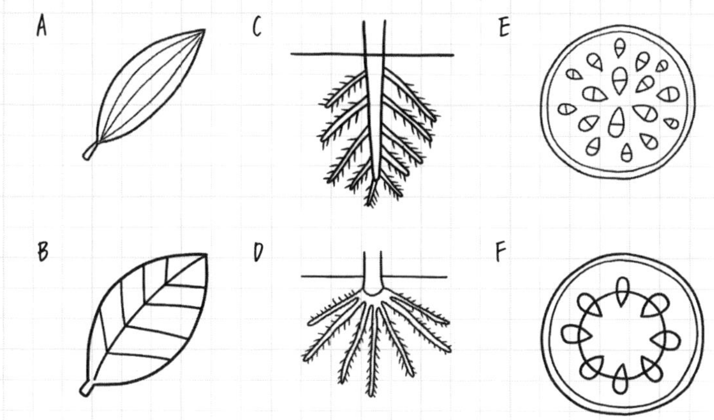

① アブラナなどの双子葉類の葉は（ア　　）、根は（イ　　）、茎は（ウ　　）。

② トウモロコシなどの単子葉類の葉は（エ　　）、根は（オ　　）、茎は（カ　　）。

3 下の種子植物の分類図の□に入る言葉を考えてみよう。

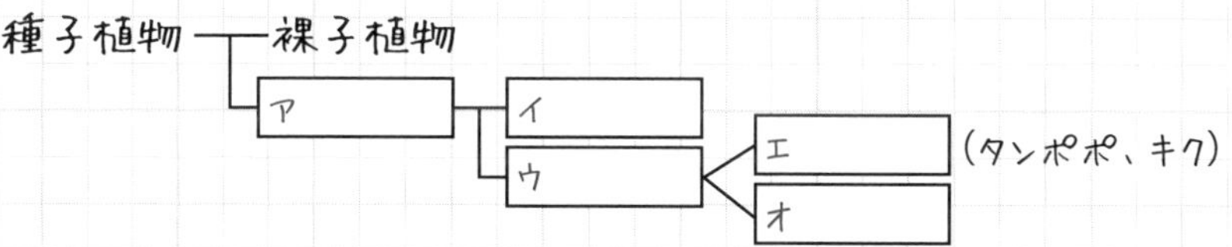

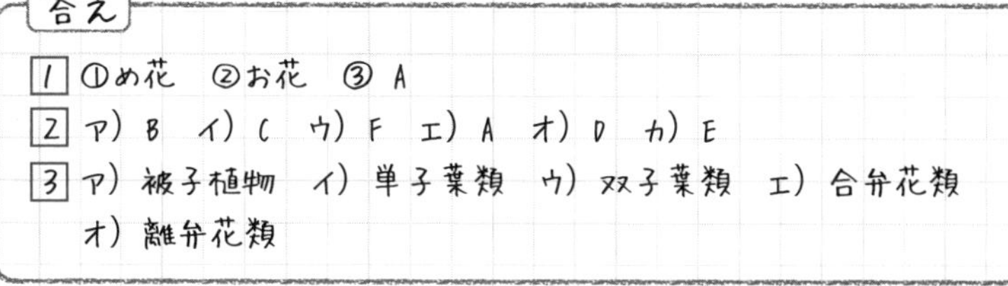
答え

1 ①め花　②お花　③ A

2 ア）B　イ）C　ウ）F　エ）A　オ）D　カ）E

3 ア）被子植物　イ）単子葉類　ウ）双子葉類　エ）合弁花類　オ）離弁花類

2 花が咲かない植物

- 花が咲かない（種子をつくらない）植物は、シダ植物とコケ植物。
- これらに共通するのは、胞子で増えることと光合成をすること。

シダ植物とコケ植物

- シダ植物とコケ植物は陸上生活。
- シダ植物には根・茎・葉の区別と維管束がある。

シダ植物は［犬好きな善人］と覚える！
犬（イヌワラビ）好きな（スギナ）善（ゼンマイ）人

ワラビ

ゼンマイ

- コケ植物には根・葉・茎の区別はない。

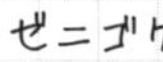

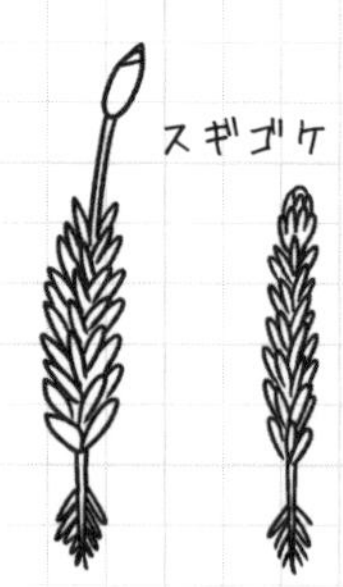

練習問題でCheck!! （　　）に入る言葉を考えてみよう。

種子をつくらない植物には、（ア　　）と（イ　　）がある。

これらに共通するのは（ウ　　）で増えることと（エ　　）をすること。

アにあってイにないものは（オ　　）と（カ　　）である。

アに属するものを3つあげると（キ　　）（ク　　）（ケ　　）。

イに属するものを2つあげると（コ　　）（サ　　）。

答え

ア）シダ植物　イ）コケ植物　ウ）胞子　エ）光合成
オ）維管束　カ）根・茎・葉の区別　キ）イヌワラビ
ク）スギナ　ケ）ゼンマイ　コ）ゼニゴケ　サ）スギゴケ

参考

以前は種子をつくらない植物の仲間であったソウ類は、近年、植物として取り扱わなくなりました。

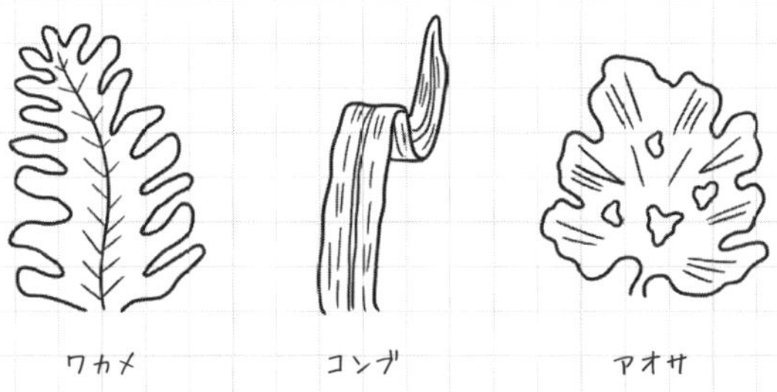

その4 食物連鎖と物質の循環

食物連鎖から見ていこう。

1 食物連鎖

- 食物連鎖とは、イネ（植物）をバッタ（草食動物）が食べ、バッタをカエル（肉食動物）が食べ、カエルをヘビが食べる…というようなつながりのことである。

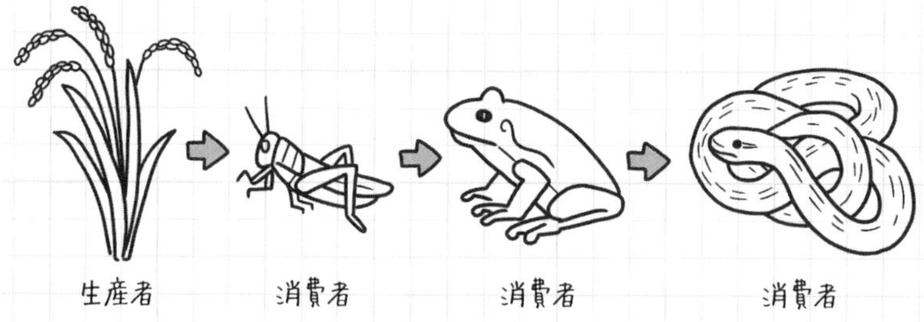

- 食物連鎖において、植物は光合成によって二酸化炭素（CO_2）や水（H_2O）などの無機物からデンプンなどの有機物をつくる。
- この有機物をバッタが食べ（消費し）、カエルが食べ（消費し）、ヘビが食べる（消費する）。
- 無機物から有機物をつくる植物を生産者、生産者がつくった有機物を食物連鎖でつないでいく動物を消費者という。

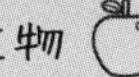

- 食物連鎖はスタートの植物がなくなれば終わる。
  終わらない場合、それは菌類や細菌類の働きによる。
- 菌類や細菌類は動物の死骸、排せつ物、枯れ葉や落ち葉などの有機物を無機物に分解する。
- この無機物が生産者である植物の肥料となって食物を育て、食物連鎖を繰り返す。
- 菌類や細菌類を分解者という。

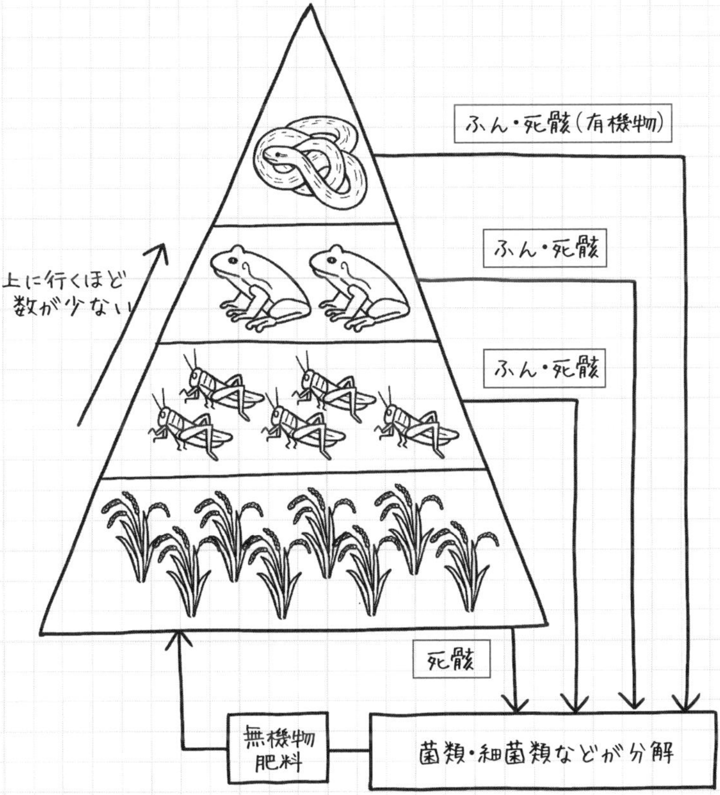

ふん・死骸(有機物)

ふん・死骸

上に行くほど
数が少ない

ふん・死骸

死骸

無機物
肥料

菌類・細菌類などが分解

2 物質の循環

- ポイントは自然界の中で炭素（C）がいろいろな物質に姿を変えて循環するということ。
- 炭素は空気中の二酸化炭素（CO_2）の中に含まれる。

空気中の二酸化炭素を生産者である植物が光合成で取り入れ、有機物のデンプンなどに変える。

この有機物中の炭素（C）が食物連鎖によって生物間を移動する。

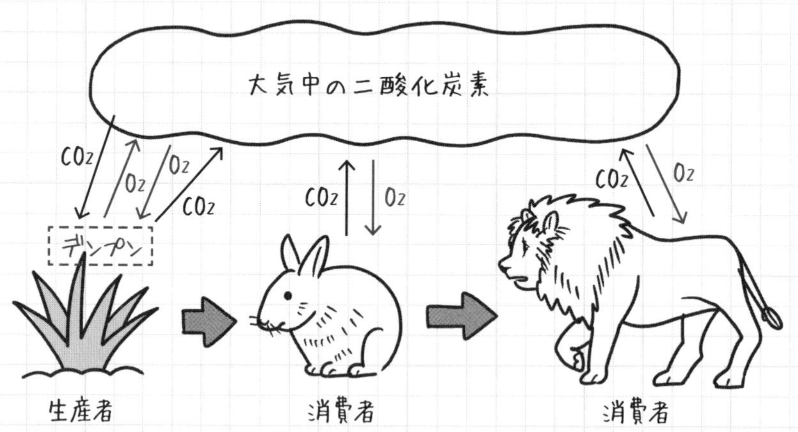

- 植物も動物も、呼吸で酸素を取り入れ二酸化炭素を放出する。
- 植物は、光合成で二酸化炭素を取り入れて酸素を放出する。

- 植物・動物の死骸やふんなどを、菌類・細菌類などが呼吸によって無機物や二酸化炭素に分解する。
- 無機物は植物の肥料になり、二酸化炭素は大気中に放出される。

練習問題でCheck!! 次の設問に答えよう。

下の図は、生物とその周りの環境における、生物どうしのつながりと炭素の循環を表しています。ア〜エは生物、a、bは生物の働きを表します。この図について、いくつかの設問に答えよう。

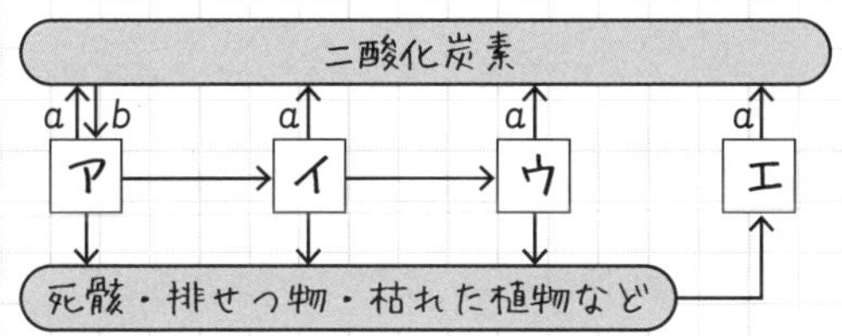

① aとbの生物の働きはそれぞれ何でしょうか。

（a　　　　）（b　　　　）

② ア→イ→ウの矢印は炭素の移動を表しています。炭素は何に含まれていますか。

（　　　　）

③ ア→イ→ウの炭素の移動を何といいますか。

（　　　　）

答え

①a）呼吸　b）光合成　②有機物　③食物連鎖

その5 動物の分類

まず背骨があるかないかで分ける。

背骨があればセキツイ動物、なければ無セキツイ動物。

1 セキツイ動物の分類

- セキツイ動物は、水中生活か陸上生活か、繁殖の仕方が卵生か胎生（たいせい）かという点に着目して、さらに細かく分類する。

① 魚類

水中生活をしてえら呼吸。水温が上がれば体温が上がり、水温が下がると体温が下がる変温動物。

卵を水中に産む卵生。

コイ、フナ、メダカ、サメなど。

② 両生類

水陸両方で生活する。

たとえばカエルについて見ると、オタマジャクシのときはえら呼吸。カエルになると肺呼吸と皮膚呼吸。変温動物。

カエル、サンショウウオ、イモリなど。

③ ハチュウ類

陸上生活。

肺呼吸、変温動物、卵生。

ヘビ、トカゲ、ヤモリ、カメなど。

④ 鳥類

恒温動物で、気温が変化しても体温を一定に保つ。

肺呼吸。

生まれ方はニワトリのように卵生。同じ卵でも魚類と両生類は水中に殻のない卵、ハチュウ類と鳥類は陸上に殻つきの卵。

ハト、ダチョウ、ペンギン、ワシなど。

⑤ ホニュウ類

当然、恒温動物。生まれ方は胎生。

ヒト、クジラ、イヌ、イルカなど。

練習問題でCheck!!　次の設問に答えよう。

下はセキツイ動物の分類表です。空欄に入る言葉を考えてみよう。

↓下から選ぶ

	生まれ方	呼吸	体温	例
ホニュウ類	（ア　）	肺呼吸	恒温	（イ　）
鳥類	（ウ　）	（エ　）呼吸	（オ　）	（カ　）
ハチュウ類	卵生	（キ　）呼吸	（ク　）	（ケ　）
両生類	卵生	子（コ　）呼吸 親 肺呼吸と皮膚呼吸	（サ　）	（シ　）
魚類	卵生	えら呼吸	（ス　）	（セ　）

答え

ア）胎生　イ）ネコ　ウ）卵生　エ）肺　オ）恒温　カ）ペンギン　キ）肺
ク）変温　ケ）トカゲ　コ）えら　サ）変温　シ）カエル　ス）変温　セ）サメ

今度は背骨のない無セキツイ動物だよ！

2 無セキツイ動物の分類

- 無セキツイ動物は、外骨格と体や足に節のある節足動物、柔らかい軟体動物、その他に分けられる。

● 節足動物はさらに昆虫類と甲殻類、その他に分かれる。

① 昆虫類

体が頭部、胸部、腹部の3つに分かれ、胸部から足が6本はえている。

② 甲殻類

甲殻類は体が頭胸部と腹部の2つに分かれる。

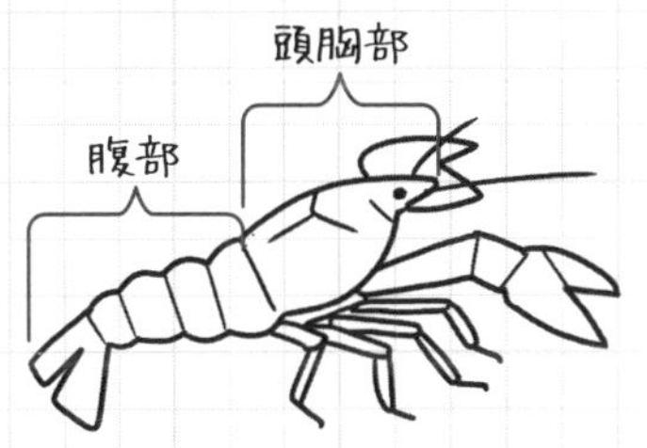

エビ、カニ、ザリガニ、ダンゴムシ、ミジンコなど。

外骨格と節のイメージがわかりますね。

③ 軟体動物

軟体動物は、筋肉でできた外とう膜に内臓がおおわれた動物。

タコ、イカ、アサリなど。

練習問題でCheck!! 次の設問に答えよう。

図1はイカとその開き、図2はザリガニです。これらについて、いくつかの設問に答えよう。

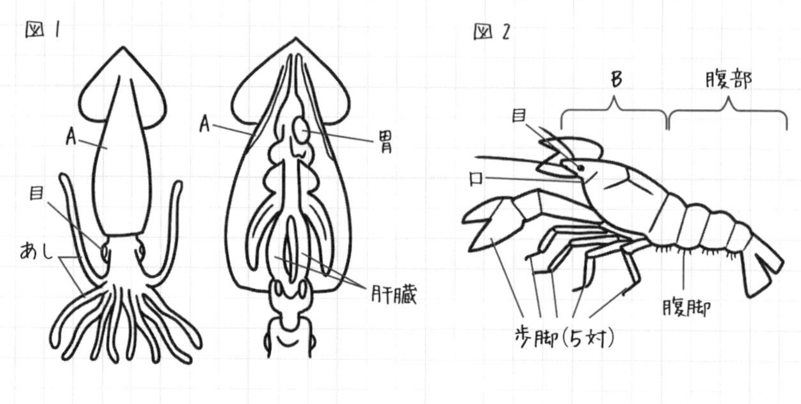

① Aの名称と働きを答えよう。 （　　　／　　　）

② イカのようにAを持つ動物を何動物というでしょうか。 （　　　）

③ 図2、Bの体の部分の名称は何でしょうか。 （　　　）

④ ザリガニは体の外側が硬い殻でおおわれています。この硬い殻を何というでしょうか。 （　　　）

⑤ ザリガニなどの甲殻類やカブトムシなどの昆虫類は、体が硬い殻でおおわれ、足の関節が節になっています。このような動物を何動物というでしょうか。 （　　　）

答え

①外とう膜／内臓を守る　②軟体動物　③頭胸部
④外骨格　⑤節足動物

その6 消化と吸収

私たちは食べることで、活動するエネルギーを得たり、体をつくります。

1 3大栄養素と消化

- 3大栄養素である炭水化物、タンパク質、脂肪は、食物に含まれている状態では粒が大きすぎて体に吸収できない。
- そこでこれらを体の中に吸収できる形に変える。これが消化。
- 最終的に炭水化物はブドウ糖、脂肪は脂肪酸とモノグリセリドになり、体を動かすエネルギーになる。
- タンパク質はアミノ酸になり、体をつくる材料になる。

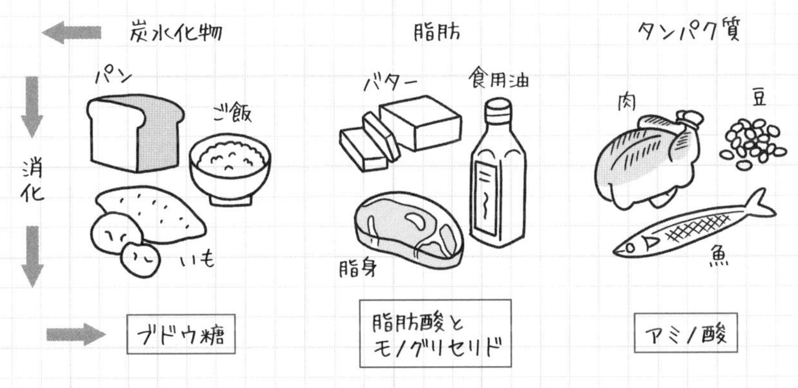

2 消化・吸収・排せつの流れ

- 食物は、口→食道→胃→十二指腸→小腸と進む過程で、消化酵素の働きでブドウ糖とアミノ酸と脂肪酸とモノグリセリドに消化される。
- 消化酵素は適当な温度（人の体温に近い温度）でよく働く。
- 消化酵素自身は変化せず、消化の反応を促進する触媒（しょくばい）として働く。

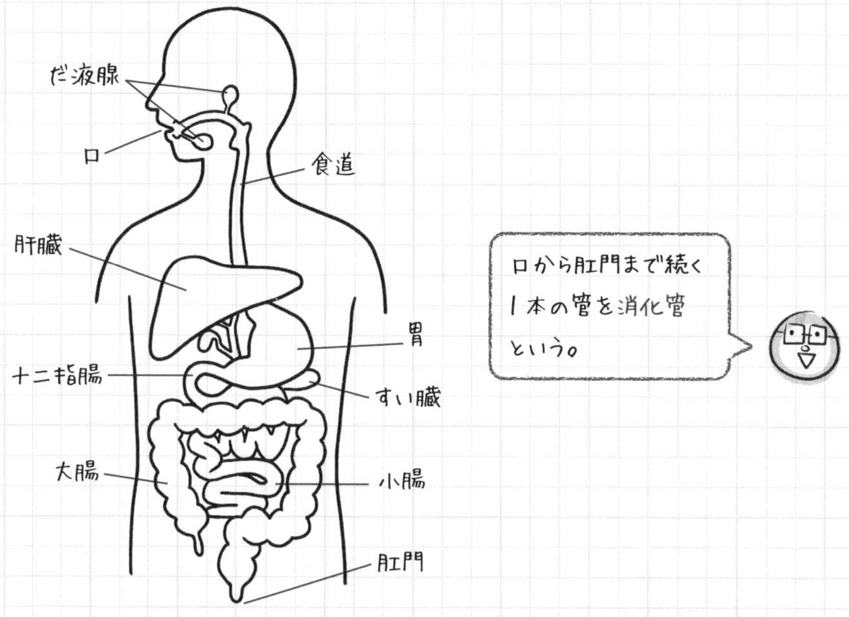

- 消化された物質は、小腸から吸収される。
- 小腸で吸収された残りから水分を大腸で吸収、最後に残ったものが肛門から排出される。

3 消化酵素と消化

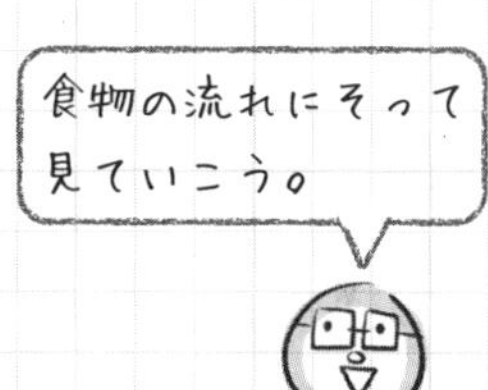

- 口では、だ液腺から出るだ液に含まれるアミラーゼが、炭水化物（デンプン）を糖（麦芽糖）に分解する。

- 胃では、胃液のペプシンがタンパク質を分解。

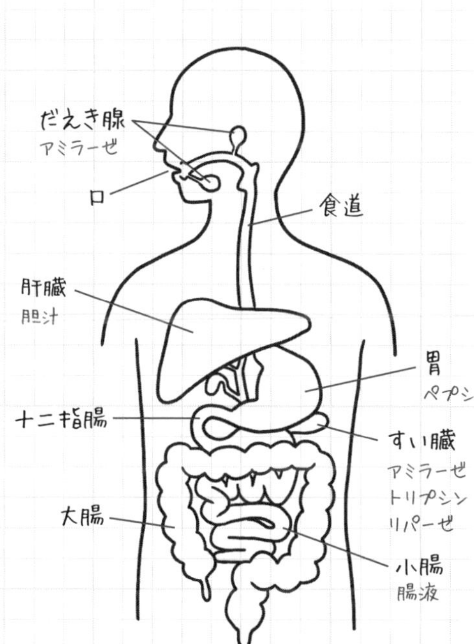

- すい臓から出るすい液に含まれるアミラーゼは炭水化物（デンプン）を分解。トリプシンはタンパク質を分解。リパーゼは脂肪を分解する。

- 肝臓から出る胆汁（たんじゅう）は消化酵素を含まないが、脂肪の消化を助ける。

- 小腸から出る腸液には、いろいろな消化酵素が含まれる。

練習問題でCheck!! 次の設問に答えよう。

右の図は、ヒトの消化器官を表しています。この図について、いくつかの設問に答えよう。

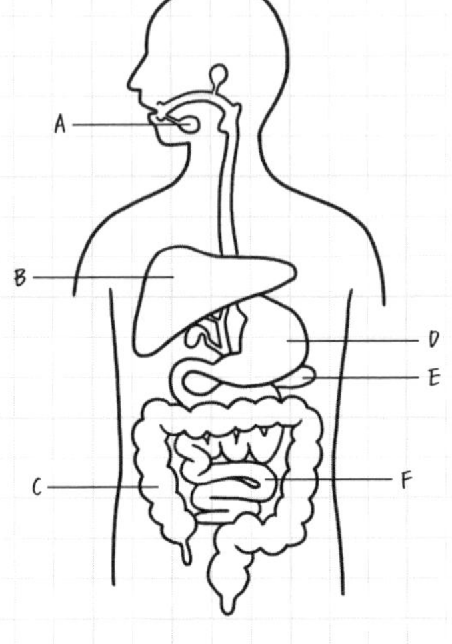

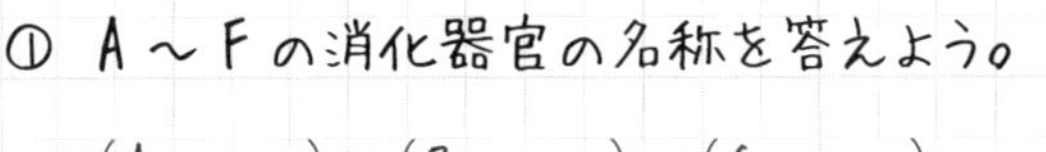

① A～Fの消化器官の名称を答えよう。

（A　　　）（B　　　）（C　　　）

（D　　　）（E　　　）（F　　　）

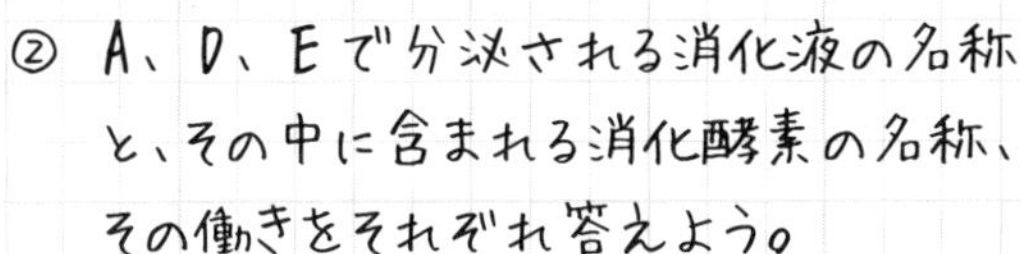

② A、D、Eで分泌される消化液の名称と、その中に含まれる消化酵素の名称、その働きをそれぞれ答えよう。

	名称	消化酵素	働き
A）			
D）			
E）		・ ・ ・	・ ・ ・

答え

① A）だ液腺　B）肝臓　C）大腸　D）胃　E）すい臓　F）小腸

② A）だ液／アミラーゼ／炭水化物を糖（麦芽糖）に分解
D）胃液／ペプシン／タンパク質を分解
E）すい液／アミラーゼ／炭水化物を分解
トリプシン／タンパク質を分解
リパーゼ／脂肪を分解

4 吸収

- 十二指腸から小腸へ、ここで吸収される。
- 小腸の内側の壁の表面には柔毛（じゅうもう）という小突起がある。
- 炭水化物（デンプン）が消化されたブドウ糖とタンパク質が消化されたアミノ酸は、柔毛内の毛細血管に入って血液で肝臓を通り、心臓に行ってから全身に回る。
- 脂肪が消化された脂肪酸とモノグリセリドは、柔毛内のリンパ管に入る。

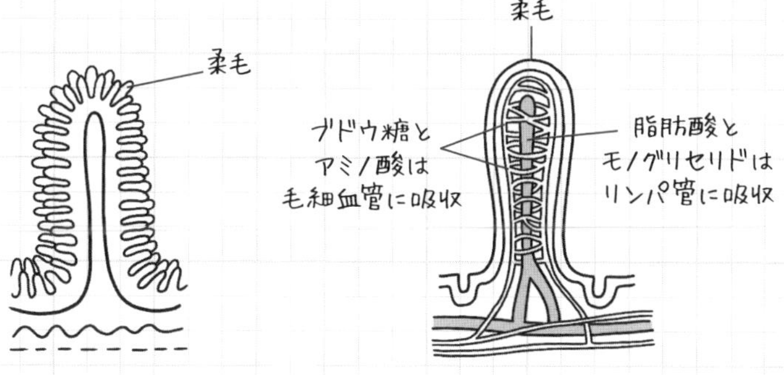

知っ得メモ

肝臓の働き

消化・吸収された栄養分は最終的に心臓から全身に運ばれますが、余った栄養分は肝臓に蓄えられます。このほか、肝臓には有害物質を解毒する働きもあります。

練習問題でCheck!!　次の設問に答えよう。

① 小腸内部の壁の、ひだの表面にある突起を何というでしょうか。
（　　　　　）

② 柔毛の内部にある脂肪酸とモノグリセリドを吸収する部分はどこでしょうか。
（　　　　　）

③ 柔毛の内部にあるブドウ糖とアミノ酸を吸収する部分はどこでしょうか。
（　　　　　）

④ すい液に含まれるリパーゼは、脂肪を何と何に分解するでしょうか。
（　　　　　と　　　　　）

⑤ すい液に含まれる、タンパク質をアミノ酸に分解する消化酵素は何でしょうか。
（　　　　　）

答え

①柔毛　②リンパ管　③毛細血管
④脂肪酸とモノグリセリド　⑤トリプシン

その7　心臓と肺と血液の循環

ここで取り上げるのは、心臓、血液の循環、肺の働き、細胞の呼吸、腎臓の働き、血液の成分など。

心臓から見ていこう。

1　心臓のつくりと働き

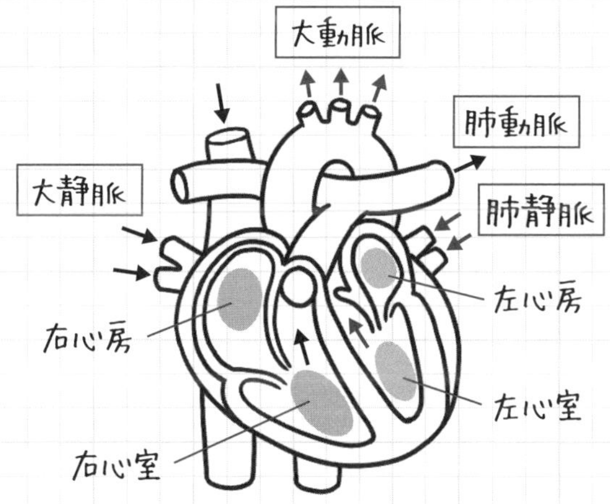

- 心臓は4つの部屋に分かれている。上の2つが心房、下の2つが心室。
- 心房は血液が戻る部屋で、心室は血液を送り出す部屋。

- 心臓から出ていく血管が動脈で、心臓に帰ってくる血管が静脈。

左心房に戻ってくるのが肺静脈。
右心房に戻ってくるのが大静脈。
左心室から出ていくのが大動脈。
右心室から出ていくのが肺動脈。

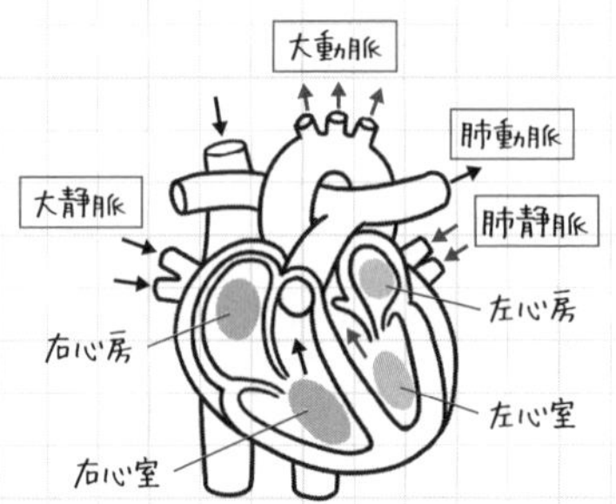

- 酸素を多く含んで赤っぽいのが動脈血、二酸化炭素を多く含んで黒っぽいのが静脈血。
- 左心房には肺静脈から肺で酸素を受け取った動脈血が流れ込む。左心房に入った血液が左心室から大動脈に送り出されるので、大動脈には動脈血が流れる。
- 右心房には大静脈から静脈血が流れ込む。右心房に入った血液が右心室から肺動脈に送り出されるので、肺動脈には静脈血が流れる。
- 左心室→大動脈→肺以外の体全体→大静脈→右心房…という血液の流れを体循環という。
- 右心室→肺動脈→肺→肺静脈→左心房…という血液の流れを肺循環という。

練習問題でCheck!! 次の設問に答えよう。

① 肺動脈を流れるのは何脈血でしょうか。 (　　　　)

② 大動脈を流れるのは何脈血でしょうか。 (　　　　)

③ 肺静脈を流れるのは何脈血でしょうか。 (　　　　)

④ 大静脈を流れるのは何脈血でしょうか。 (　　　　)

⑤ 体循環のスタートは左心室、ゴールはどこでしょうか。 (　　　　)

⑥ 肺循環のスタートは右心室、ゴールはどこでしょうか。 (　　　　)

答え

①静脈血　②動脈血　③動脈血　④静脈血　⑤右心房　⑥左心房

2 肺の働き

● 肺には肺胞という小さな袋がたくさんあって、毛細血管が網の目のように取り囲む。

- 肺胞の壁はとても薄く、毛細血管の血液の中の二酸化炭素はこの壁を通って肺胞に入る。

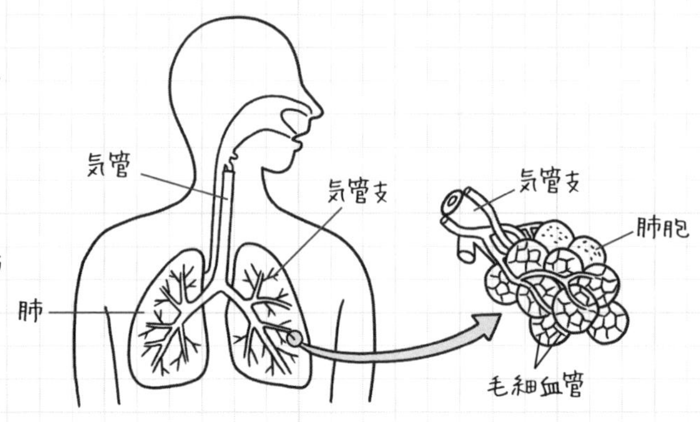

- 口と鼻から吸い込み、気管、気管支を通って肺胞に入った空気中の酸素は、この壁から血液の中に入る。

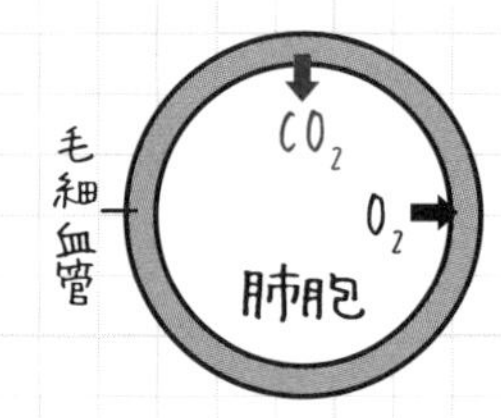

- 肺の働きは肺胞で取り入れた酸素と、血液中の二酸化炭素を交換すること。

練習問題でCheck!! 次の設問に答えよう。

① 肺動脈の静脈血中の二酸化炭素は、最終的に何血管からどこに放出されるでしょうか。 (　　　　　　)

② 気管支を通った空気中の酸素は、どこからどこに入りますか。 (　　　　　　)

答え

①毛細血管から肺胞に放出される

②肺胞から毛細血管に入る

3 細胞の呼吸

- 呼吸は2通り。
- 体の外にある酸素を取り入れ、二酸化炭素を体の外に出す外呼吸と、細胞の1つ1つがエネルギーをつくり出すために行う内呼吸（細胞の呼吸）。
- 内呼吸は、小腸で吸収した養分を、肺で二酸化炭素と交換した酸素を使って、二酸化炭素と水に分解するとき、エネルギーを取り出す働き。
- エネルギーは筋肉を動かしたり、体を健康に保つためなどに使われる。

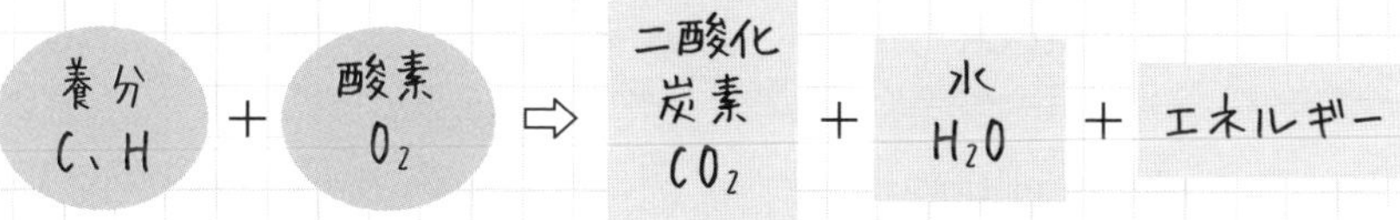

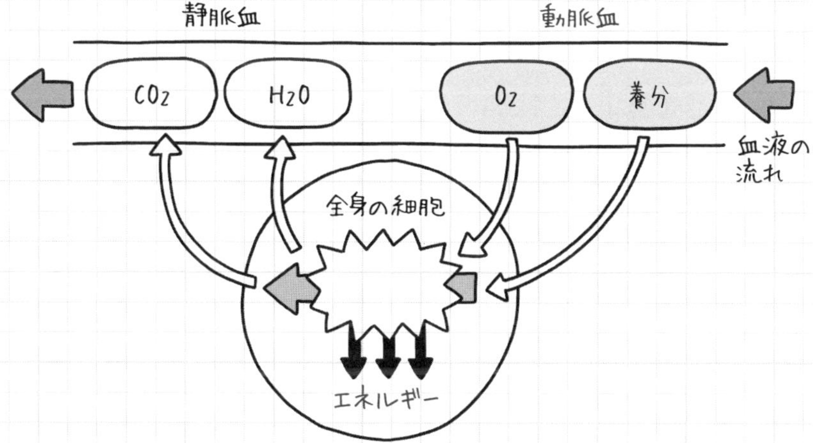

4 腎臓の働き

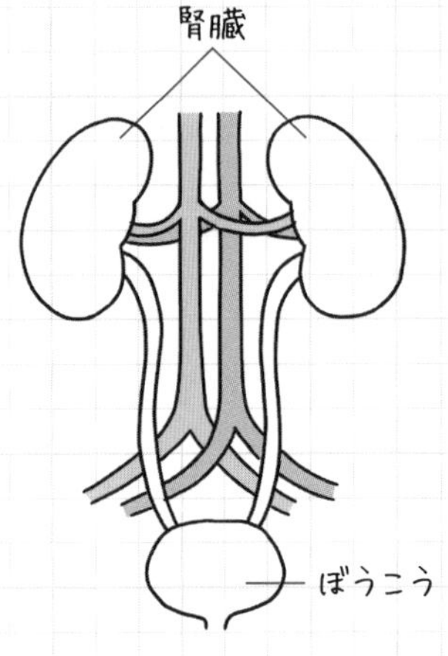

- 血液中の余分な水と尿素などの不要物は、腎臓でこし取られて尿となり、ぼうこうを通って体外に出される。
- 腎臓はいわば血液のクリーニング器官といえる。

練習問題でCheck!!　（　）に入る言葉を考えてみよう。

細胞内の呼吸とは細胞内で（ア　　　）を、（イ　　　）を使って、（ウ　　　）と（エ　　　）に分解するときに（オ　　　）を取り出す働き。

ちなみにアは（カ　　　）で吸収されたもの。

ウを多く含む血液を（キ　　　）といい、大静脈で心臓の（ク　　　）に入る。

血液中の不要物は（ケ　　　）でこし取られる。

答え

ア）養分　イ）酸素　ウ）二酸化炭素　エ）水　オ）エネルギー
カ）小腸　キ）静脈血　ク）右心房　ケ）腎臓

5 血液の成分

- 血液は赤血球、白血球、血小板、血しょうなどの成分からできている。

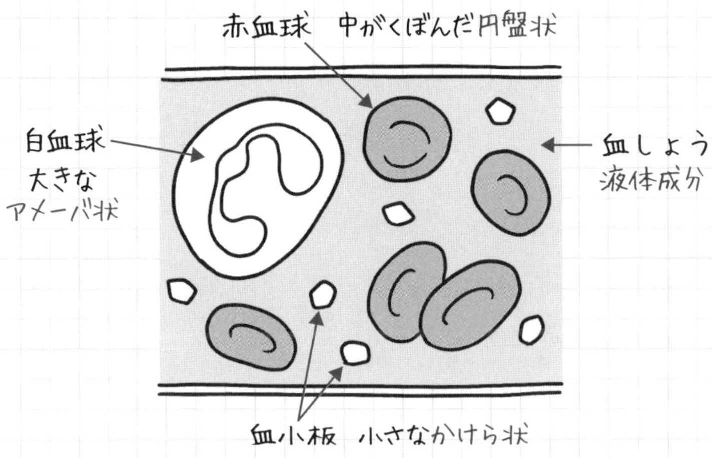

① 赤血球

- 赤血球はヘモグロビンという赤い色素を含むため、赤色をしている。
- ヘモグロビンは、酸素の多いところでは酸素と結びつき、酸素の少ないところでは酸素を放す。
- この仕組みを使って、全身に酸素を運ぶ。

② 白血球

- 病原体やウイルス、あるいはガンなどの病気から体を守る仕組みを免疫（めんえき）といい、そのほとんどを白血球が担う。
- 白血球の中には、外部から異物が入ってきたらすかさず攻撃するNk（ナチュラルキラー）細胞や、異物をアメーバ状に包み込んで食べてしまうマクロファージ（大食細胞）などの免疫細胞があり、これらの働きで健康が保たれる。

③ 血小板

- 血液を固めて傷口をふさぐ。

④ 血しょう

- 赤血球、白血球、血小板は固体成分。
  血しょうだけが液体成分。
- 養分（ブドウ糖やアミノ酸など）や不要物（二酸化炭素やアンモニアなど）を運ぶ。

練習問題でCheck!! 次の設問に答えよう。

下の図は血液の成分を示しています。

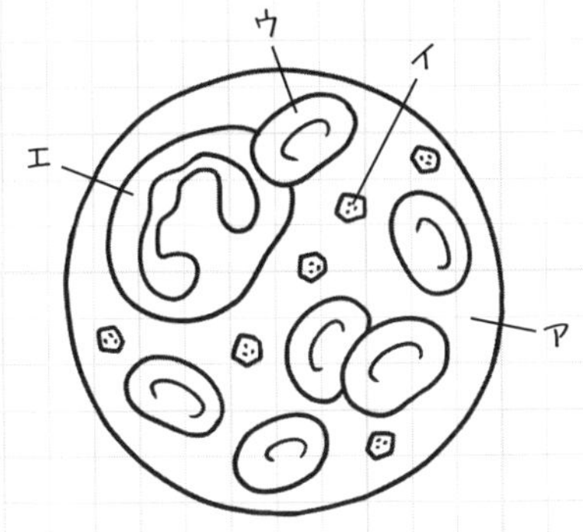

① ア、エはそれぞれ何ですか。(ただしアは液体)

(ア　　　　)(エ　　　　)

② ウに含まれる赤い色素の名称は何ですか。(　　　　)

③ アの働きを説明してください。(　　　　)

④ イの働きを説明してください。(　　　　)

⑤ エに含まれる免疫細胞の名称を2つ答えよう。

(　　　　/　　　　)

答え

①ア)血しょう　エ)白血球　②ヘモグロビン

③養分や二酸化炭素などの不要物を運ぶ

④出血したとき血液を固める

⑤Nk細胞、マクロファージ

その8 刺激と神経と反応

まずは感覚器から見ていこう。

1 感覚器

- 感覚器は外からの刺激を受け取る器官。

口、耳、鼻、舌、皮膚など。

- これらの器官が刺激を受け取ると、それを電気的な信号として脳や脊髄（せきずい）に送る。

① 目のつくり

- 目に届いた光は角膜を通り、水晶体（レンズ）で屈折して網膜（もうまく）上に像を結ぶ。

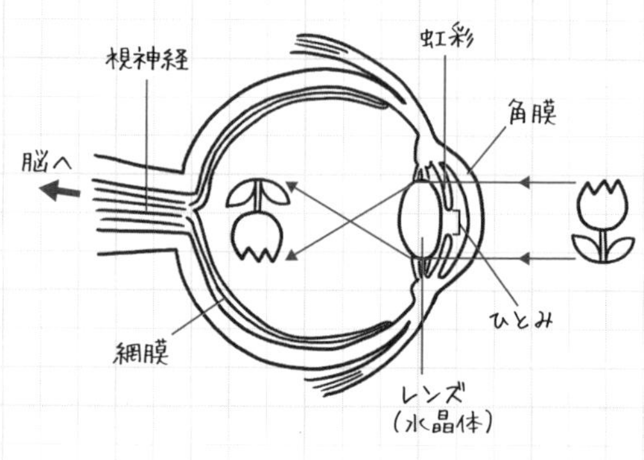

- ひとみは、レンズに入る光の量を調節する虹彩（こうさい）の隙間である。
- 網膜では、光の刺激を電気信号に変え、視神経で脳に伝える。

② 耳のつくり

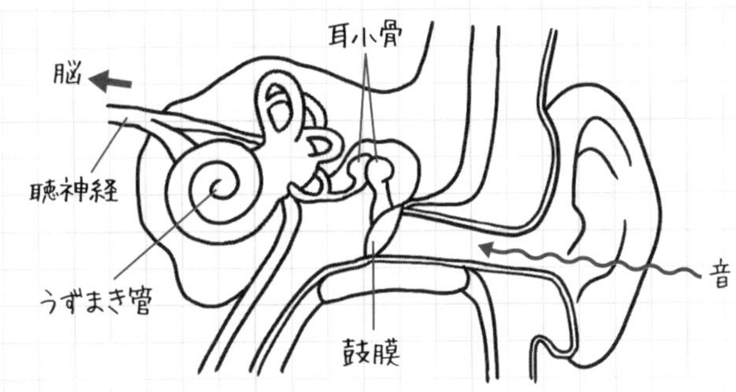

- 耳に入った音は、まず鼓膜（こまく）を振動させる。
  この振動が耳小骨（じしょうこつ）に伝わり、増幅されてうずまき管に伝わる。
- うずまき管で音は電気信号に変わり、聴神経で脳に伝わる。

練習問題でCheck!!　次の設問に答えよう。

① 光の刺激は目のどこで電気信号に変わりますか。（　　　）

② ①の電気信号を脳に送る神経は何ですか。（　　　）

③ 水晶体に入る光の量を調節するのは何ですか。（　　　）

④ 鼓膜の振動が次に伝わるのはどこですか。（　　　）

⑤ 音の振動はどこで電気信号に変わりますか。（　　　）

⑥ ⑤の電気信号を脳に送る神経は何ですか。（　　　）

答え

①網膜　②視神経　③虹彩　④耳小骨　⑤うずまき管　⑥聴神経

2 全身の神経

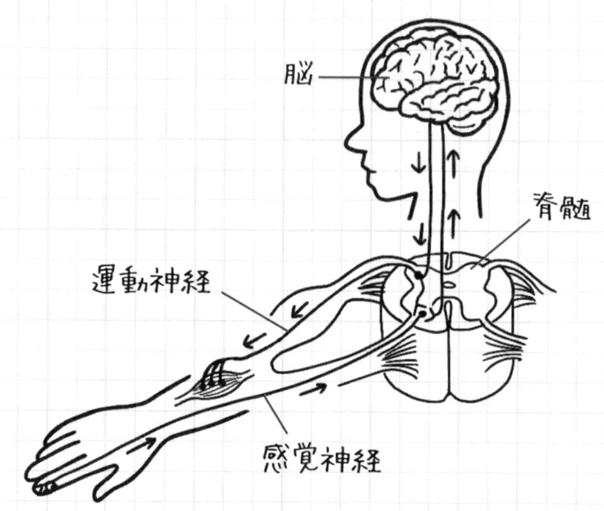

- 私たちの体には、脳と脊髄をあわせた中枢神経、そして外の刺激を中枢神経に伝える感覚神経と、中枢神経からの命令を筋肉に伝える運動神経、この2つをあわせた末梢(まっしょう)神経がある。
- 体の反応には、脳が指令を出す意識的な反応と、脳が関係しない無意識の反応がある。無意識の反応を反射という。

① 反射

- 熱いものに手が触れたとき、瞬間的に手を引っ込めるような反応。

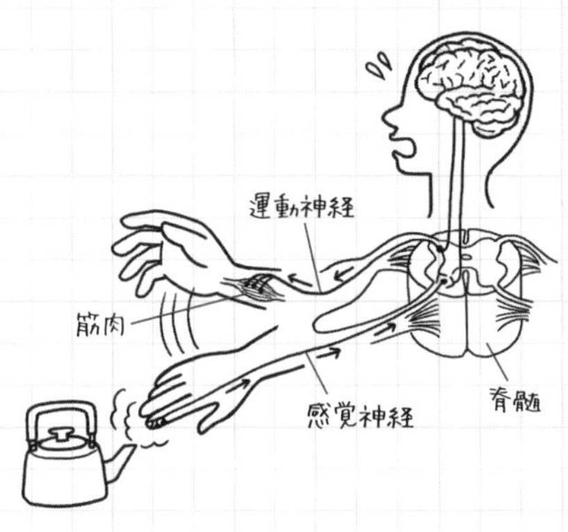

感覚器官→感覚神経→脊髄と信号が伝わる。

⬇

そのあと脊髄からの命令が直接運動神経で筋肉に伝わる。

- こういう場合、脳で考えている時間はなく、脳は介在しない。

② 意識的な反応

例 寒いと感じて手袋をする。

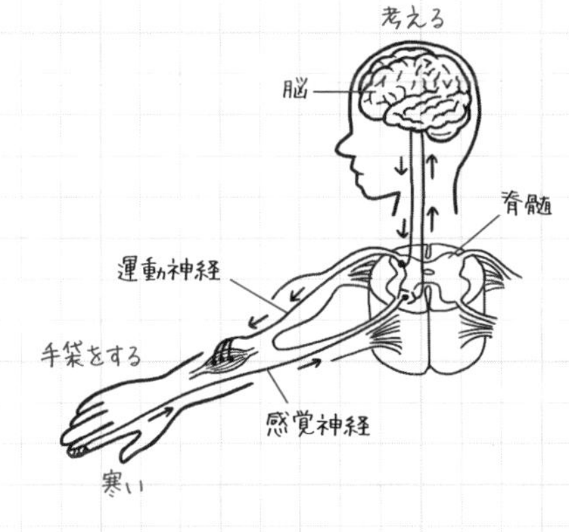

感覚器官である皮膚が外は寒いという刺激を受ける。

⬇

この信号は感覚神経で脊髄経由で脳に伝わり、脳がたとえば手袋をしようと考える。

- 脳が出した"手袋をしろ"という指令は、脊髄経由で運動神経で筋肉を動かす。

練習問題でCheck!!　次の設問に答えよう。

① 脳と脊髄の神経をまとめて何といいますか。（　　　　）

② 感覚神経と運動神経をまとめて何といいますか。（　　　　）

③ "暑いから手であおいだ"という場合の、刺激が伝わる経路を下図の記号と言葉で答えよう。

（　→　→　→　→　→　→　）

④ "熱い鉄板に触ったとき、とっさに手を引っ込めた"
この場合の刺激が伝わる経路を、下図の記号と言葉で答えよう。

（　→　→　→　→　）

⑤ ④のような、脳とは関係なく、無意識に起こる反応を何といいますか。（　　　　）

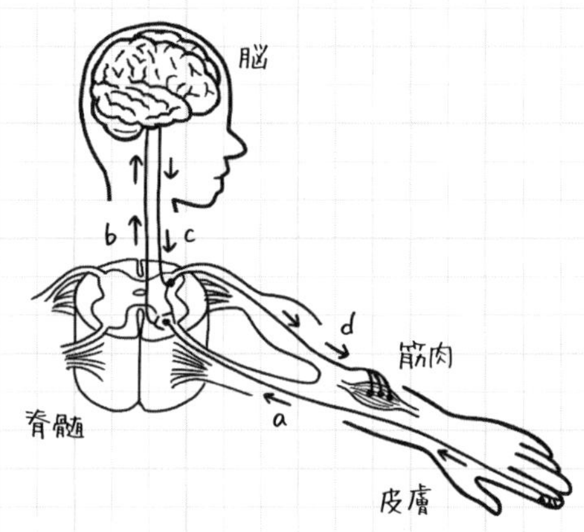

答え

①中枢神経　②末梢神経　③皮膚→a→b→脳→c→d→筋肉
④皮膚→a→脊髄→d→筋肉　⑤反射

その9 細胞と細胞分裂

ここでは単細胞生物と多細胞生物、動物と植物の細胞の違い、細胞分裂などを取り上げます。

1 単細胞生物と多細胞生物

- 1つの細胞だけからできている生物が単細胞生物、たくさんの細胞からできているのが多細胞生物。人間はもちろん多細胞生物。
- 水の中のおなじみの小さな生物は単細胞生物。

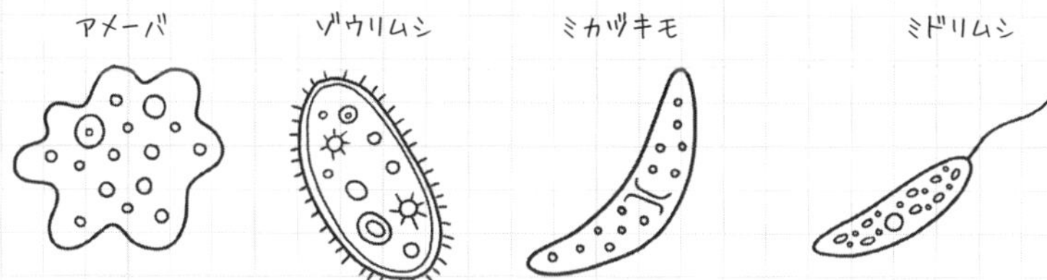

2 動物の細胞

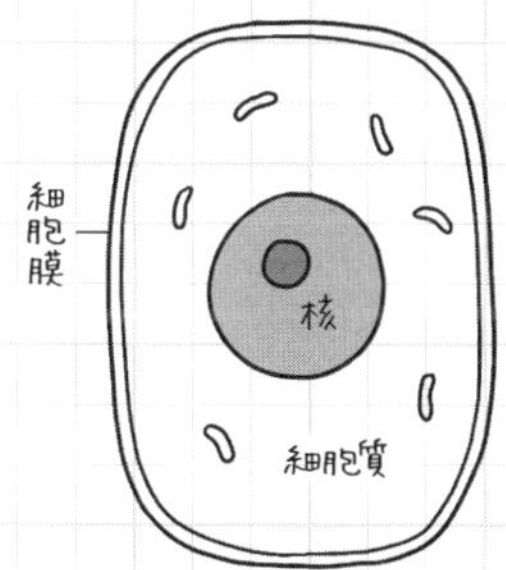

- 真ん中に核がある。
- 核の中に親の持つ性質（形質という）を子に伝える遺伝子が入っている。
- 核の周りに細胞質がある。
- 細胞質の外側にうすい細胞膜がある。

3 植物の細胞

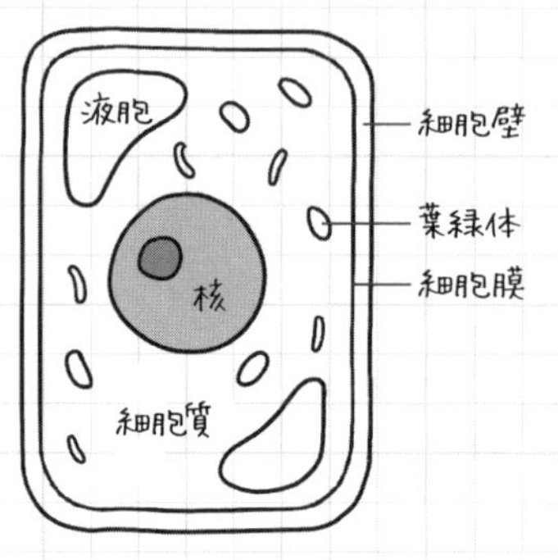

- 動物細胞と同じように、核、細胞質、細胞膜がある。
- 動物細胞にはない、液胞、葉緑体、細胞壁がある。
- 葉緑体は緑色で、植物の緑色は葉緑体の色。光合成はここで行う。
- 細胞壁は固くて変形しない。
- 植物の細胞は固くて変形しない細胞壁に囲まれているので、しっかりと体をささえることができる。

練習問題でCheck!!　次の設問に答えよう。

1 ① 遺伝子は細胞のどこに入っていますか。　(　　　　)

② 細胞質をおおっているのは何ですか。　(　　　　)

③ 動物の細胞にはなく、植物の細胞にはあるものを3つあげよう。
(　　　／　　　／　　　)

2 ① 下図のAからFの名称を答えよう。

（A　　　　）（B　　　　）（C　　　　）

（D　　　　）（E　　　　）（F　　　　）

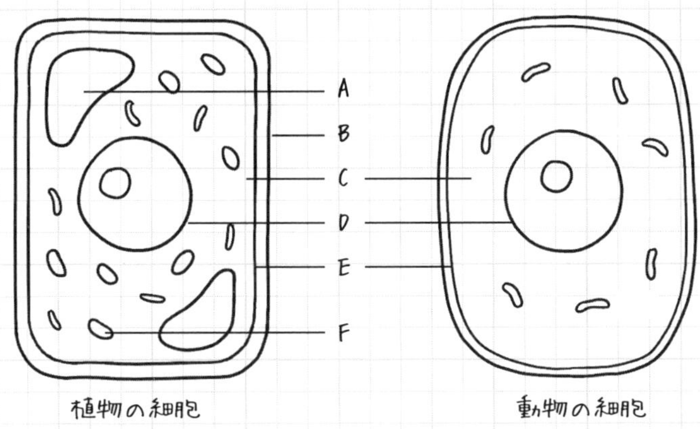

② Bの働きは、ア）物質を蓄える　イ）光合成を行う　ウ）植物の体をささえる…のうちのどれですか。

（　　　　）

③光合成が行われるのはA～Fのどこでしょうか。

（　　　　）

答え

1 ①核　②細胞膜　③液胞、葉緑体、細胞壁

2 ①A）液胞　B）細胞壁　C）細胞質　D）核　E）細胞膜
F）葉緑体
②ウ　③F

4 生物の成長と細胞分裂

- 1個の細胞が2個に分かれることを細胞分裂という。
- 細胞分裂には、体細胞分裂と減数分裂がある。
- 体細胞分裂は、体をつくる細胞で行われ、分裂の前と後で染色体の数は変わらない。
- 減数分裂は、生殖細胞をつくるときに行われ、分裂後は染色体の数が半分になる。

減数分裂については
p.71で説明するよ。

① 体細胞分裂

- 1個の細胞は細胞分裂で2個の細胞に分かれる。
- この細胞はやがて大きくなる。
- 大きくなった2個のおのおのが、それぞれ2個に細胞分裂する。

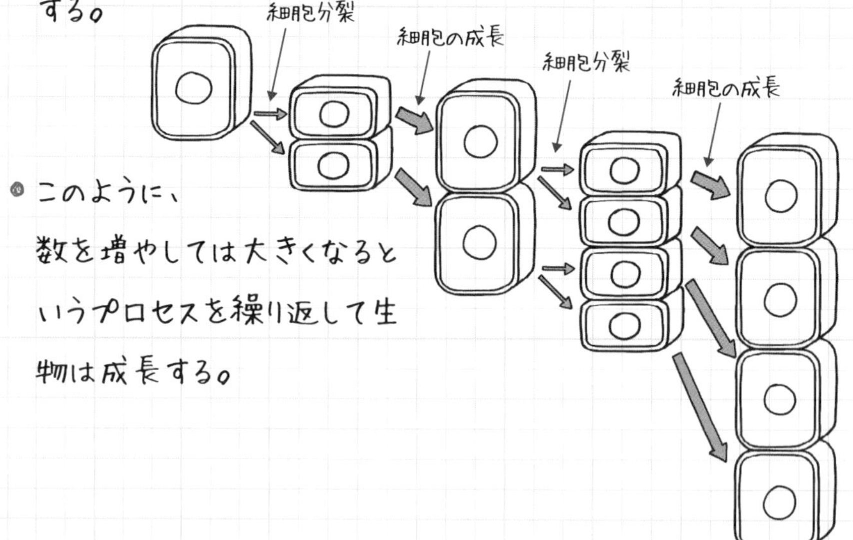

- このように、数を増やしては大きくなるというプロセスを繰り返して生物は成長する。

② 植物細胞の細胞分裂

- 分裂前の細胞に染色体があらわれ、次にその染色体が中央に並ぶ。
- この染色体は両端に引かれて移動し、細胞の間に仕切りができて2つの細胞になる。

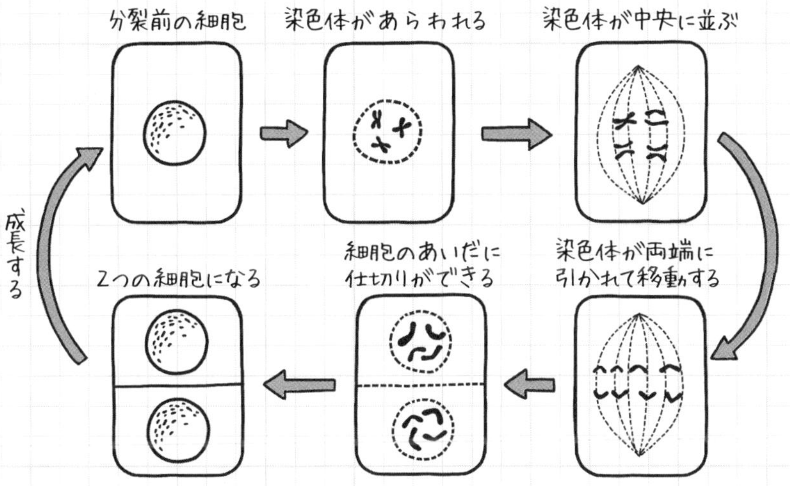

③ 動物細胞の細胞分裂

- 植物細胞とほぼ同じ。違うのは仕切りができるのではなく、くびれが外側から内側にできて細胞が2つに分かれるところ。

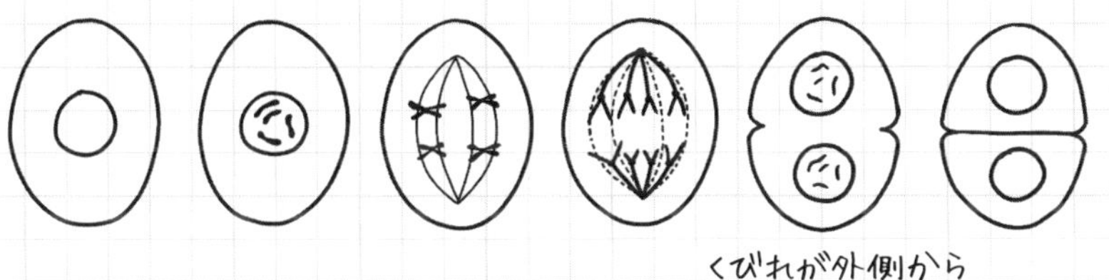

練習問題でCheck!! 次の設問に答えよう。

ア～カの図は体細胞分裂の各過程を示しています。これについて次の設問に答えよう。

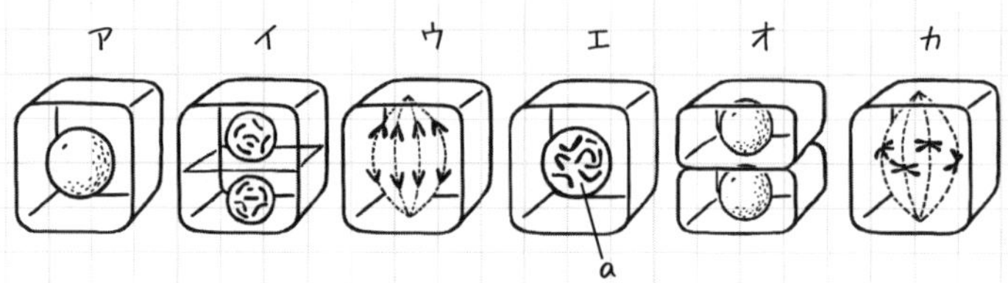

① 図エのaの名称は何でしょうか。 (　　　　)

② aの説明として正しいものを次のアからウの中からすべて選び、記号で答えよう。 (　　　　)

ア) 生物の種類により本数が異なる。

イ) 成長のときの分裂では、それぞれが2等分されて2つに分かれる。

ウ) 成長のときの分裂では、数が半分になる。

③ 図アをスタートにして、図イからカを体細胞分裂の順に並べ替えてみよう。

ア → (　　) → (　　) → (　　) → (　　) → (　　)

答え

①染色体　②ア、イ（ウは減数分裂で誤り）

③ア→エ→カ→ウ→イ→オ

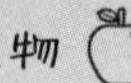

その10 生殖と遺伝

1 有性生殖と無性生殖

- 生物が新しい個体（子）を残す働きを生殖という。
- 生殖には、有性生殖と無性生殖がある。

雄と雌が関係するのが有性生殖、関係しないのが無性生殖である。

有性生殖では、雄と雌の生殖細胞の受精によって、新しい個体ができる。

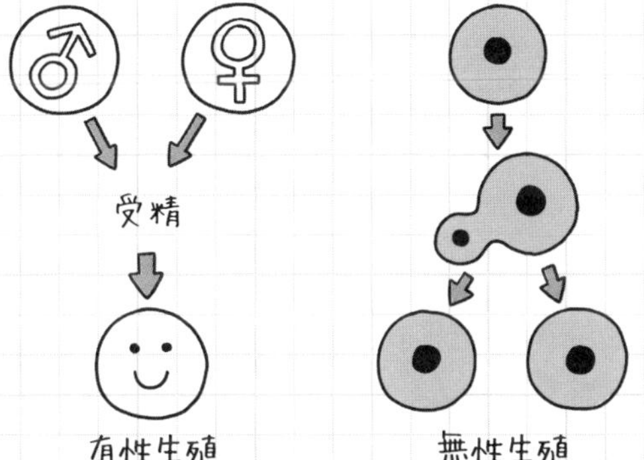

- 無性生殖の仕方にはいろいろあり、たとえばアメーバは分裂である。

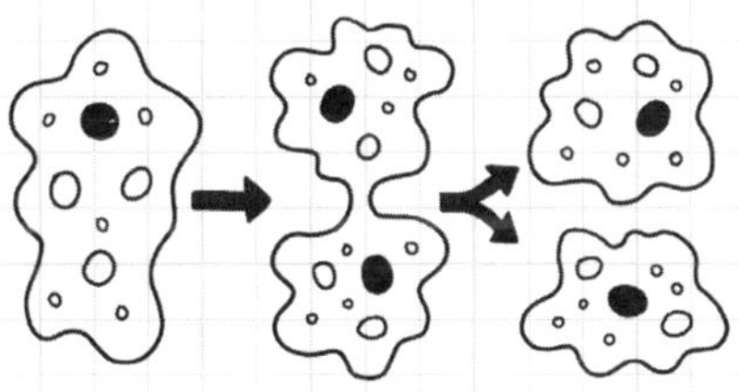

例 カエルの有性生殖

- 雄は精巣で精子をつくり、雌は卵巣で卵をつくる。
- 精子の核と卵の核が合体（＝受精）すると受精卵ができる。

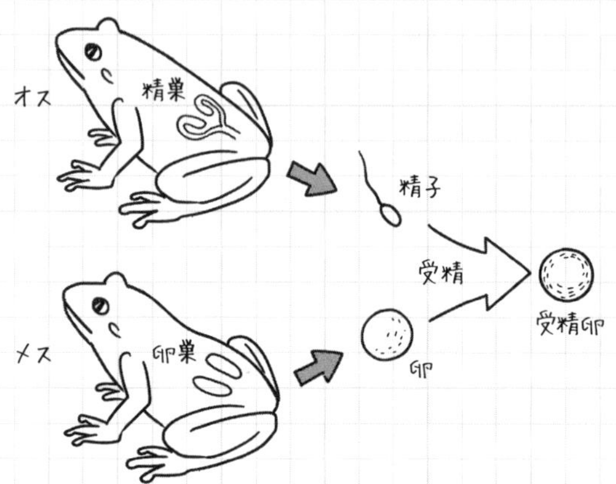

- 受精卵は1個が2個、2個が4個、4個が8個…と分裂して数を増やすとともに、形や働きの違う細胞になって、やがて子になる。

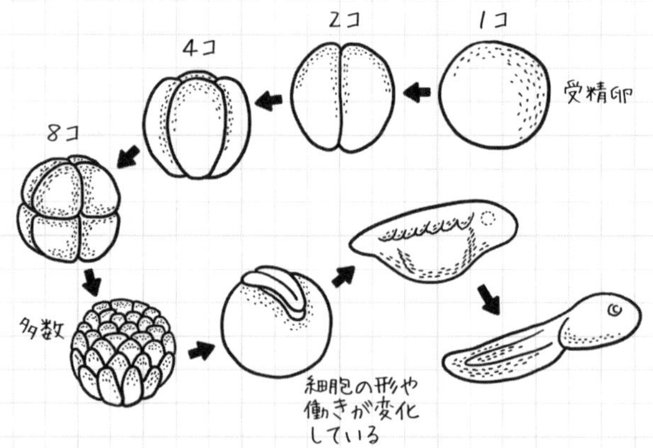

2 有性生殖と減数分裂

体細胞の染色体が2本の生物が有性生殖をする場合で考える。

- 雄の生殖細胞の中の染色体は減数分裂で1本になる。
- 雌の生殖細胞の中の染色体も減数分裂で1本になる。
- 染色体を1本ずつ持つ雄と雌の生殖細胞が受精した受精卵の染色体は、1＋1＝2本となる。

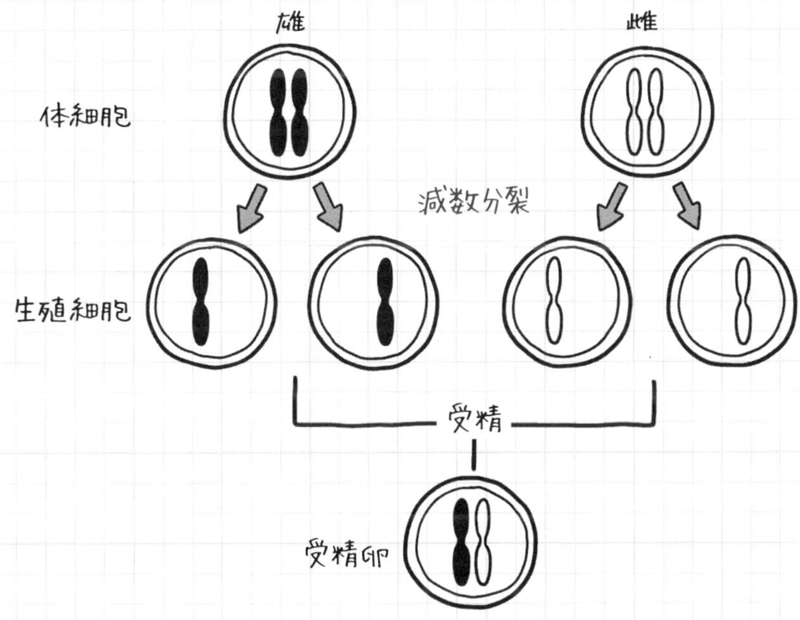

練習問題でCheck!!　次の設問に答えよう。

カエルの受精と受精卵について考えます。

① 雌の体にある、卵をつくる場所を何というでしょうか。

(　　　　　　　)

② 雄の体にある、精子をつくる場所を何というでしょうか。

(　　　　　　　)

③ トノサマガエルの雄の体細胞は26本の染色体を持ちます。受精のとき、精子の染色体と卵の染色体は、それぞれ何本でしょうか。

(　　　　　　　)

④ 下のア→イ→ウ→エは受精卵が分裂して変化する様子です。

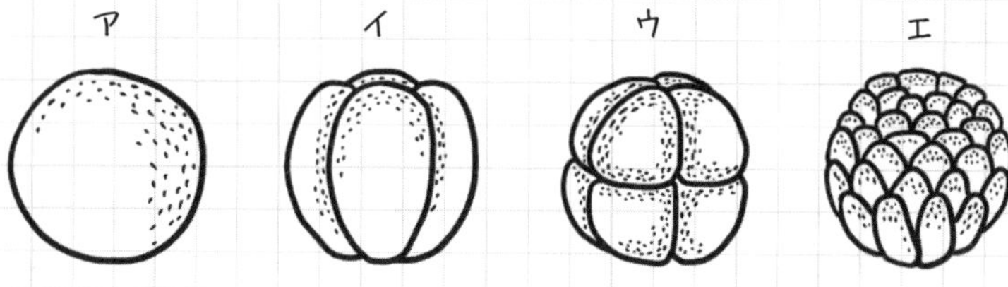

ウは何回目の分裂後の様子でしょうか。　(　　　　　　　)

答え

①卵巣　②精巣　③13本（減数分裂で26÷2＝13本）
④3回目（1回目2個、2回目4個、3回目8個…のように細胞分裂していく）

3 遺伝の法則

遺伝にかかわる用語と意味を覚えよう！

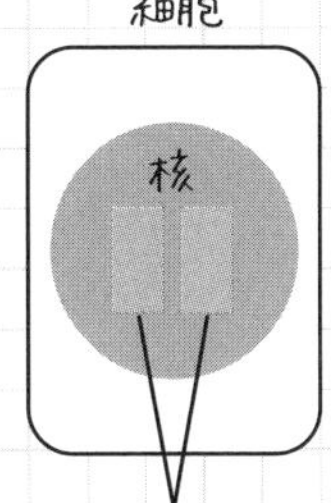

- 生物の形や性質、特徴のことを形質（けいしつ）という。
  人間でいえば、一重まぶたや二重まぶたなど。
- 形質を決めるもとになるのが遺伝子で、核の中の染色体に含まれる。
- 形質が親から子へと伝わっていくのが遺伝。
- エンドウの種子に着目して、遺伝の仕組みを調べたのがメンデル。
- メンデルは、種子が丸くなる遺伝子（Aと表す）を持つエンドウと、しわになる遺伝子（aと表す）を持つエンドウを、有性生殖させて、遺伝の法則を発見した。

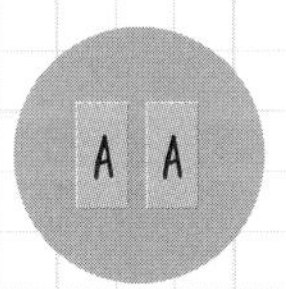

体細胞の遺伝子がAAのエンドウの種は、外見が丸かった。

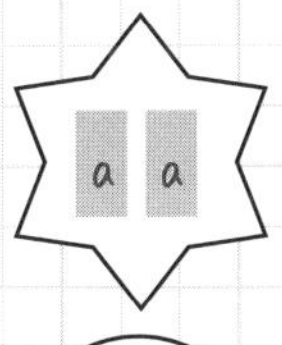

体細胞の遺伝子がaaのエンドウの種は、外見がしわだった。

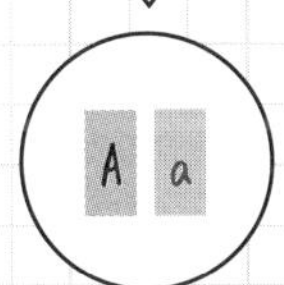

体細胞の遺伝子がAaのエンドウの種は、外見が丸かった。

- これはエンドウの種子の形〈丸い形〉と〈しわのある形〉が対立形質であることによる。
- 対立形質の場合、どちらかの形質があらわれる。同時にあらわれることはない（つまりしわっぽい丸のような形質はあらわれない）。

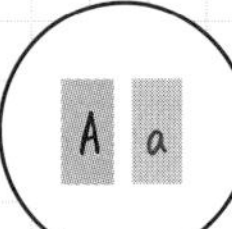

Aaで外見が丸ということは、Aが顕性（優性）でaが潜性（劣性）ということになる。

練習問題でCheck!!　次の設問に答えよう。

① 形質を決めるのは何ですか。（　　　　　）

② それは何に含まれますか。（　　　　　）

③ 赤目のショウジョウバエと白目のショウジョウバエが有性生殖して生まれた子の目の色は、赤色と白色のどちらかで、桃色はありません。これはなぜですか。（　　　　　　　　　）

答え

①遺伝子 ②染色体 ③赤目と白目が対立形質だから。

4 エンドウの有性生殖

- エンドウの種子が丸くなる遺伝子をA、しわになる遺伝子をaとして、

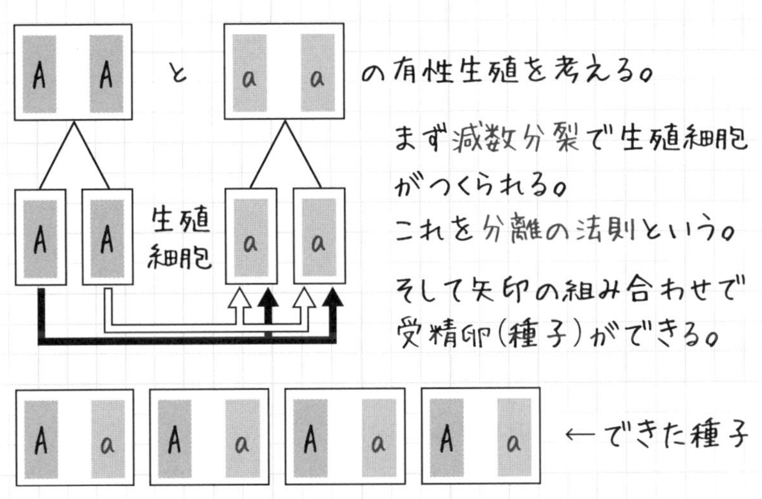

Aが顕性なので、できた種子は外見上すべて丸。

上のような図を書くのは大変ですが、次のように表でやれば簡単にわかる！

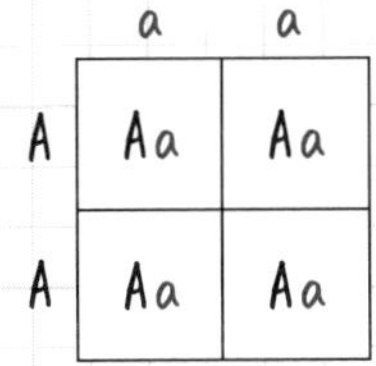

	a	a
A	Aa	Aa
A	Aa	Aa

練習問題でCheck!! 次の設問に答えよう。

エンドウで種子を丸くする遺伝子をA、種子をしわにする遺伝子をaとする。

① 体細胞が [A a] と [A a] を有性生殖させたとき、できる受精卵（種子）の遺伝子の表を完成させよう。

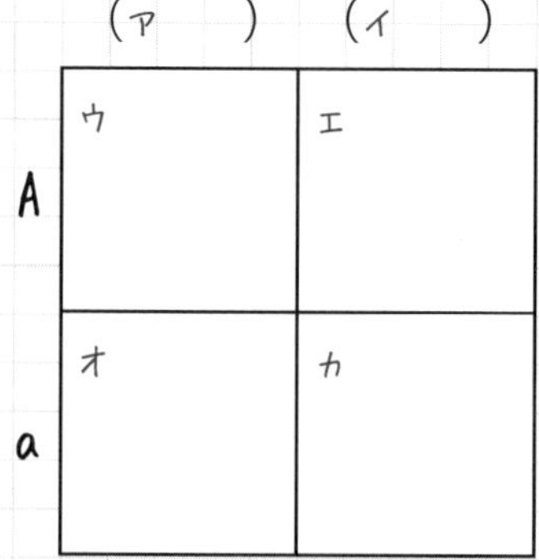

② 表を見て、外見上丸い種：しわの種が何対何になるかを答えよう。ただし丸が顕性である。

（　　　　）

答え

①ア）A　イ）a　ウ）AA　エ）Aa　オ）Aa　カ）aa

②AAとAaは外見上、丸。aaだけがしわだから、

（外見上）丸い種：しわの種＝3：1

地学

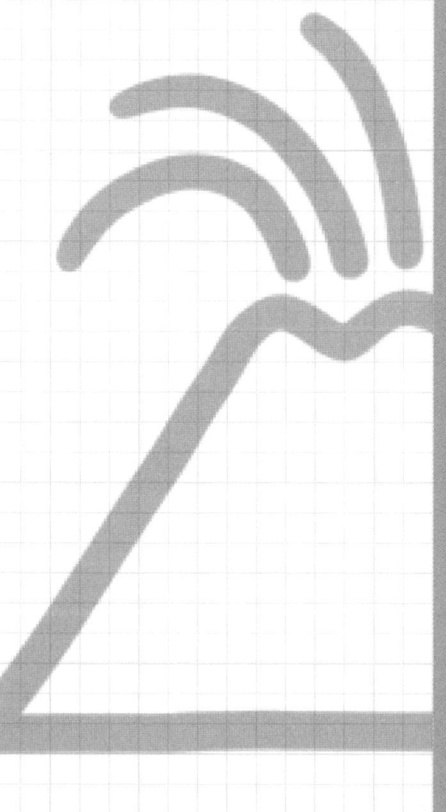

その1 天気の変化

1 天気図記号の見方

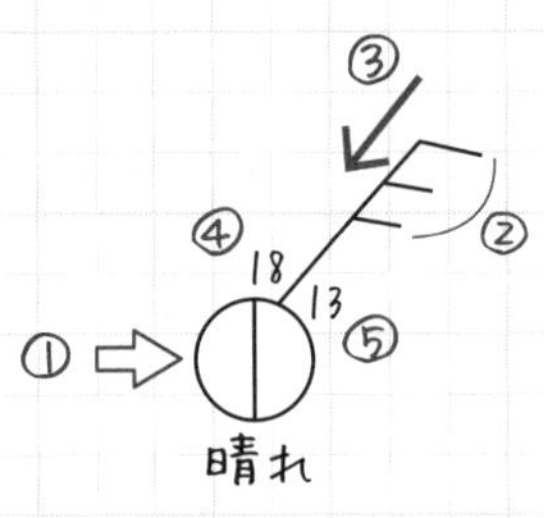

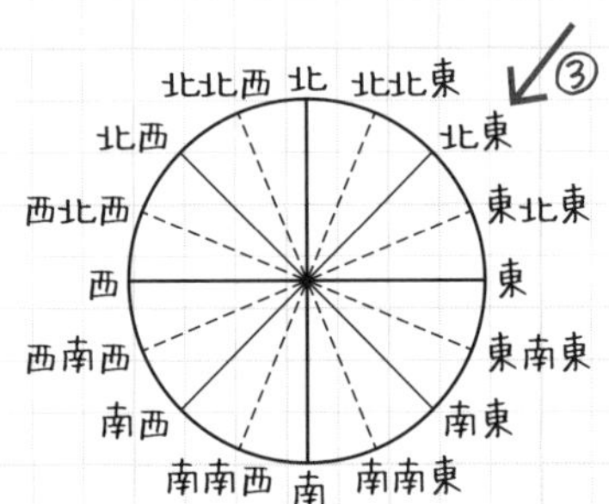

①は天気を表す。この表から晴れだとわかる。

快晴	晴れ	くもり	雨	雪
○	⦶	◎	●	⊛

②は風力を表す。羽が3枚だから、風力3。

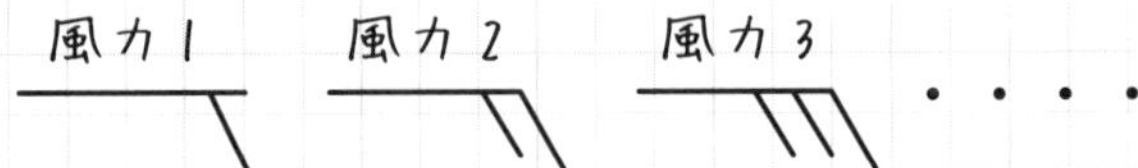

③は風向を表す。北東の方向から吹いているので、北東の風。

④は気温で、18℃を表す。

⑤は気圧で、1013hPa（ヘクトパスカル）を表す。

1013hPaのとき、天気図では下2桁の13を書く。

練習問題でCheck!!　（　）を埋めてみよう。

図1　　　　　　　　　　　　図2

北　25 12　西　東　南　　　北　12 04　西　東　南

図1　風向（　　）　風力（　　）　天気（　　）　気温（　　）　気圧（　　）

図2　風向（　　）　風力（　　）　天気（　　）　気温（　　）　気圧（　　）

答え

図1　風向）北　風力）2　天気）快晴　気温）25℃　気圧）1012hPa

図2　風向）南東　風力）5　天気）くもり　気温）12℃　気圧）1004hPa

知っ得メモ

気圧は大気の重さ

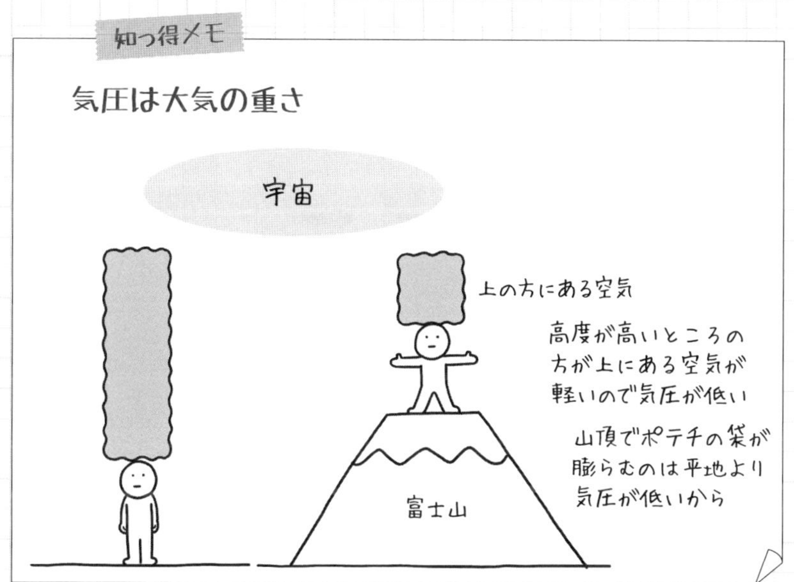

2 飽和水蒸気量と湿度と露点

- 空気1m^3中に最大限含まれる水蒸気の量を、その温度における飽和水蒸気量という。
- 下の図は、気温とその気温における飽和水蒸気量の関係をグラフにしたもの。
- 飽和水蒸気量は10℃では9.4g/m^3、20℃で17.3g/m^3、30℃で30.4g/m^3と、温度が高くなるほど大きくなる。

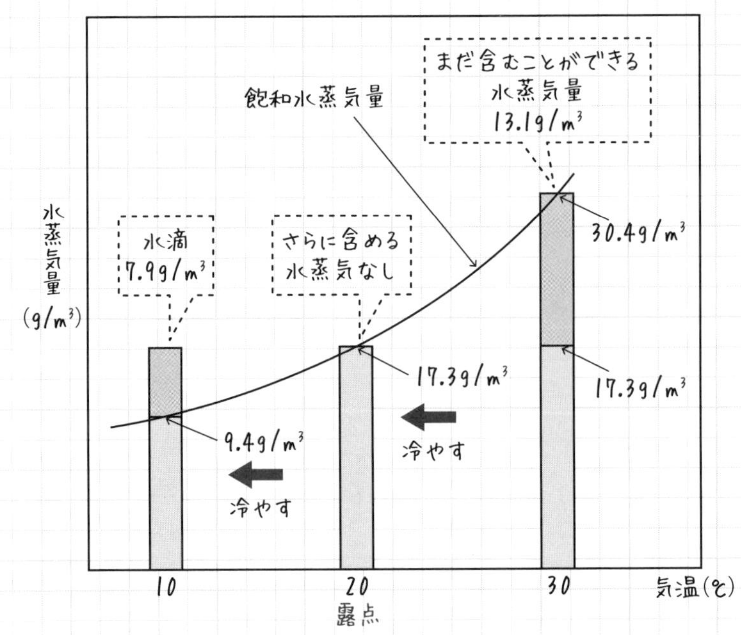

- 30℃で、水蒸気を17.3g/m³含んでいる空気の湿度は、この17.3gが30℃のときの飽和水蒸気量30.4gのどれだけかで計算する。

$$\frac{17.3}{30.4}\times 100 = 56.9\cdots(\%)$$

$$湿度(\%) = \frac{1\text{m}^3に含まれる水蒸気量}{その気温での飽和水蒸気量}\times 100$$

- 30℃で、水蒸気を17.3g/m³含んでいる空気を冷やしていくと、20℃で飽和水蒸気量になる。この20℃を露点という。

- 20℃では、これ以上の水蒸気を含むことができない。
このときの湿度を計算すると、

$$\frac{17.3}{17.3}\times 100 = 100(\%)$$

- この空気をさらに冷やして10℃にすると、10℃の飽和水蒸気量は9.4g/m³だから、
$17.3 - 9.4 = 7.9(\text{g/m}^3)$ が水滴となって出てくる。

練習問題でCheck!! 次の設問に答えよう。

1 空気中に含まれている水蒸気量が $3.2 g/m^3$ でした。この気温における飽和水蒸気量が $12.8 g/m^3$ のとき、この空気の湿度は何%でしょうか。

（　　　　）

2 気温と飽和水蒸気量の関係を表した下図について、考えてみよう。

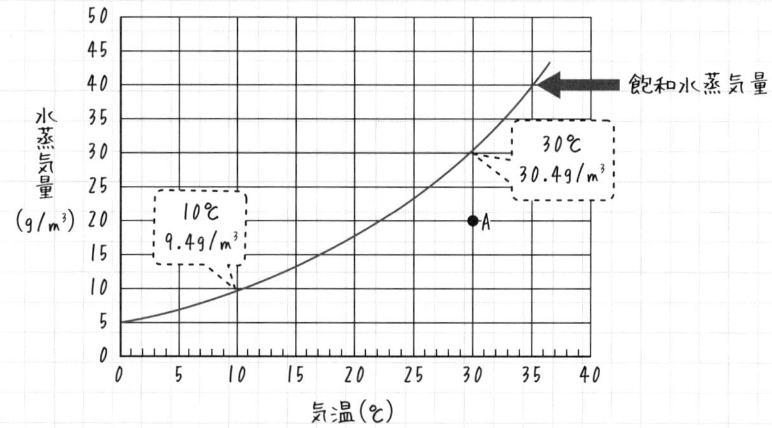

① Aの空気は、空気 $1m^3$ にあと何gの水蒸気を含むことができるでしょうか。

（　　　　）

② Aの空気 $1m^3$ を10℃に冷やすと、何gの水蒸気が水滴に変わるでしょうか。

（　　　　）

答え

1 $\frac{3.2}{12.8} \times 100 = 25$ (%)

2 ① $30.4 - 20 = 10.4$ (g)

② $20 - 9.4 = 10.6$ (g)

3 乾湿計で湿度を読む

- 湿度は乾湿計の読みと表から求める。
- 乾球はふつうの温度計、湿球は温度計の下部を下の図のように湿った布でおおう。
- 湿球では布から水分が蒸発するとき、周りから熱をうばうので、乾球より温度が低くなる。
- 乾球が17℃で湿球が15℃のときの湿度は、下のように求める。

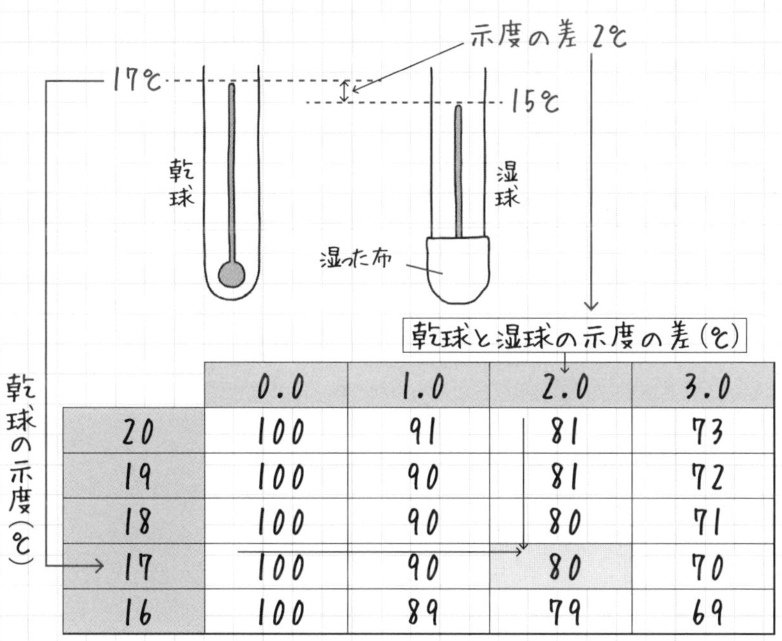

乾球の示度（℃）	0.0	1.0	2.0	3.0
20	100	91	81	73
19	100	90	81	72
18	100	90	80	71
17	100	90	80	70
16	100	89	79	69

上図のように、乾球の示度17℃と、乾球と湿球の示度の差2℃から、湿度80%を読み取る。

練習問題でCheck!! 次の設問を考えてみよう。

乾球が17℃、湿球が14℃のときの湿度は何%でしょうか。

乾球の示度(℃)	0.0	1.0	2.0	3.0
20	100	91	81	73
19	100	90	81	72
18	100	90	80	71
17	100	90	80	70
16	100	89	79	69

乾球と湿球の示度の差(℃)

(　　　　)

答え
70%

4 雲のでき方

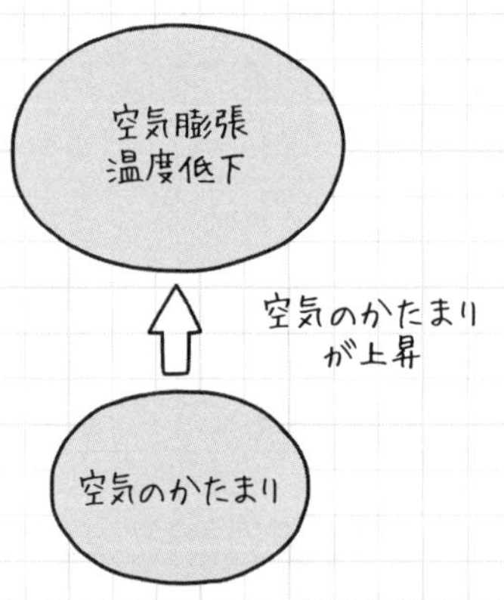

- 水蒸気を含む空気が上昇する(上昇気流になる)ところで雲ができる。
- 上空に行くほど気圧が低いので、水蒸気を含んだ空気が膨張して温度が下がる。

- ある高さで露点に達し、さらに上空になると水滴ができる。
- 0℃以下になると氷の粒ができる。
- この上空に浮かんでいる細かい水滴や氷の粒の集まりが雲。

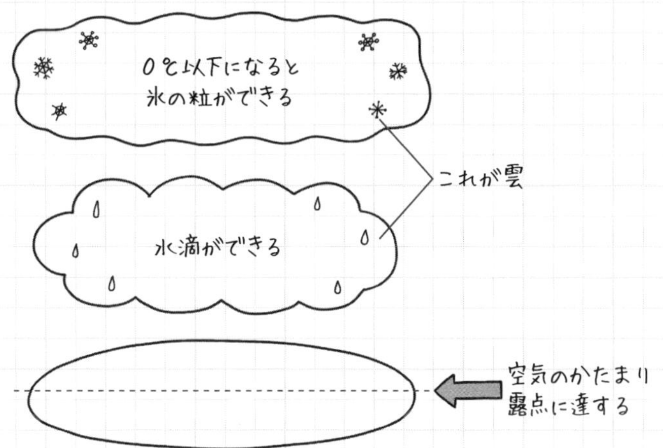

5 雲ができやすいところ

ズバリ、上昇気流ができやすいところ。

その1　山の斜面に沿って空気が上昇するところ。

その２　太陽の熱で地表が強く熱せられるところ。

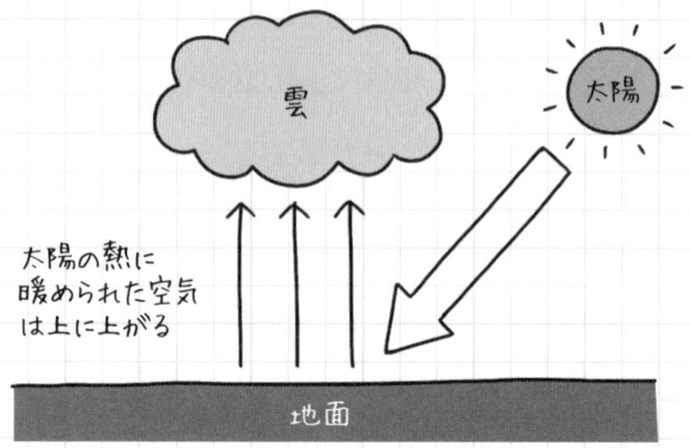

その３　低気圧の中心。

- 気圧（大気圧）は、地球を取り巻く空気の重さによる圧力。
  高い場所ほど気圧は低い。
- 単位はhPa（ヘクトパスカル）
  1気圧＝1013hPa
- だんだん気圧が高くなる中心部が高気圧。

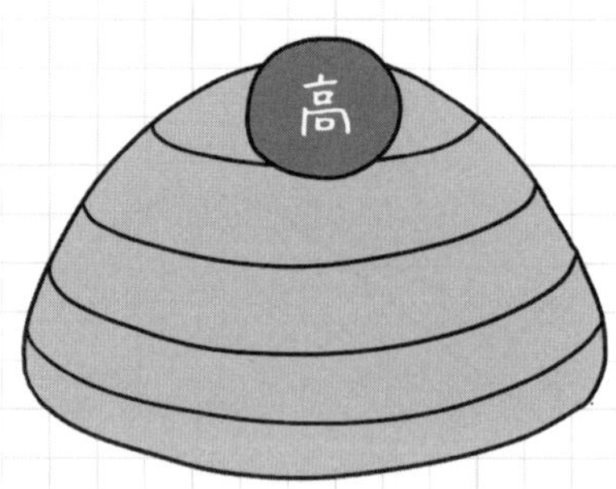

- だんだん気圧が低くなる中心部が低気圧。

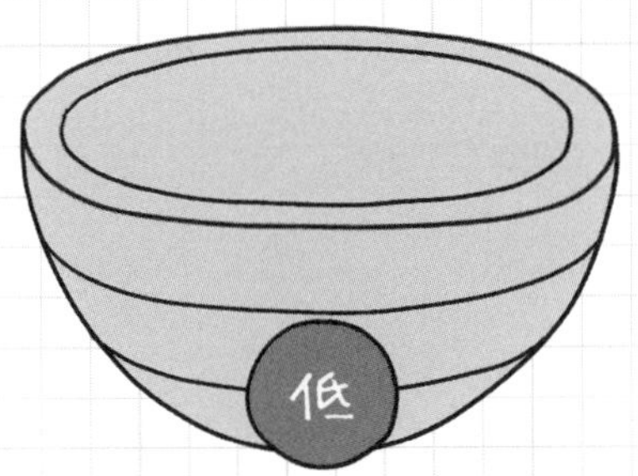

- 水が高いところから低いところに流れるように、空気も気圧の高いところから低いところに流れる。これが風。
- この風は（北半球では）反時計回りに吹き込み、上昇気流となるので、雲ができやすい。

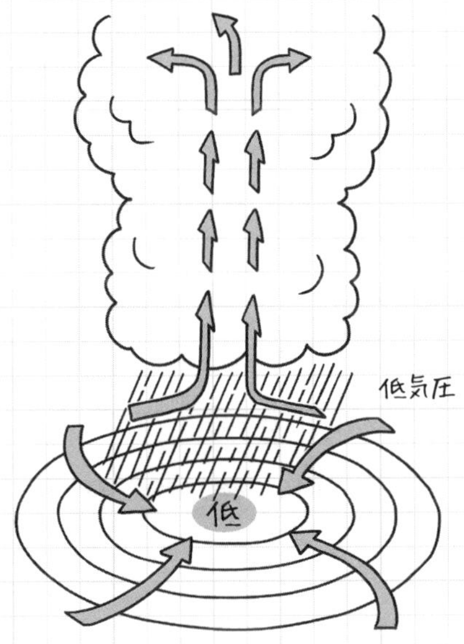

その4　寒冷前線ができるところ。

- 寒気が暖気に向かって進むとき、寒冷前線ができる。

- 寒冷前線では、寒気の方が重いため、寒気が暖気の下に潜り込む。
- その結果、暖気は寒気に押し上げられて、急上昇する。膨張しながら温度が下がり、積乱雲などができる。

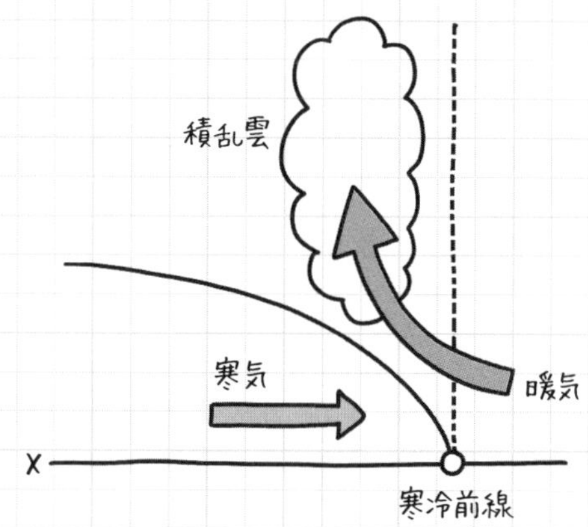

- これによって、激しい雨が狭い範囲に降る。

その5　温暖前線ができるところ。

- 暖気が寒気に向かって進むとき、温暖前線ができる。

- 温暖前線では暖気の方が軽いため、寒気の上に這い上がる。
- 暖気はゆるやかに上昇し、膨張しながら温度を下げて、乱層雲などができる。

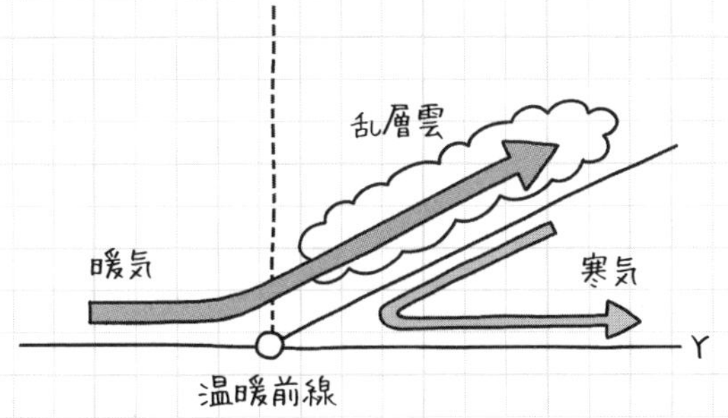

- これにより、おだやかな雨が広い範囲に降る。

練習問題でCheck!!　次の設問に答えよう。

1 ① 空気が膨張するとき、温度は上がりますか、下がりますか。
（　　　　　　）

② 雲ができやすいのは、高気圧のところですか、低気圧のところですか。
（　　　　　　）

③ 1気圧は何ヘクトパスカルですか。
（　　　　　　）

④ 寒気が暖気に向かって進むときにできるのは何前線ですか。このときできやすい雲の名称を1つあげましょう。また、この雲によってどういう範囲にどういう雨が降りますか。

（　　　　/　　　　/　　　　/　　　　）

⑤ 暖気が寒気に向かって進むときにできるのは何前線ですか。このときできやすい雲の名称を1つあげましょう。また、この雲によってどういう範囲にどういう雨が降りますか。

（　　　　/　　　　/　　　　/　　　　）

2 下の図は日本付近で冬に雲が発生する様子を示したものです。この図に関する次の文章の（　　）に適切な語句を入れてみよう。

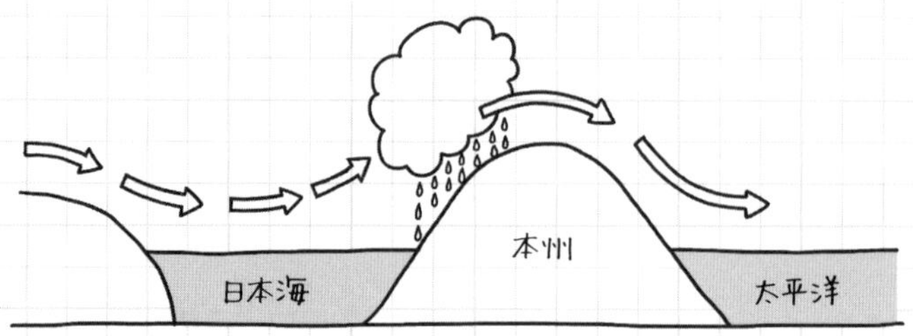

日本海の上を通過するとき、多量の水蒸気を含んだ空気は日本海側の山の斜面を上昇する気流になる。空気は上昇するとき（ア　　　）して温度が（イ　　　）り、（ウ　　　）より低い温度になると水蒸気は（エ　　　）になる。さらに0℃以下では氷の粒になるので、雪となって日本海側に降る。雪を降らせた空気は、太平洋側の山の斜面を下降する気流になる。

答え

1 ①下がる　②低気圧のところ　③ 1013hPa
④寒冷前線／積乱雲／狭い範囲／激しい雨
⑤温暖前線／乱層雲／広い範囲／おだやかな雨

2 ア）膨張　イ）下が　ウ）露点　エ）水滴

6 前線をともなう低気圧

- 西に寒冷前線、東に温暖前線をともなった低気圧が通過するときの天気の変化は、天気図を見るときのポイントとなる。

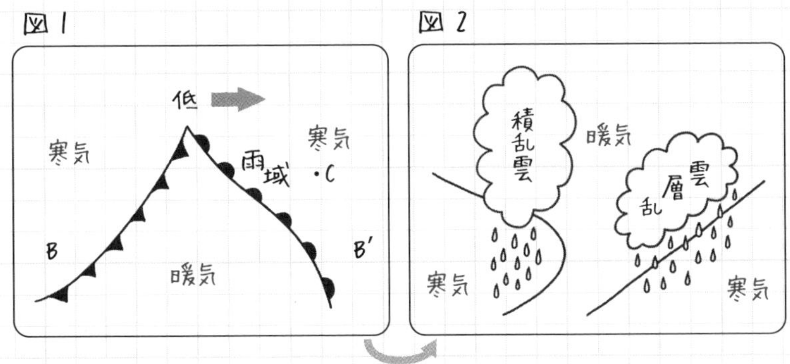

図1のB-B′の断面が図2

- 低気圧が西から東に移動するときのC点の天気の移り変わりを見てみよう。

① C点には、温暖前線の通過にともない、広い範囲におだやかな雨が降る。

② 温暖前線通過後は雨がやみ、気温が上がる。

③ 寒冷前線が近づくと天気は悪くなって、狭い範囲に激しい雨が降る。

④ 寒冷前線通過後は気温が下がる。

練習問題でCheck!!

いくつかの設問に答えよう。

低気圧にともなう2つの前線A、Bが西から東に移動する場合を考えます。

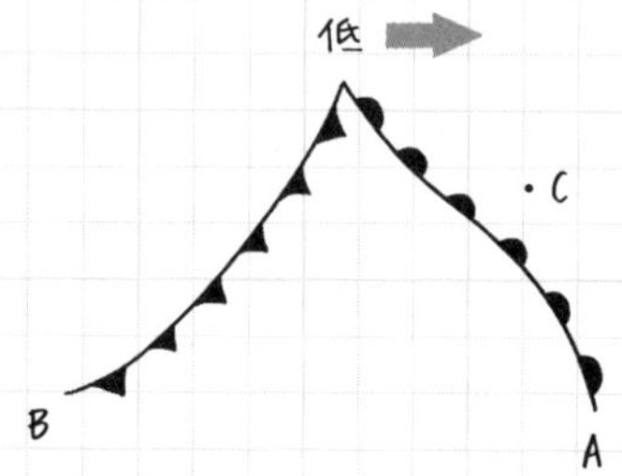

① Aは何前線ですか。　　　　　　　　（　　　　　　）

② C地点の天気はどのように変化するか、ア～ウの中から適当なものを選び、記号で答えよう。

ア）くもり→晴れ→にわか雨→くもり→晴れ

イ）くもり→雨→晴れ→にわか雨→晴れ

ウ）くもり→にわか雨→晴れ→くもり→晴れ　　　　（　　　　）

③ C点の気温はどのように変化するか、ア～ウの中から適当なものを選び、記号で答えよう。

ア）Aの通過後は気温が下がり、Bの通過後は気温が上がる。

イ）Aの通過後は気温が上がり、Bの通過後は気温が下がる。

ウ）気温は上がり続ける。

（　　　　）

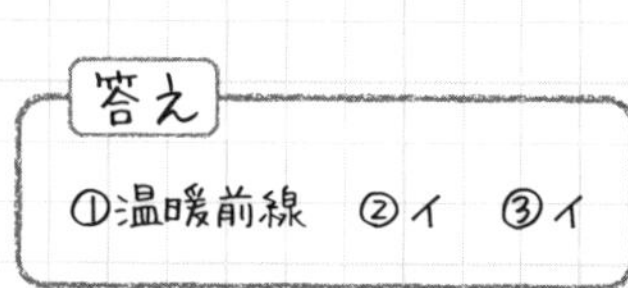

その2 マグマと火山

1 火山の噴出物

- 火山活動の原因は、地下にある岩石の溶けたマグマ。
- 火山が噴火すると、火口から火山ガス（主成分は水蒸気）、溶岩（マグマが地上に流れたもの）、火山灰、軽石などが出る。

火山灰、火山ガス
軽石
溶岩
マグマ
マグマだまり

2 火山の形状

- マグマの粘り具合により、できる火山の形状が異なる。

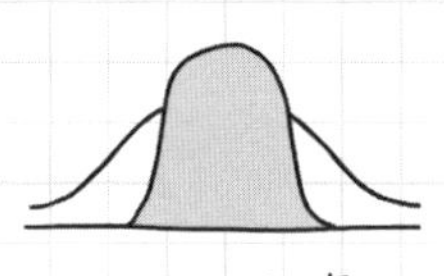

マグマの粘り気が強い
雲仙普賢岳など

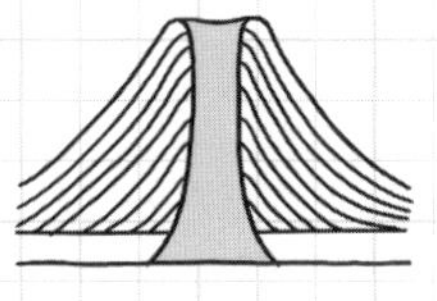

粘り気は中間
火山灰などと溶岩が交互に噴出
富士山、桜島など

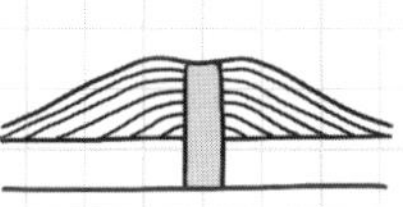

粘り気が弱い
マウナロア山など

3 火成岩

- マグマが冷えてできた岩石を、火成岩という。
- 火成岩にはマグマが地表や地表近くで急速に固まった火山岩と、地下深くでゆっくり固まった深成岩がある。
- 火山岩は石基(せっき)の中に斑晶(はんしょう)がちらばった斑状組織、深成岩は等粒状組織である。

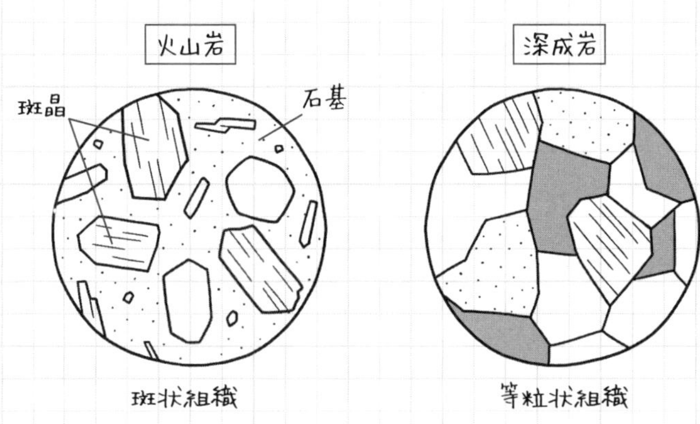

- 火山岩は白っぽい方から、

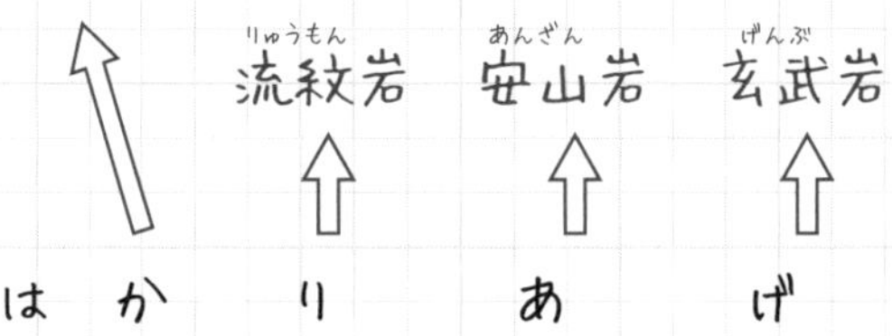

- 深成岩は白っぽい方から、

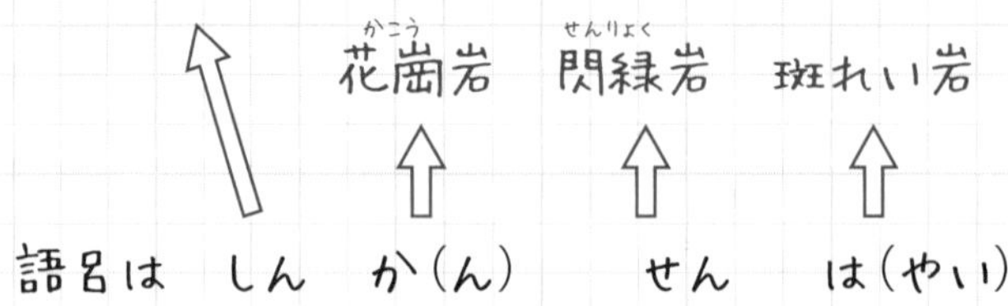

練習問題でCheck!! 次の設問に答えよう。

① ア〜ウの火山を、噴出する溶岩の粘り気の弱いものから順に並べてみよう。

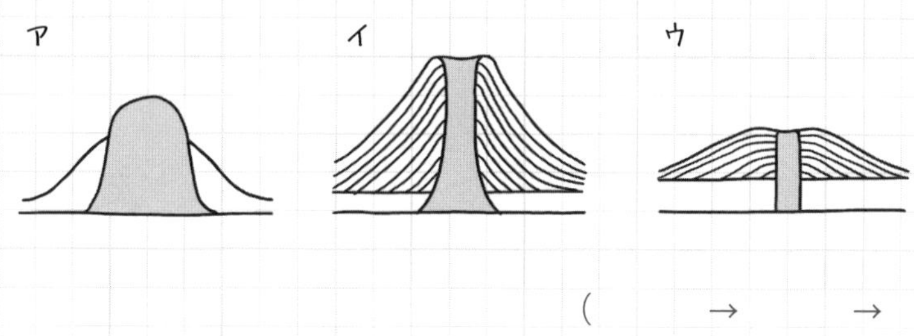

（　　→　　→　　）

② 斑状組織を持つのは、安山岩と閃緑岩のどちらでしょうか。

（　　　）

③ 等粒状組織を持つのは、玄武岩と花崗岩のどちらでしょうか。

（　　　）

答え

①ウ→イ→ア　②安山岩　③花崗岩

その3 地層のでき方

1 川の流れがつくる地層

- 長い年月をかけて、気温の変化や風雨によって岩石は細かくくずれていく。これが風化。
- 風化した岩石を雨水や流水が削り取る。これが浸食（しんしょく）。
- 浸食によって削り取られたれき・砂・泥は、川の流れで運搬され、流れがゆるやかなところで堆積（たいせき）する。
- れき・砂・泥などの土砂が流水で運ばれ、海底や湖底に次々に積み重なって層になったものが地層。
- 大きい粒ほど重いので、河口や海岸に近いところでは粒の大きいものが堆積し、岸から離れるほど粒の小さいものが堆積する。

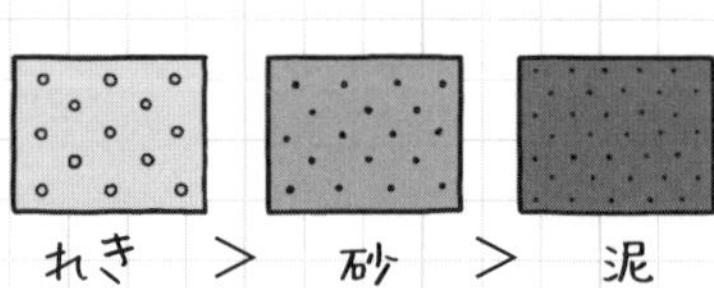

れきは粒の大きさが2mm以上、次に小さいのが砂、さらに小さいのが泥。

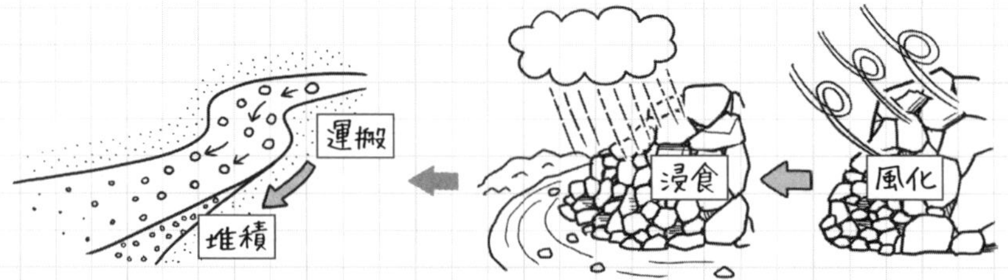

- 堆積岩は水で流されるときにぶつかり合って角が取れ、粒が丸くなる。

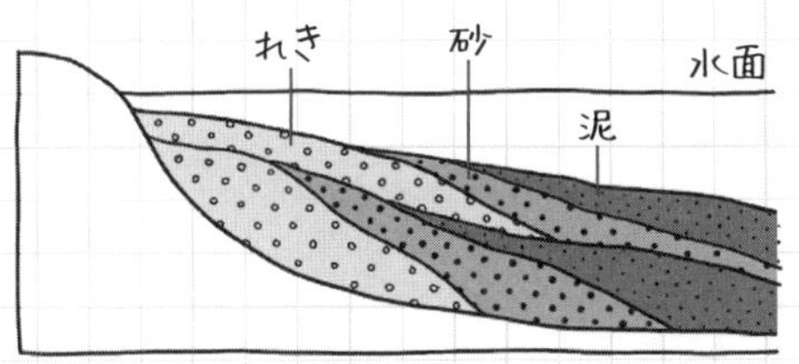

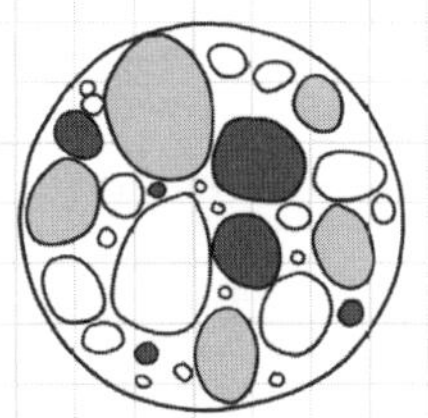

- 海底などにできた地層が、長い時間をかけて押し固められてできた硬い岩石が、堆積岩である。

2 その他の地層

- 火山灰などが堆積したものが、凝灰岩（ぎょうかいがん）。
- 生物の死骸からできた堆積岩が、石灰岩とチャート。

3 地層の中の化石

- シジミの化石は、そこが海水と淡水が混じる河口付近であったことを示す。
サンゴの化石は、
そこが暖かくて浅い
海であったことを
示す。

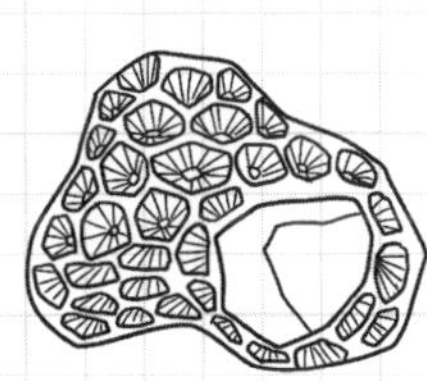

- サンゴやシジミのように地層が堆積した当時の環境が推定できる化石を、示相(しそう)化石という。
- サンヨウチュウがあれば古生代の地層、アンモナイトがあれば中生代の地層とわかる。

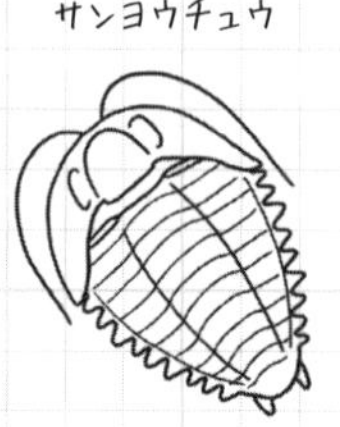

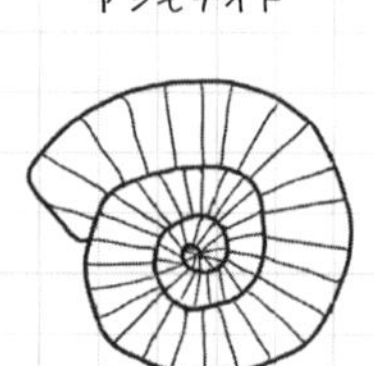

- 地層が堆積した時代を推定できる化石を、示準(しじゅん)化石という。

練習問題でCheck!!　次の設問に答えよう。

1 ① 次ページの図のア～オのうち最も古い時代に堆積したと思われるのはどれでしょうか。　（　　　）

② ア～オの地層の中で、激しい火山活動があった時代に堆積したのはどれでしょうか。　（　　　）

③ イの地層は、どのような場所で堆積したと考えられるでしょうか。AかBから選びましょう。
A）暖かくて浅い海　　B）河口または湖　（　　　）

④ ア～オの地層の中で、塩酸をかけたとき二酸化炭素が発生するのはどれでしょうか。　（　　　）

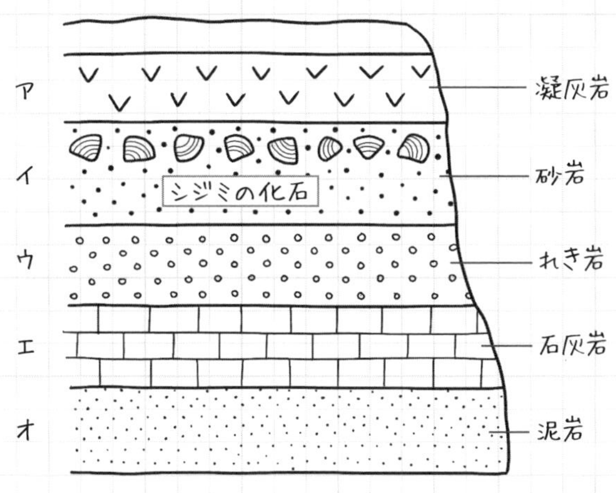

2 下の図を見て、岩石がとれた場所A、B、Cと、岩石ア、イ、ウの組み合わせを考えてみよう。

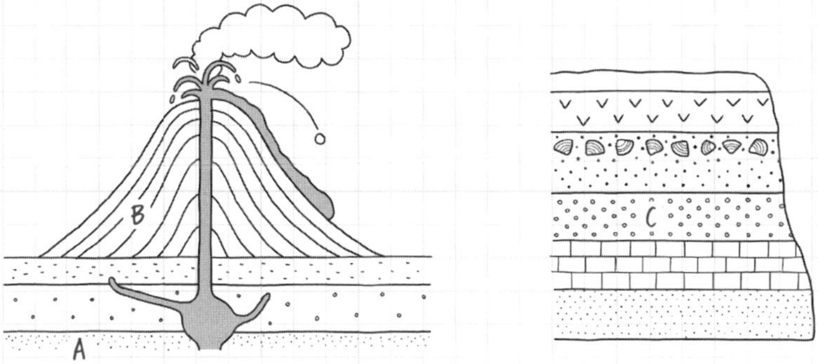

B
A
C

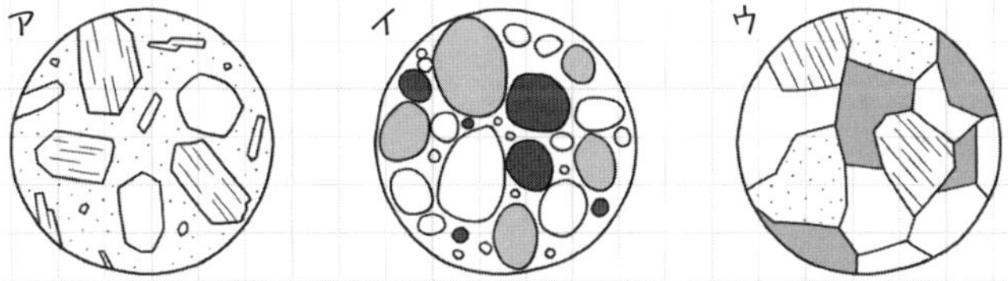

ア　イ　ウ

（A　　　）（B　　　）（C　　　）

答え

1 ①オ　②ア　③B　④エ　　2 A−ウ　B−ア　C−イ

4 しゅう曲と断層

● 地層に横から強い力が加わると、地層が波のように曲がることがある。これがしゅう曲。

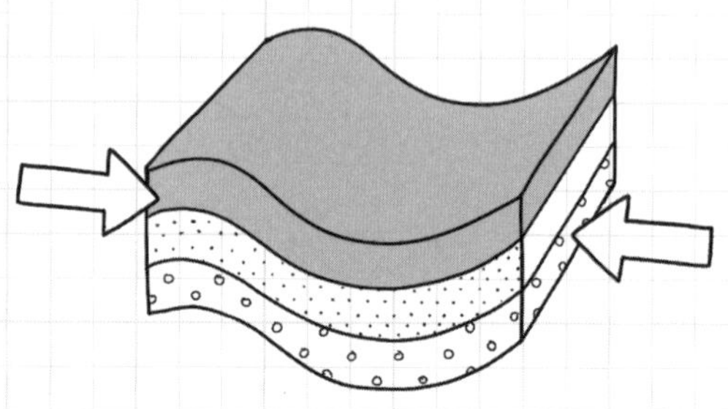

● 地震などで地層に強い力が加わると断層ができる。

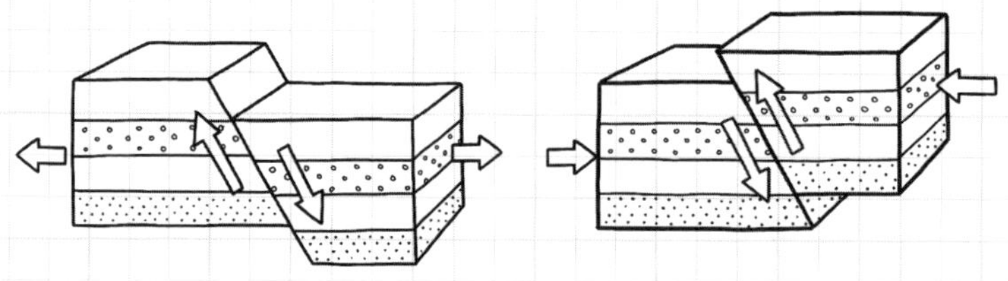

その4 地震

1 地震が起こる仕組み

- 地球の表面をおおう厚さ100kmほどの岩石の層をプレートという。
- プレートのすぐ下に、岩石がやわらかくなったマントルがある。
- マントルは1年に数cm動くので、マントルに接するプレートも1年に数cm動く。
- 動くプレートの境界では、プレートどうしに大きな力が働いて地震が起こりやすい。
- 日本列島はプレートとプレートの境界に位置しているために、地震が起こりやすい。

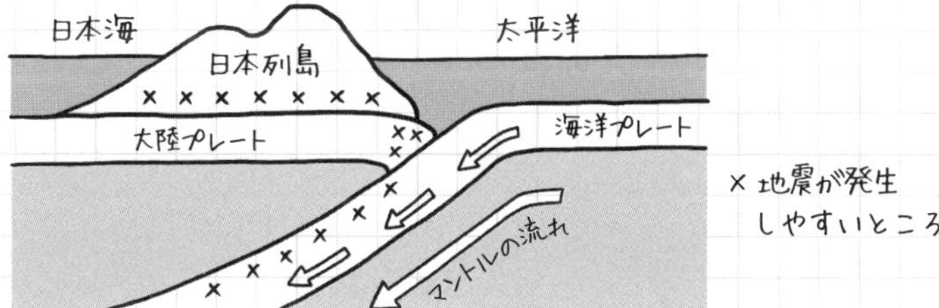

例 東南海地震が起こるメカニズム

1) 海洋プレートが大陸プレートの下に、ななめに沈み込む。

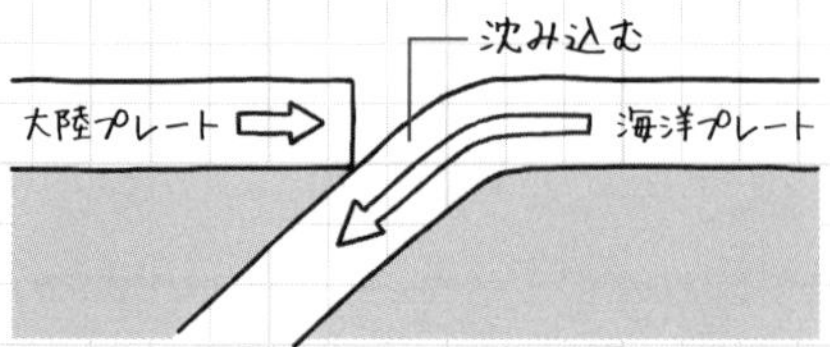

2) 大陸プレートはいっしょに引きずり込まれる。

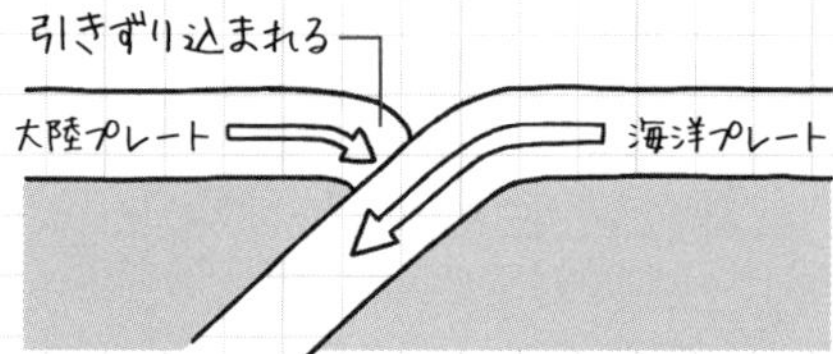

3) 大陸プレートが反発してはね上がる。これにともない海底が大きく動き、巨大な地震になる。

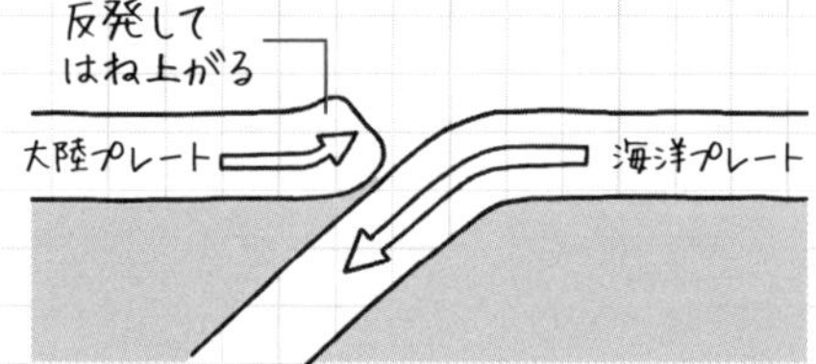

練習問題でCheck!! 記号で答えよう。

日本列島のプレートは、太平洋側のプレートの動きに引きずられるように、下のア→イ→ウ→ア→イ→ウと繰り返します。大地震が発生するとすれば、どの状態からどの状態に変わるときでしょうか。

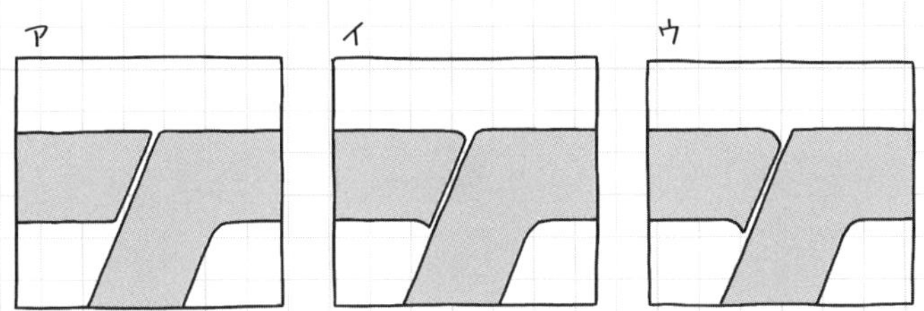

答え
ウ→ア

2 地震関連の用語

- 震源は、地震が発生したところ。
- 震央は、震源の真上の地表面の地点。
- 震源の深さは、震源と震央の距離。
- 震源距離は、震源から観測地点までの距離。
- 震度は、地震の揺れの程度を表す。
- マグニチュードは地震の規模（エネルギーの大きさ）を表す。

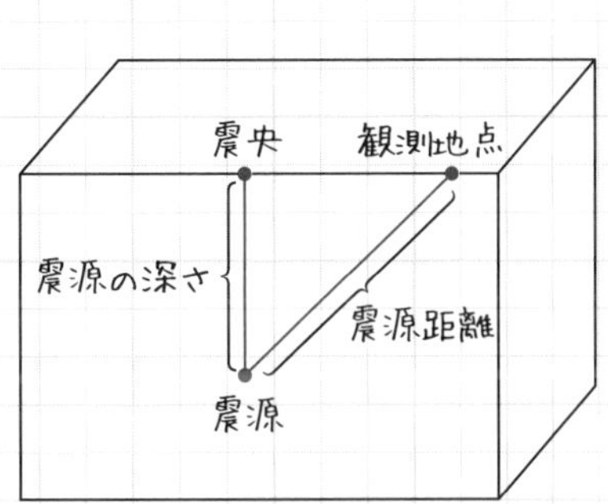

- マグニチュードが1大きくなると、地震のエネルギーは約32倍になる。
- マグニチュードが同じでも、（一般に）震源距離によって震度は異なる。

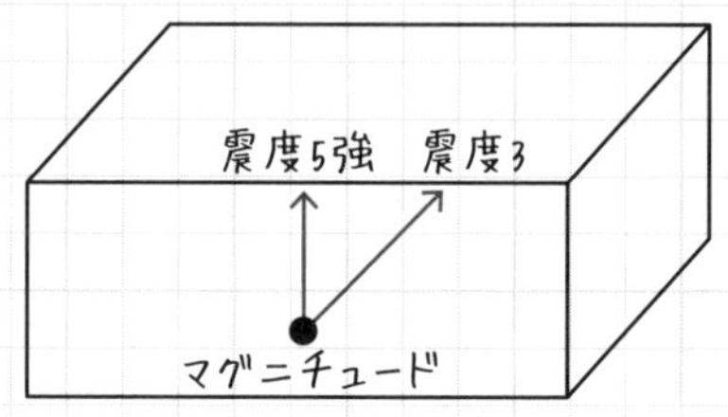

練習問題でCheck!! 次の設問を考えてみよう。

下の図で震源の深さは何kmでしょうか。また、震源距離は何kmですか。そして（　　　）に入る語句は何でしょうか。

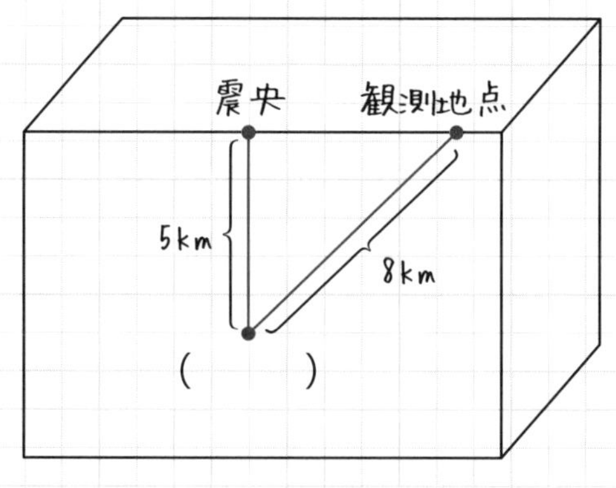

答え

震源の深さ）5km　震源距離）8km　（震源）

3 地震の伝わり方

- 地震が発生すると、速さの速いP波と速さの遅いS波が同時に発生する。

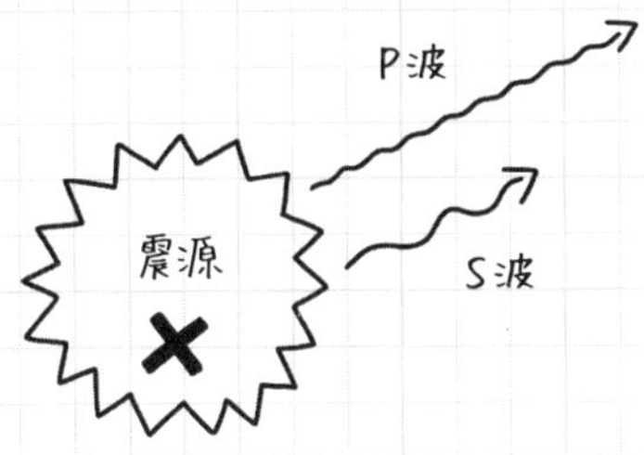

- 観測地点では、最初に速さの速いP波が届いてガタガタと小さく揺れる。これが初期微動。
- 遅れて速さの遅いS波がやって来て、グラッと大きく揺れる。これが主要動。
- P波が来てからS波が来るまでの時間を、初期微動継続時間という。

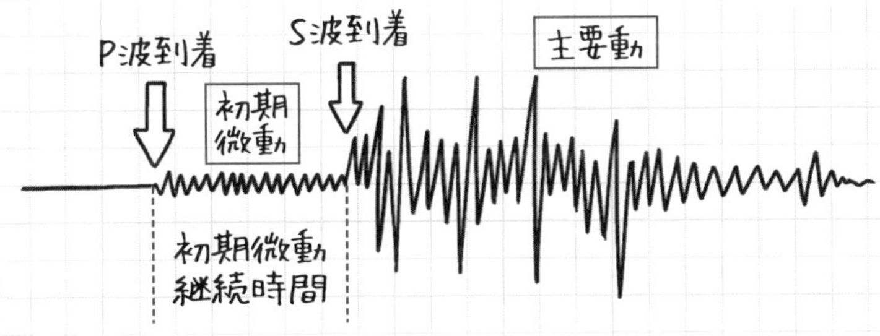

練習問題でCheck!! 次の設問を考えてみよう。

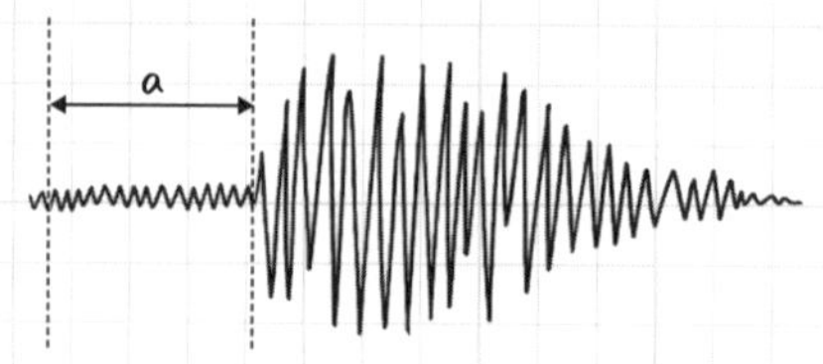

右の地震計の記録について、次の設問に答えよう。

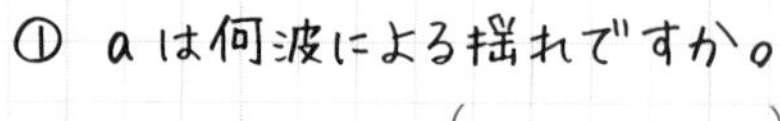

① aは何波による揺れですか。

（　　　　）

② aの時間から何がわかるか、アからウの中から1つ選びましょう。

ア）地震の規模　イ）震源の深さ　ウ）震源距離　（　　　）

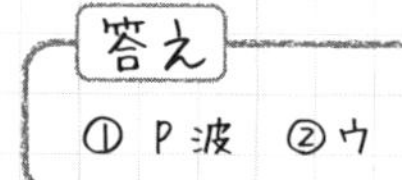

答え

①P波　②ウ

初期微動継続時間

例　P波の速度が毎秒7km、S波の速度が毎秒3kmのとき、震源距離42kmの観測地点での初期微動継続時間を計算する。

P波が到着するのに、42(km)÷7(km/秒)＝6(秒)

S波が到着するのに、42(km)÷3(km/秒)＝14(秒)

初期微動継続時間は、14－6＝8(秒)

練習問題でCheck!! 計算してみよう。

P波の速度が毎秒9km、S波の速度が毎秒4kmのとき、震源距離108kmの観測地点での初期微動継続時間を計算してみよう。

（　　　　）

答え

P波到着が108÷9＝12(秒)　S波到着が108÷4＝27(秒)

初期微動継続時間は　27－12＝15(秒)

4 地震の計算問題

- P波とS波の速さや、観測地点までの到着時間、初期微動継続時間などを計算する。

$$速さ=\frac{道のり}{時間} \quad 時間=\frac{道のり}{速さ} \quad 道のり=速さ×時間$$

例 下のグラフは地震が発生してからの経過時間(秒)と震源からの距離(km)の関係を表す。

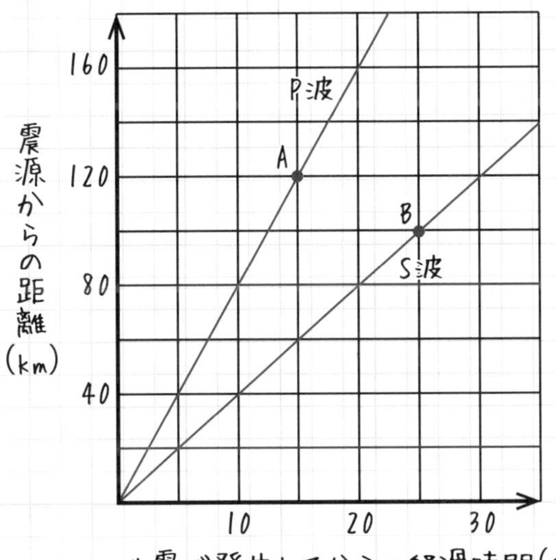

① P波の速度はA点より　120÷15=8(km/秒)

② S波の速度はB点より　100÷25=4(km/秒)

③ P波が160km地点に達するまでの時間は

160÷8=20(秒)

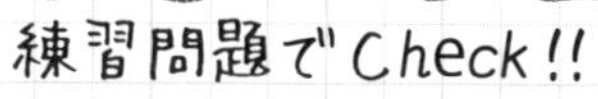

次の設問に答えよう。

下のグラフについて、考えてみよう。

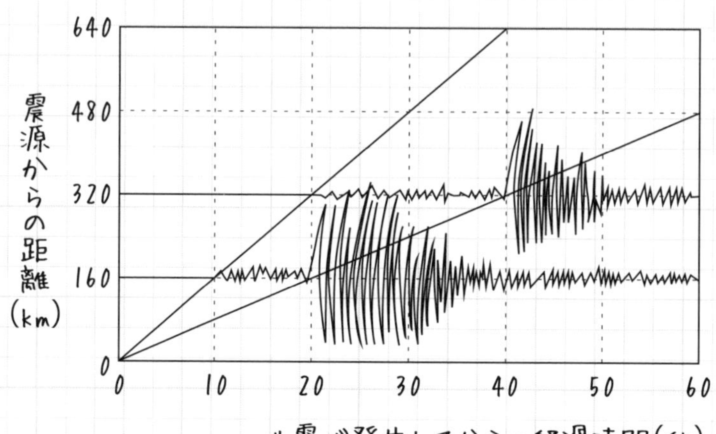

① P波の速さを求めましょう。 (　　　　　)

② S波の速さを求めましょう。 (　　　　　)

③ 800km地点における初期微動継続時間を求めましょう。

(　　　　　)

答え

① 480kmを30秒だから　480÷30=16(km/秒)

② 160kmを20秒だから　160÷20=8(km/秒)

③ 800km地点にP波が到達するまでの時間は、
800÷16=50(秒)　この地点にS波が到達するまでの時間は、
800÷8=100(秒)
よって初期微動継続時間は、100−50=50(秒)

その5 地球と太陽と星座

1 地球の自転と日周運動

- 地球は北極と南極を結ぶ軸(地軸)を中心に、北極側から見て反時計回り(＝西から東)に1日に、1回転する。

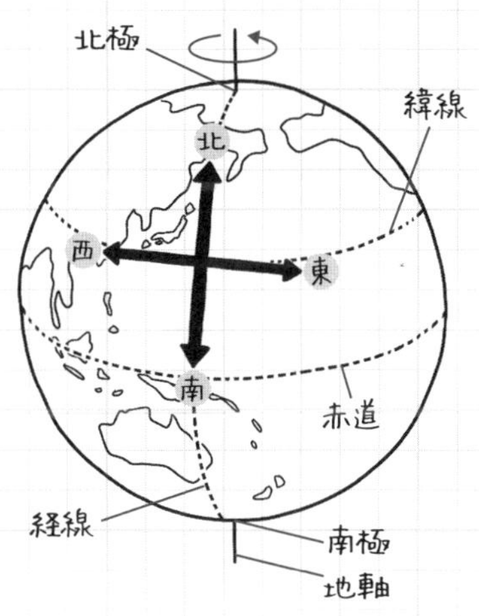

- この回転を地球の自転という。
- 地球の自転により、実際には動いていない太陽や星は、自転の向きと反対(＝東から西)に、天球上を1日に1回転するように動く。
- これを日周運動という。

練習問題でCheck!! 次の設問を考えてみよう。

太陽や星は1時間に何度動きますか。

(　　　　)

答え

1日(24時間)に1回転(＝360°)だから、360÷24＝15(°)

2 東西南北の星の動き

- 日周運動にともない、東西南北の星は下図のように動く。

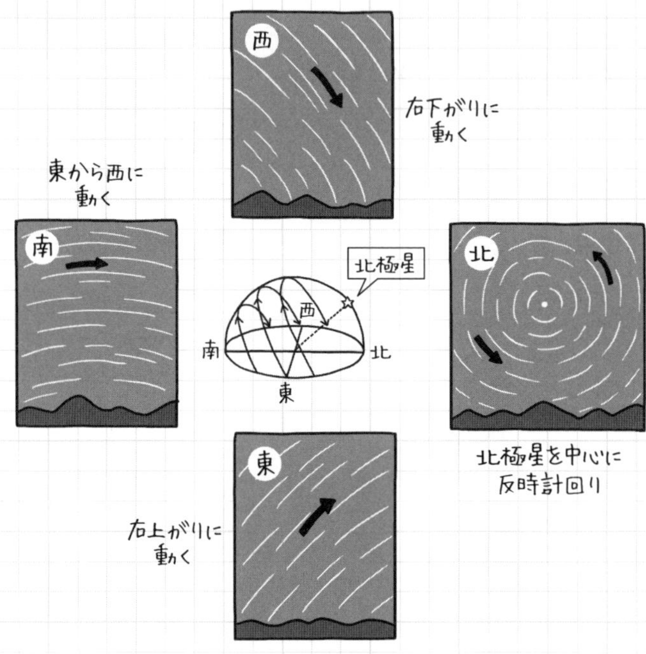

3 太陽の１日の動き

- 地球の自転にともない、太陽は東の空から昇り、西の空に沈む。
- 天体が真南を通過することを、南中という。
- 南中のときの天体の高度（角度）を、南中高度という。

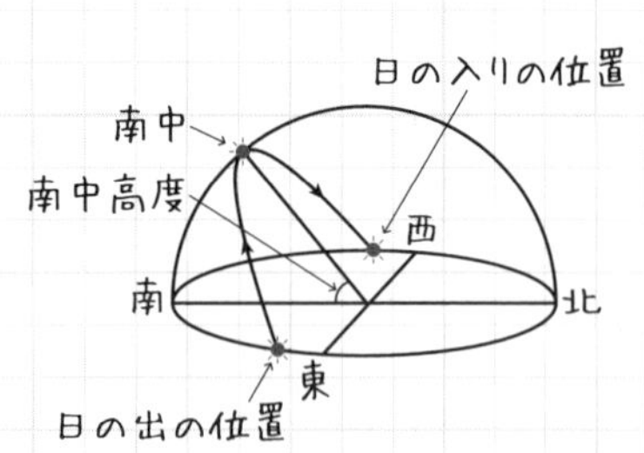

練習問題でCheck!! 次の設問に答えよう。

① 太陽が東から西に毎日動いて見えるのはなぜですか。

( )

② 太陽は東から西に4時間で何度動くでしょうか。

( )

③ 大阪で1台のカメラを固定して、一定時間シャッターを開けたままにしたら、右のような写真が撮れました。この写真は東西南北のどの向きの空でしょうか。また同じ星がEからFまで動いたときの中心角は45°でした。このことから、何時間、星の動きを映したと考えられますか。

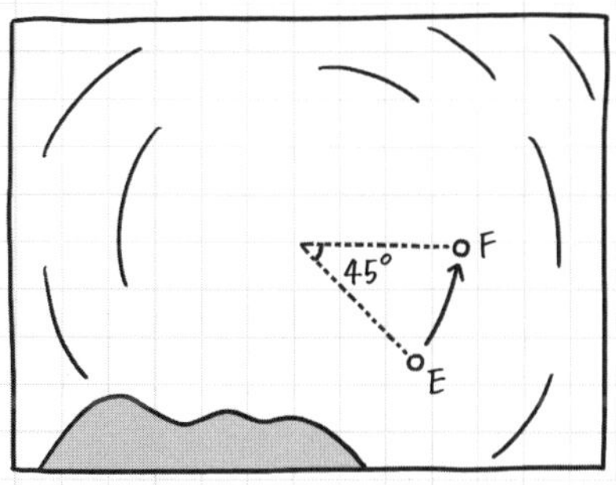

( )( )

答え

①地球が自転しているから ②1時間に15°だから 15×4=60(°)
③北、1時間に15°だから45°では 45÷15=3(時間)

4 地球の公転

- 地球は太陽の周りを1年で1周する。
- この動きを地球の公転という。
- 公転の向きは、北極側から見ると自転と同じ反時計回り。

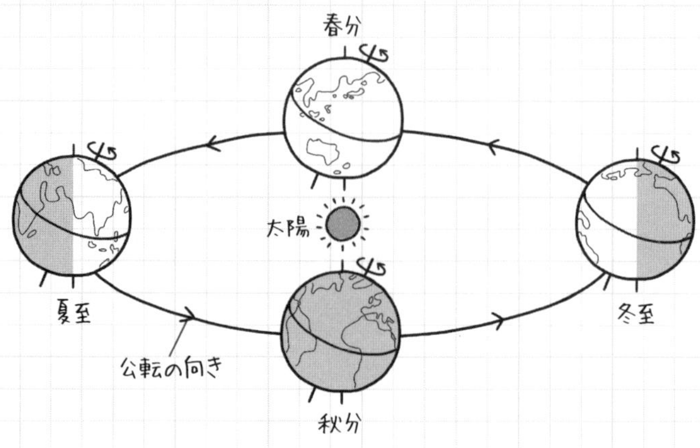

5 星の年周運動

- 年周運動とは、地球の公転によって同じ時刻に見える星の位置が1年に360°、1か月で360÷12＝30°、動いて見えること。

南の空では同じ時刻に見える星の位置が1か月に30°ずつ動く。この動きは日周運動と同じ。

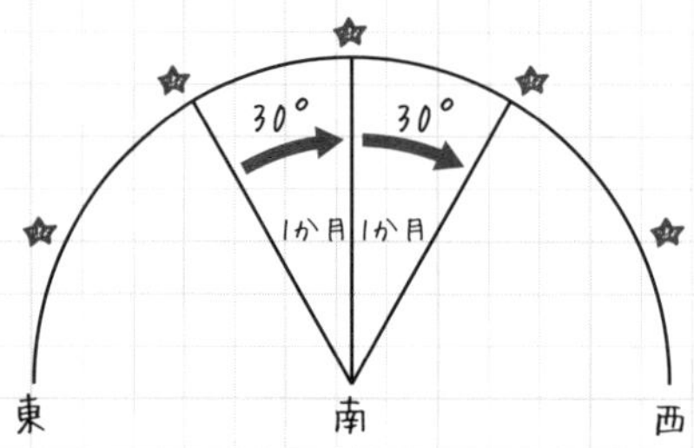

北の空では北極星を中心に反時計回りに1か月に30°ずつ動く。

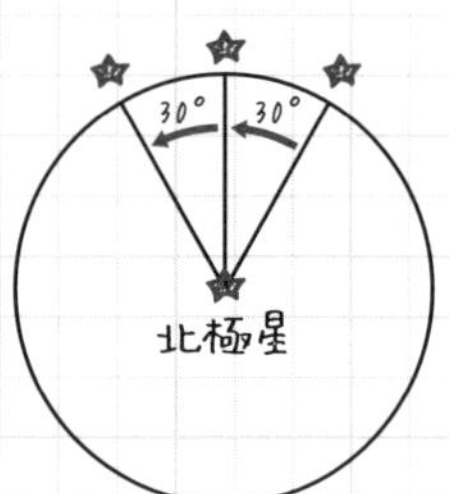

6 季節の星座

- 地球は公転する。このとき地球から見て太陽の方向にある星は、太陽の光が明るいので見えない。太陽と反対方向にある星が見える。
- 冬には地球から見て太陽の方向にあるさそり座は見えず、地球から見て太陽と反対側にあるオリオン座が見える。
- こうして季節によって見える星座が変わる。

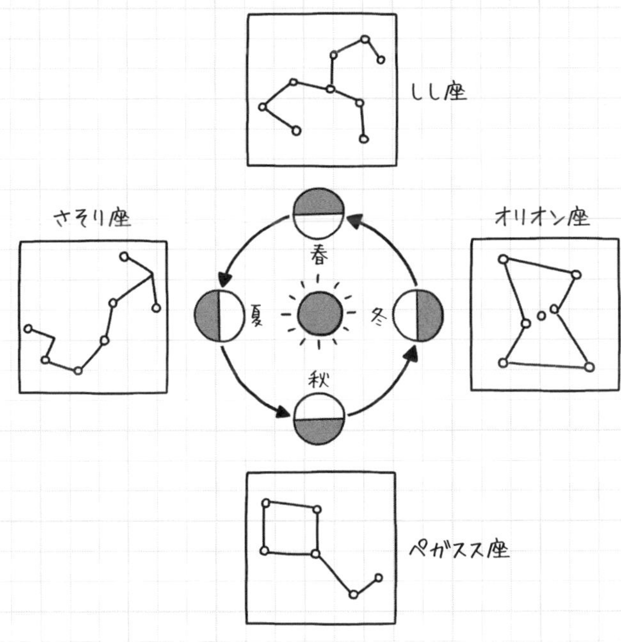

7 季節の変化と昼の長さ

- 地球が公転する面を公転面という。
- 地球は地軸を公転面に垂直な方向に対して23.4°傾けたまま公転するので、季節が変わると昼夜の長さなどが変わる。

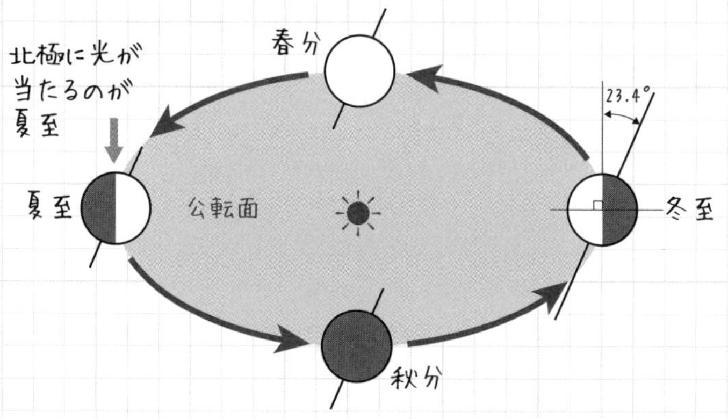

8 太陽の通り道

- 地球の公転にともない、季節によって太陽の通り道が変わる。
- 春分・秋分には、太陽は真東から昇って真西に沈む。
- 夏至には、真東より北寄りから昇り、真西より北寄りに沈む。
- 冬至には反対に、真東より南寄りから昇り、真西より南寄りに沈む。

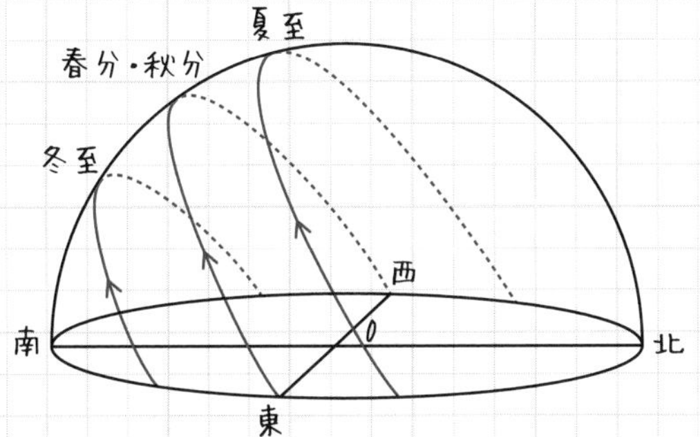

- 上の図のように、春分と秋分では昼と夜の長さが等しい。
- 夏至のときは、昼が一番長い。
- 冬至のときは、昼が一番短い。
- 南中高度は、夏至が最も高く、冬至が最も低い。

夏至

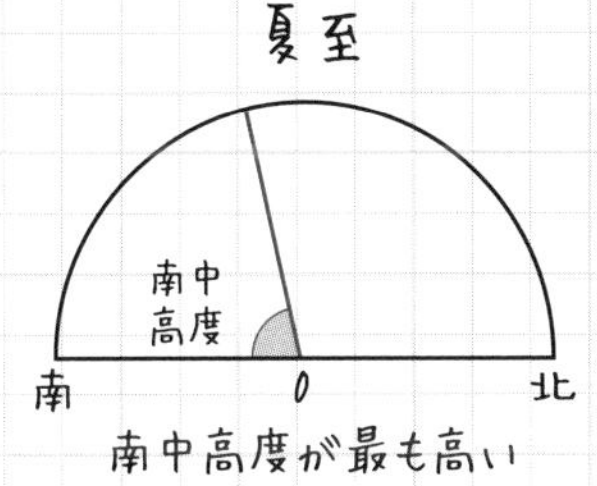

南中高度が最も高い

冬至

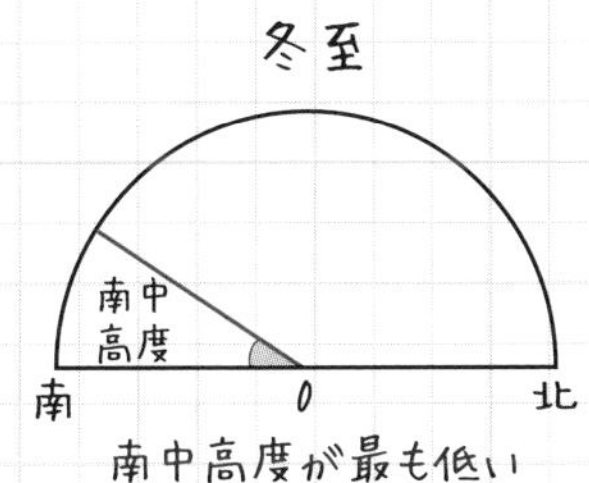

南中高度が最も低い

春分・秋分

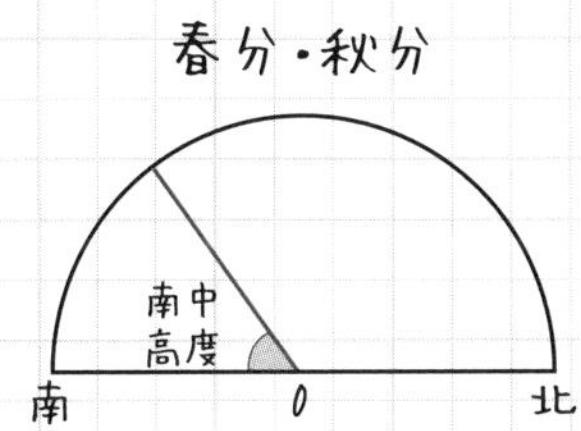

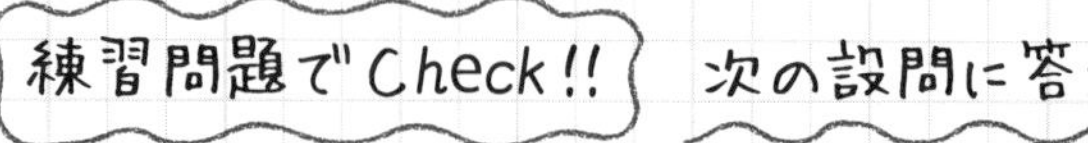

下の図は各季節の太陽と地球の位置関係を表しています。

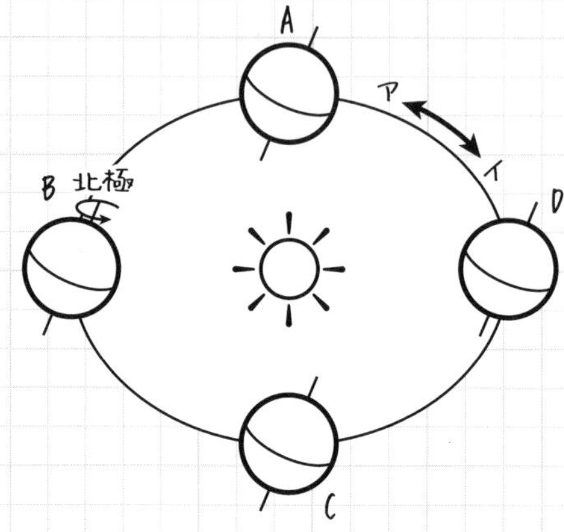

① 地球の公転の向きはア、イのどちらでしょうか。（　　　）

② AからBまで約何日かかりますか。（　　　）

③ 昼の長さと夜の長さが等しいのは、地球がA～Dのどこに来たときでしょうか。（　　　）

④ 太陽の南中高度が最も高くなるのは、地球がA～Dのどこに来たときでしょうか。（　　　）

⑤ 昼の長さが最も短いのは、地球がA～Dのどこに来たときでしょうか。（　　　）

⑥ オリオン座が見えないのは、地球がA～Dのどこに来たときでしょうか。（　　　）

9 月の満ち欠け

- 月は地球の周りを公転する。
- 月は太陽の光を反射して光っている。
- 地球から、月の光っている面を見る角度が変わるため、月の満ち欠けが起こる。周期は約 29.5 日。

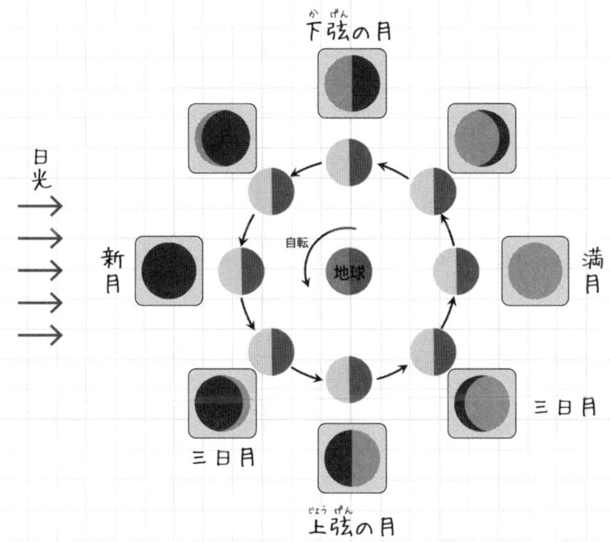

- 太陽と地球の間に月があるとき、太陽が欠けて見える現象を日食という。
- 太陽全体が見えなくなるのが、皆既日食。

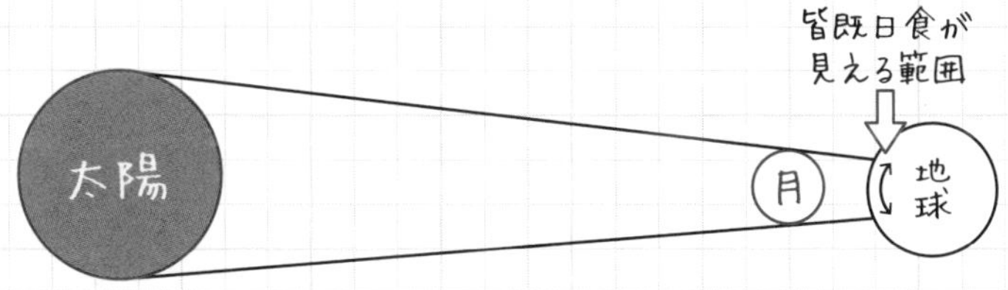

- 太陽・地球・月の順に並んでいるときに、月が欠けて見えるのが月食。

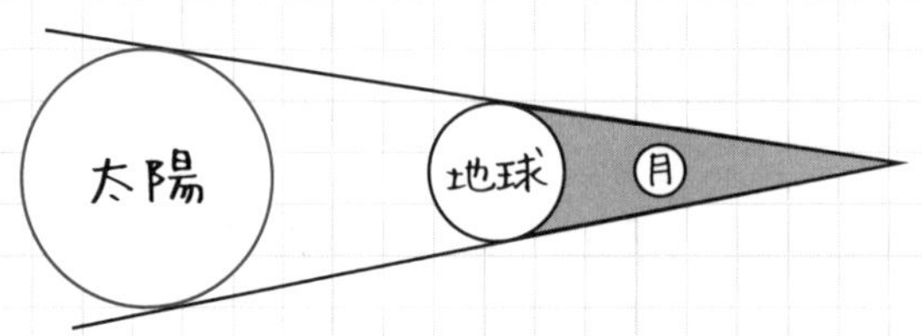

10 太陽系

- 太陽系は太陽を中心として、その周りを公転する8個の惑星、惑星の周りを公転する衛星、多数の小惑星、すい星などの天体の集まり。
- 太陽はみずから光や熱を出す恒星。
- 太陽以外の太陽系の天体は、太陽の光を反射して光っている。
- 太陽の周りを公転する8個の惑星は、太陽に近い方から、水星→金星→地球→火星→木星→土星→天王星→海王星

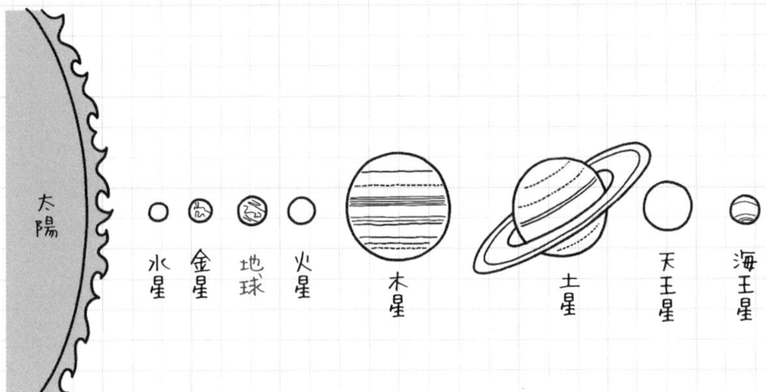

水星

- 水も空気もない。
- 太陽に一番近い惑星なので、表面の温度は昼間400℃に達する。

金星

- 英語でビーナスといわれるように、ひときわ明るく輝く星。
- 日の出前から夜明けにかけて、東の空に見えるのが明けの明星（みょうじょう）、夕方から日没後にかけて西の空に見えるのが、よいの明星。

火星

- 火星は赤い砂漠の星で、2つの月を持っている。

木星

- 最大の惑星で、しま模様がある。

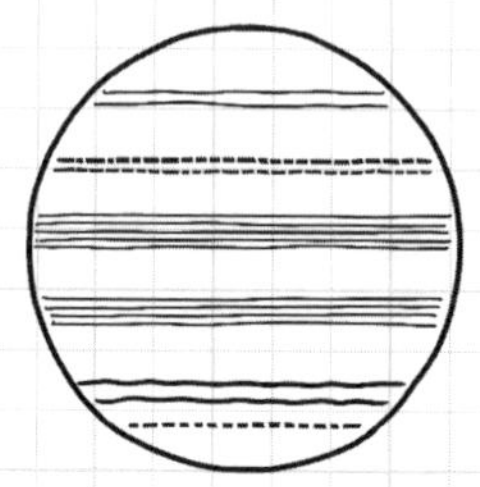

土星

2番目に大きな惑星で、美しい1つの環を持つ。

太陽と月と地球

- 月は惑星である地球の周りを公転しているので、地球の衛星である。
- 月の直径を1とすると、地球のそれが4、太陽のそれが400となる。
- 地球の直径は、月の直径の4倍。

- 太陽の直径は、地球の直径の100倍。
- 地球と月の距離は、38万km。
- 地球と太陽の距離は、1億5000万km。

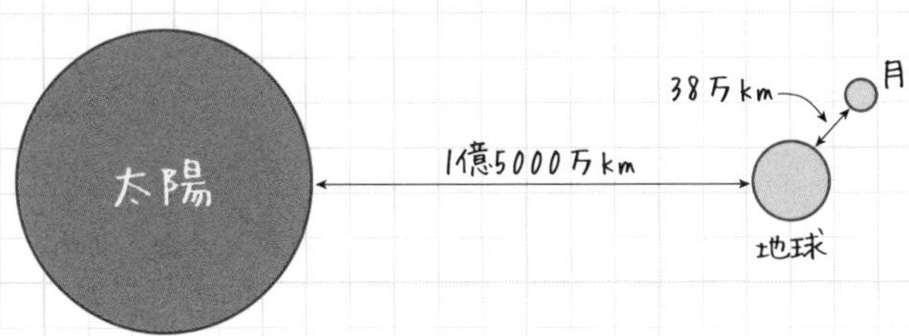

すい星

- すい星はほうき星ともいわれるように、竹ぼうきのような尾を引いている。
- ハレーすい星は特に有名。

流星

- 流星は、宇宙のちりや岩などが、地球の大気に飛び込んで燃えるときの炎。
- そのとき燃え尽きずに地球に落ちたのがいん石。

練習問題でCheck!!

（　）に適切な語句を入れてみよう。

① 太陽のようにみずから光や熱を出す天体を（　　　）という。

② アのような天体の周りを公転する地球のような天体を（　　　）という。

③ 太陽と地球の間にある惑星は（　　　）と（　　　）。

④ 太陽系で最大の惑星は（　　　）。

⑤ 地球の衛星は（　　　）。

⑥ 最大の環を持つ惑星は（　　　）。

⑦ 地球と月の距離は（　　　）km。

⑧ ビーナスといわれる星は（　　　）。
この星が日の出前から夜明けにかけて東の空に見えるのが
（　　　　　）。

答え

①恒星　②惑星　③水星、金星　④木星
⑤月　⑥土星　⑦38万　⑧金星、明けの明星

化学

その1 物質の区別

1 物体と物質

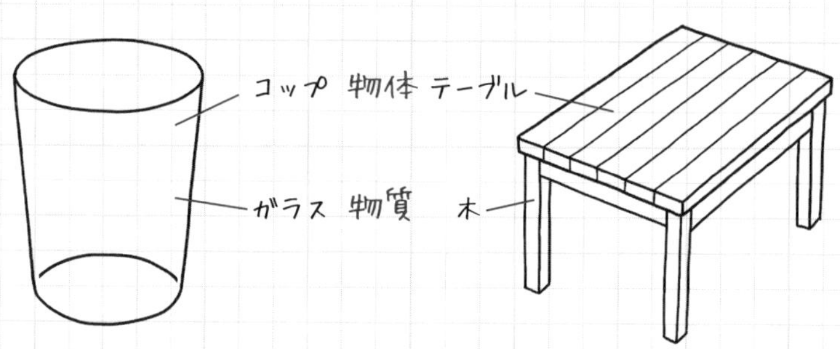

- 物体とは、モノを大きさや形でとらえるときの呼び方。
- 物質とは、モノをつくっている材料に着目した呼び方。

2 有機物と無機物

- 物質は燃えると二酸化炭素を発生する有機物と、それ以外の無機物に分けられる。
- ただし、C（炭素）と CO_2（二酸化炭素）は無機物。
- 砂糖やろうなどの有機物を燃やすときに発生する二酸化炭素は、石灰水を白濁させる。
- この性質を利用して、有機物かどうかを調べる。

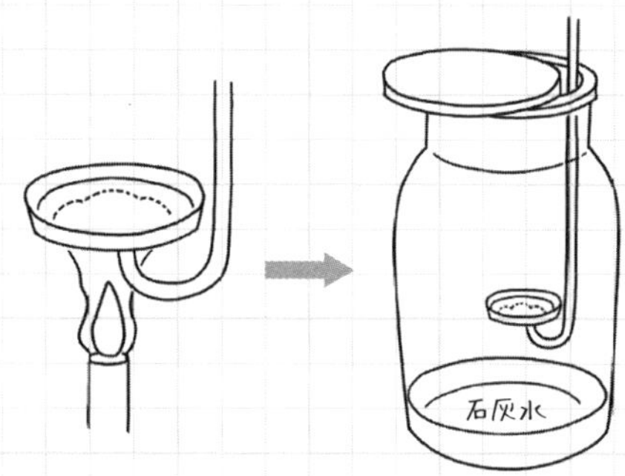

● 無機物は金属と非金属に分けられる。

練習問題でCheck!! 次の物質を分類してみよう。

有機物と（無機物の）金属と非金属に分類してください。

有機物（　　　　　　　　　　　　）

金　属（　　　　　　　　　　　　）

非金属（　　　　　　　　　　　　）

答え

有機物）ごはん、エタノール、卵、新聞紙　金属）100円、くぎ　非金属）食塩

3 密度

- 密度とは1cm³あたりの質量。

$$\text{密度}\ (g/cm^3) = \frac{\text{物質の質量}(g)}{\text{物質の体積}(cm^3)}$$ で計算できる。

例 体積が7cm³で質量が42gの物質の密度は、

$$42 \div 7 = 6\ (g/cm^3)$$

- 密度が、水の密度1(g/cm³)より大きい物質は水に沈み、小さい物質は水に浮く。

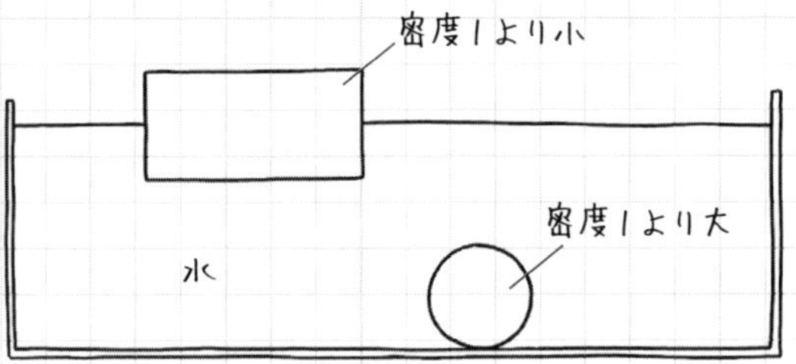

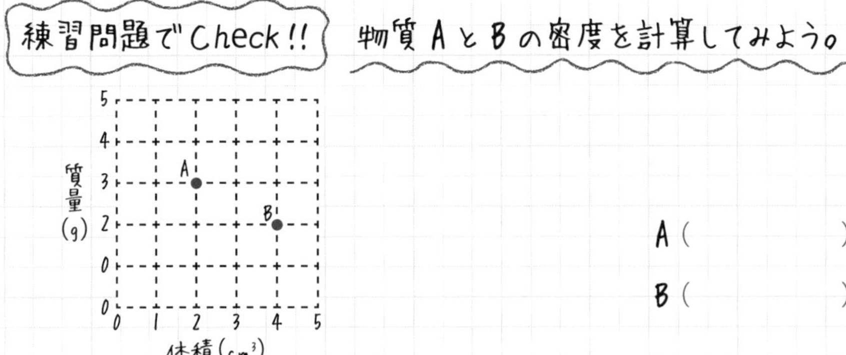

答え

物質A) 2cm³で3g　密度は　3÷2=1.5(g/cm³)

物質B) 4cm³で2g　密度は　2÷4=0.5(g/cm³)

その2 水溶液と溶解度

1 水溶液と濃度

- 水溶液とは、溶媒が水の溶液。
- 水溶液の1つである砂糖水の場合、溶けている砂糖が溶質、溶かしている水が溶媒、砂糖＋水が溶液である。

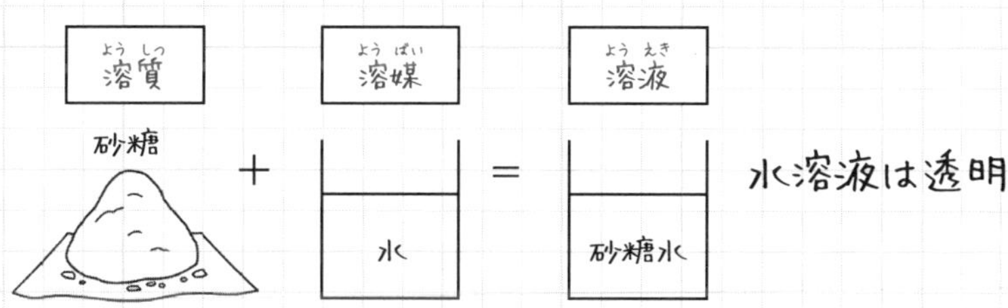

- 濃度は質量パーセント濃度で計算する。

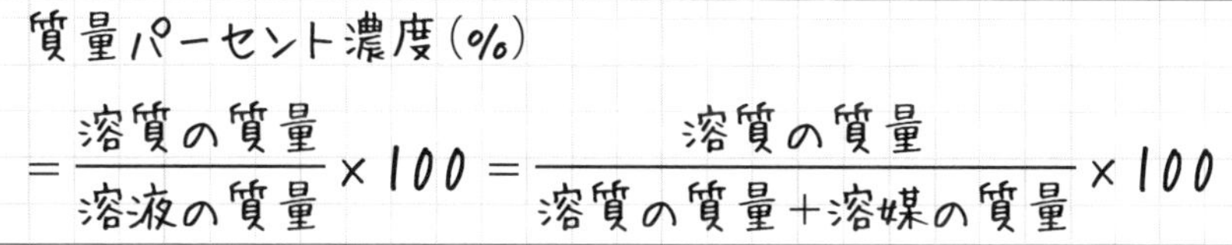

質量パーセント濃度（％）

$$=\frac{溶質の質量}{溶液の質量}\times 100=\frac{溶質の質量}{溶質の質量+溶媒の質量}\times 100$$

例 食塩25gを水75gに溶かした食塩水の濃度は、

$$濃度 = \frac{溶質の質量}{溶液の質量} \times 100 = \frac{25}{25+75} \times 100 = 25\ (\%)$$

練習問題でCheck!! 計算してみよう。

砂糖25gを水100gに溶かした砂糖水の濃度を求めよう。

（　　　　　）

答え

$$濃度 = \frac{溶質の質量}{溶液の質量} \times 100 = \frac{25}{25+100} \times 100 = 20(\%)$$

2 溶解度と再結晶

- 溶解度とは100gの水に溶ける物質の限界の量（g）のこと。

例 20℃の水100gに、食塩は35.8gまで溶かすことができる。ということは、これが20℃のときの食塩の溶解度。

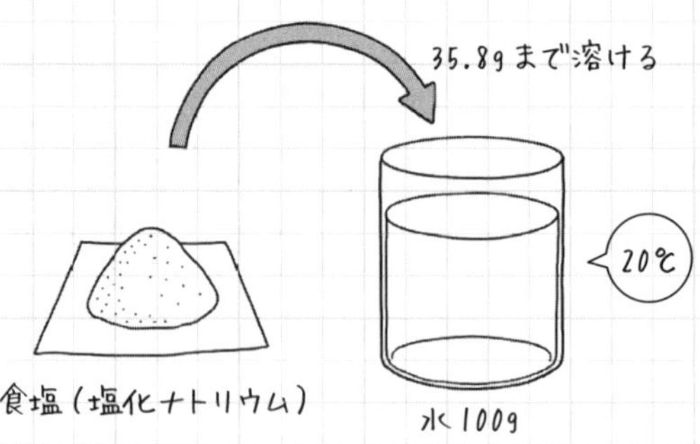

- 物質が溶解度まで溶けている状態を飽和（ほうわ）、このときの水溶液を飽和水溶液という。

- 20℃の水100gに35.8gの食塩を溶かした食塩水は、飽和水溶液となる。
- 横軸に水の温度、縦軸に溶解度をとったグラフを溶解度曲線という。

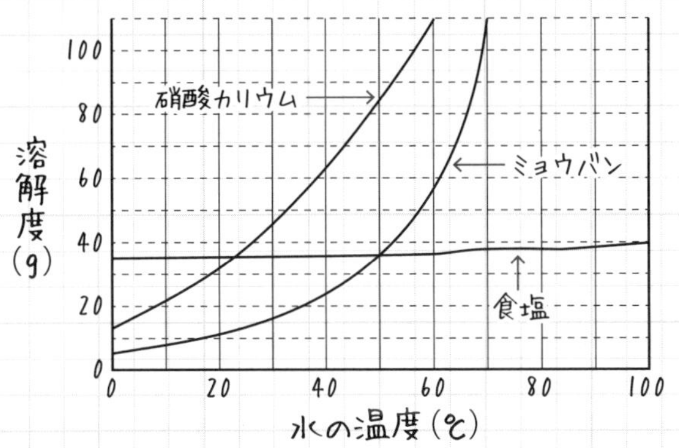

- 温度が高くなるほど溶解度は大きくなる（たくさん溶ける）ので、溶解度曲線は右上がりの曲線になる。
- 水温を下げていくと、溶解度が小さくなっていくので、水に溶けた物質を再び結晶として取り出せる。これを再結晶という。

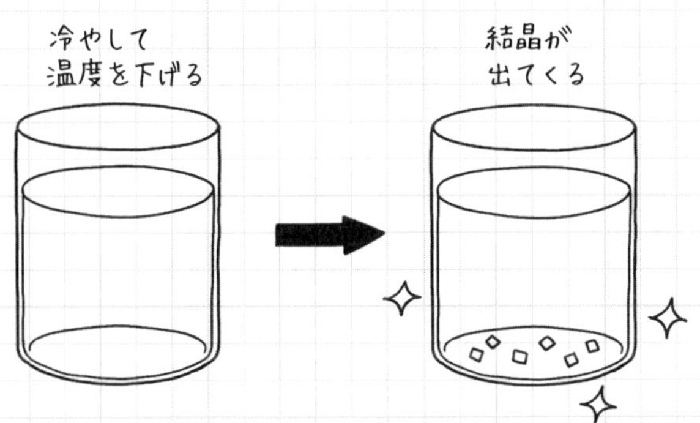

練習問題でCheck!! この物質の水溶液について、次の設問に答えよう。

これはある物質の溶解度曲線です。

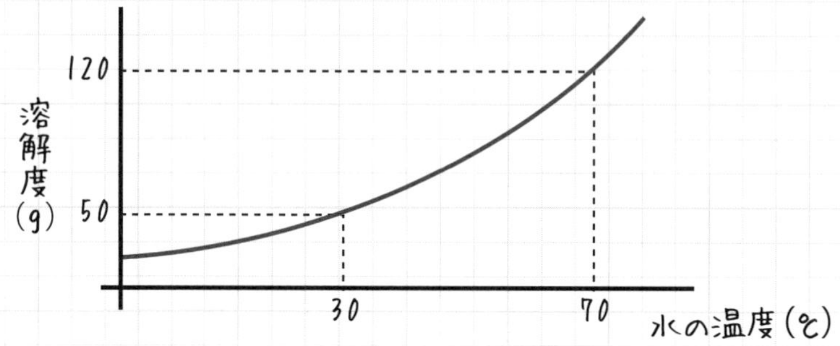

① この物質の70℃における飽和水溶液の場合、水200gにこの物質は何g溶けていますか。 (　　　　　)

② ①の水溶液の温度を30℃に冷却したとき、この物質は何g結晶として出てくるでしょうか。 (　　　　　)

答え

① 水100gに120g溶ける。水200gには120×2=240(g)溶けている。

② 30℃のとき、水100gに50g溶ける。水200gには50×2=100(g)溶ける。結局、240−100=140(g)が結晶として出てくる。

- 再結晶の方法には、水温を下げていく方法と、水を蒸発させる方法がある。

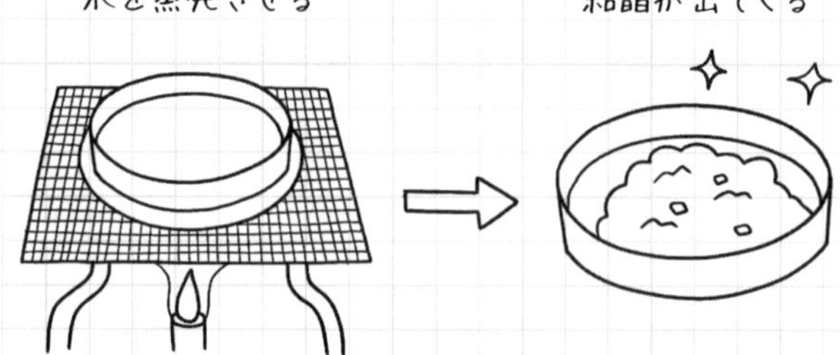

3 濾過

- 液体と固体を分けるときには、濾過(ろか)を使う。

例 食塩とナフタリン（固体）が水に混ざっている場合、ナフタリンを濾過で取り除く。

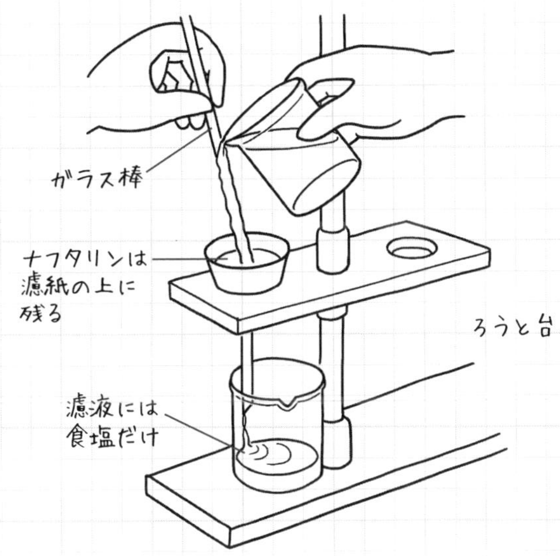

- ナフタリンは小さな粒で、それよりも目の細かなフィルターで取り除ける。
- 一方、水に溶けた食塩はフィルターを素通りする。

その3 状態変化

1 状態変化とは

- 状態変化とは、物質が温度によって状態を変えること。

- 固体から液体に変わることを融解(ゆうかい)、
液体から固体に変わることを凝固(ぎょうこ)という。

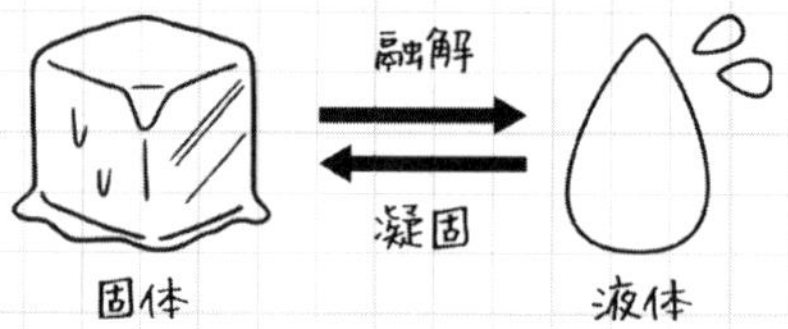

- 固体から液体に変わる温度を融点(ゆうてん)、
液体から気体に変わる温度を沸点(ふってん)という。
- 液体から気体に変わることを蒸発、
気体から液体に変わる
ことを凝縮という。

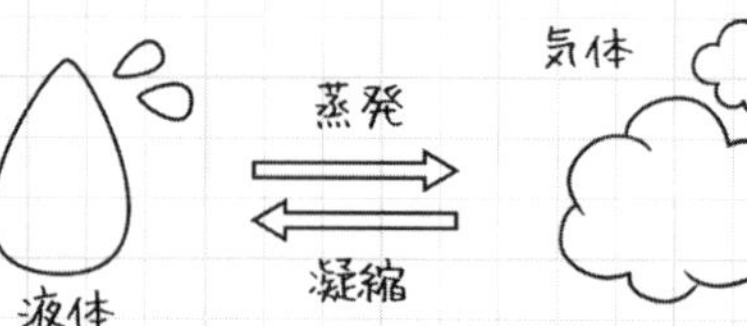

- 固体から気体に変わることを昇華(しょうか)、気体から固体に変わることも昇華という。

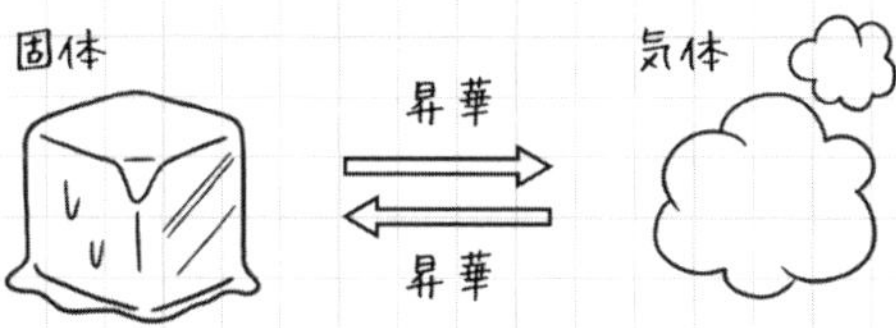

練習問題でCheck!! 次の設問を読んで記号を選ぼう。

(　　)中の物質が[状態変化]を起こしたものはどれでしょうか。

ア) 食塩を水に溶かしたら、溶けて見えなくなった。(食塩)

イ) 雨のあとの水たまりが、いつの間にかなくなった。(水)

ウ) アンモニア水を熱したら、アンモニアが発生した。(アンモニア)

エ) ドライアイスを放置しておいたら、なくなった。(ドライアイス)

(　　　　　)

答え

その物質の状態(固体・液体・気体)が変化したものを選ぶ。

ア 固体の食塩が水に溶けただけ。

イ 水たまりの水(液体)が蒸発して水蒸気(気体)になった。

ウ アンモニア水は、水に気体のアンモニアが溶けた水溶液なので、熱すると水から気体のアンモニアが出ていく。

エ 二酸化炭素が固体になったのがドライアイス。ドライアイスは昇華して二酸化炭素となり、空気中に逃げていった。

よって答えは(イとエ)

- 物質は、状態変化で体積は変化するが、質量は変化しない。

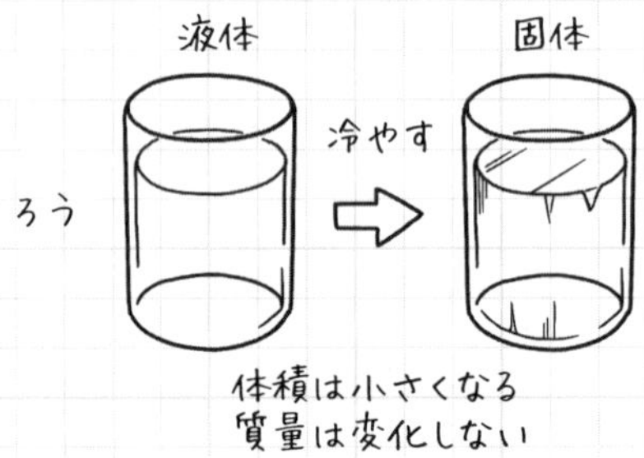

- 体積はふつう、固体→液体→気体の順に大きくなる。
- 例外は水。水は固体（氷）のときの方が、液体（水）のときより体積が大きくなる。

練習問題でCheck!! 次の設問に答えよう。

下の図は、いろいろな液体をビーカーに入れ、それを冷やして固体にしたものです。これについて①②に答えよう。

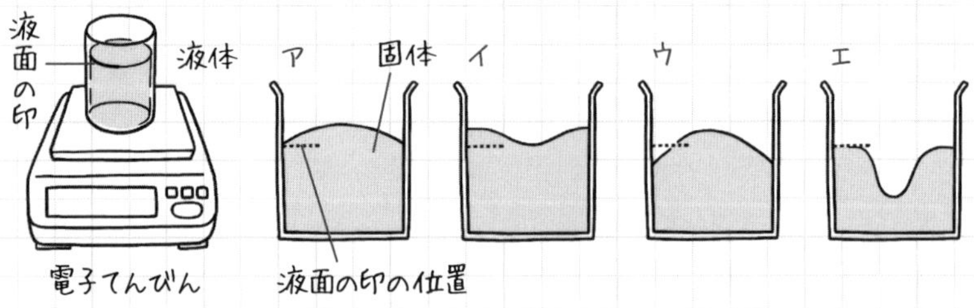

① 液体にろうを使った場合、冷やして固体にしたときのビーカー内の様子は、アからエのどれでしょうか。（　　　　）

② 液体に水を使った場合、冷やして固体にしたときのビーカー内の様子は、アからエのどれでしょうか。（　　　　）

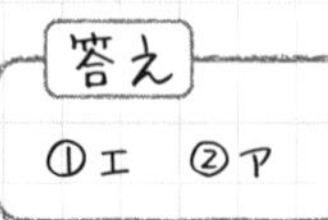

2 状態変化と分子

- 固体では分子は規則正しく並んでいる。

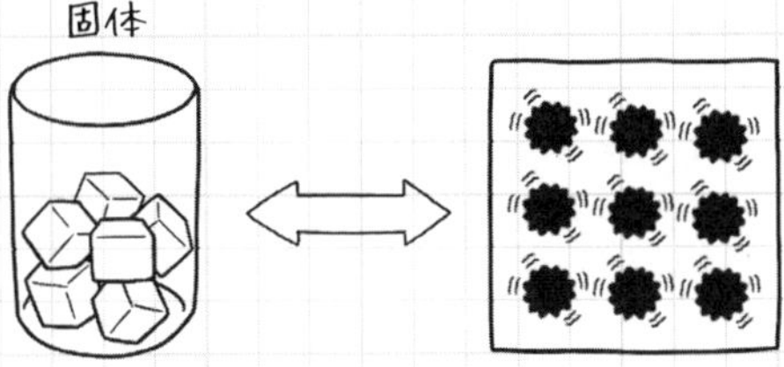

- 液体では分子は一部のつながりが切れて運動できる。

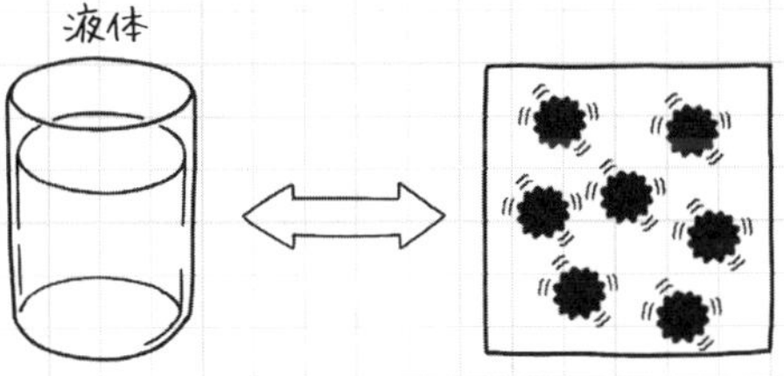

- 気体では分子は自由に運動できる。

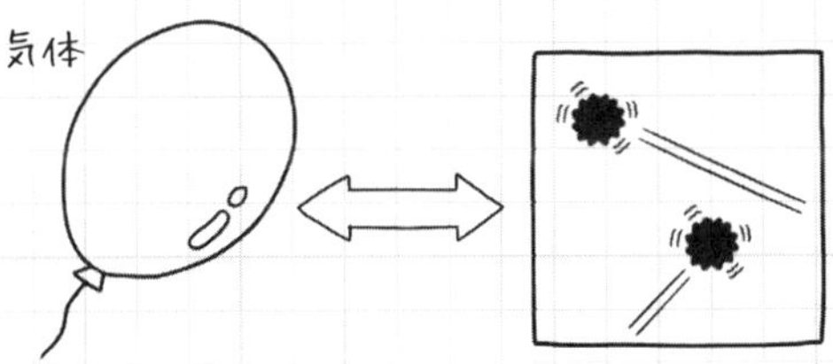

3 純粋な物質の加熱のグラフ

- 例として氷→水→水蒸気の変化を見てみる。

① 氷に熱を加えると、氷の温度が上がっていく。

② 0℃になると氷が解けはじめる。この0℃が氷の融点。
全部溶けて水になるまで、0℃のまま。

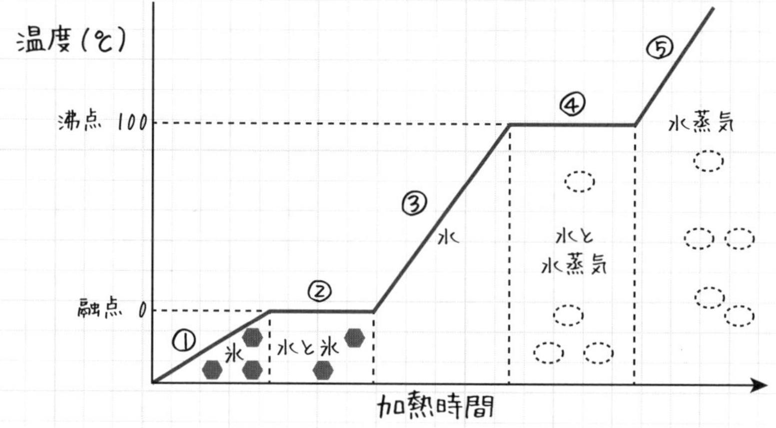

③ 全部溶けて水になると、水の温度が上がっていく。

④ 100℃になると沸とうしはじめる。100℃が水の沸点。
全部が水蒸気になるまで100℃のまま。

⑤ 全部が水蒸気になると、水蒸気の温度が上がっていく。

4 混合物の加熱のグラフ

- 沸点は物質によって異なる。
- 水は100℃、エタノールは78℃。
- 水とエタノールの混合液を加熱すると、78℃あたりでエタノールが多く出てくる。
  100℃あたりで水（水蒸気）が多く出てくる。

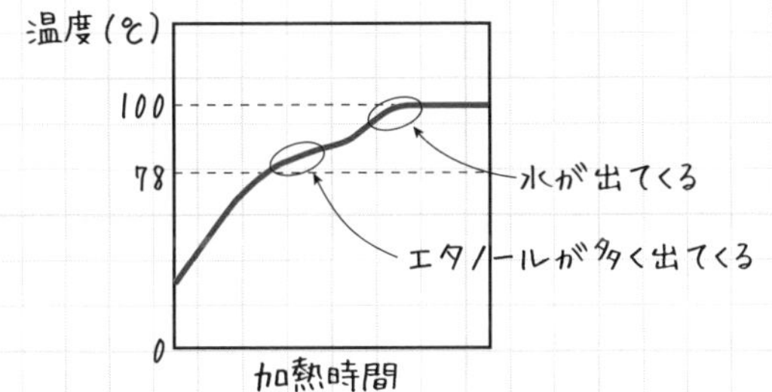

5 蒸留

- 液体を気体にして、その気体を液体に戻すことを蒸留（じょうりゅう）という。
- 沸点の違う液体を、蒸留によって分離することができる。

例 エタノールと水の混合液を加熱して、エタノールと水を分離する。

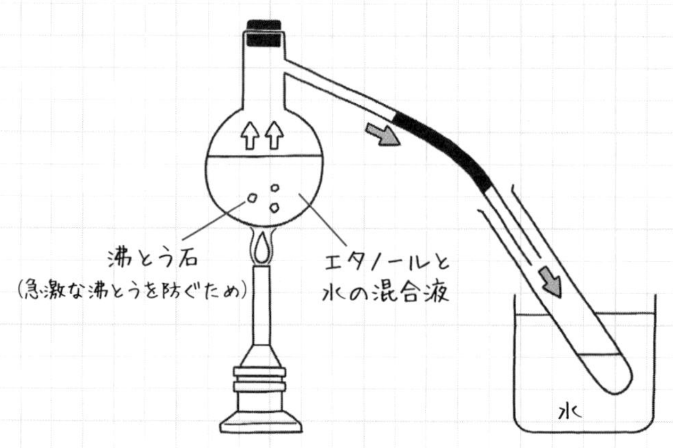

- 水とエタノールの混合液を加熱していくと、最初に沸点の低い（78℃）エタノールが気体となって出てくる。これを冷やすと、液体のエタノールになる。
- エタノールが飛んだあとは、水蒸気が出てくる。これを冷やして液体（水）に戻す。

練習問題でCheck!! 次の設問に答えよう。

① 上の図の装置で、水とエタノールを分けることができるのは、両者に何の違いがあるからですか。（　　　　）

② 上の図の装置で、試験管に先にたまるのは、水とエタノールのどちらでしょうか。（　　　　）

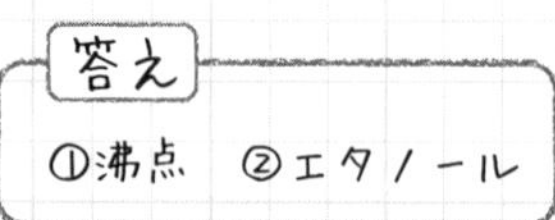

答え
①沸点　②エタノール

その4 原子と分子

1 原子と元素記号

- すべての物質は、それ以上細かくならない原子という粒子からできている。

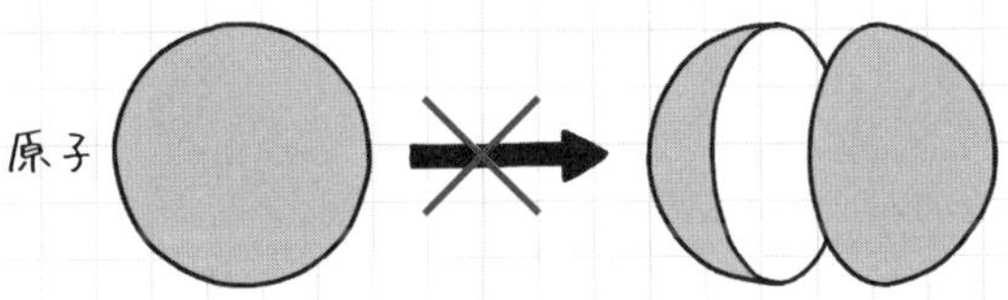

- 原子は種類によって、質量や大きさが決まっている。

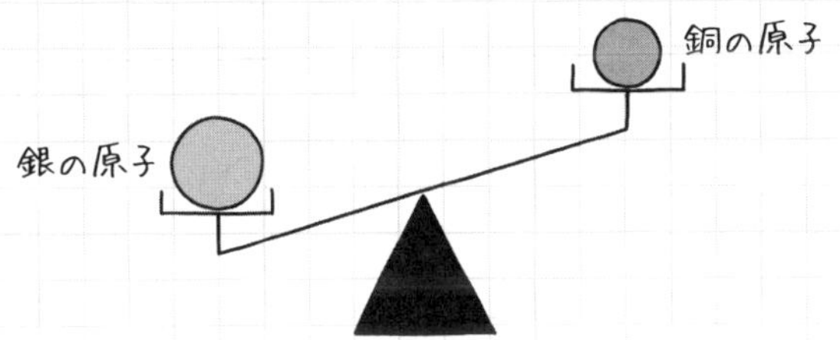

- 原子は他の原子には変わらない。

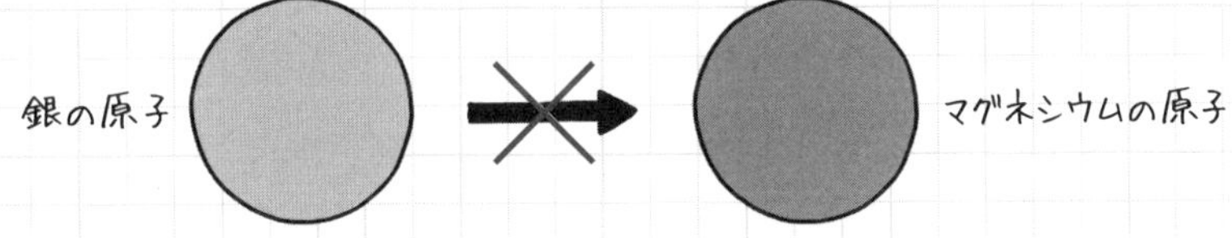

- 原子には、酸素はO、水素はHというように、万国共通の元素記号がつけられている。

● よく出る元素記号を覚えよう！

水素 H	酸素 O	窒素 N	塩素 Cl
硫黄 S	カリウム K	カルシウム Ca	銅 Cu
亜鉛 Zn	ナトリウム Na	マグネシウム Mg	鉄 Fe
アルミニウム Al	銀 Ag	金 Au	炭素 C

● 原子のまま存在する物質と、いくつかの原子がくっついて分子になって存在する物質がある。

● 水素、酸素、窒素、塩素などは2つの原子が結びついて1つの分子をつくる。

● いわゆる化学反応式で使う化学式では、
水素はH_2、酸素はO_2、窒素はN_2、塩素はCl_2…と表す。

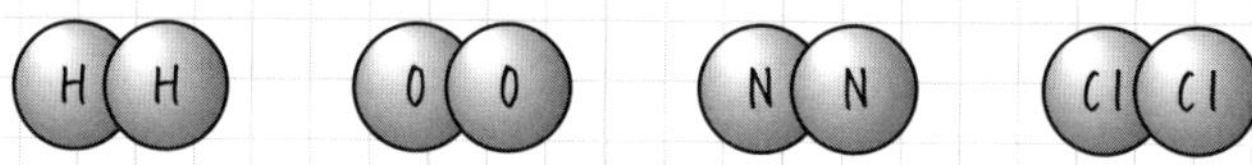

● 鉄、銅、マグネシウム、銀などは、原子のまま存在するので、化学反応式で使う化学式でも、鉄はFe、銅はCu、マグネシウムはMg、銀はAg…のように表す。

例 $\overset{\text{鉄}}{Fe} + \overset{\text{硫黄}}{S} = \overset{\text{硫化鉄}}{FeS}$

2 単体と化合物と混合物

- 水素や銅など、1種類の元素からできている物質を、単体という。
- 2種類以上の元素が結びついてできている物質を、化合物という。

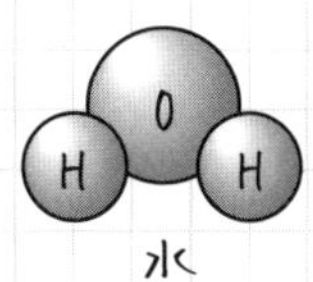

水

化学式
H_2O

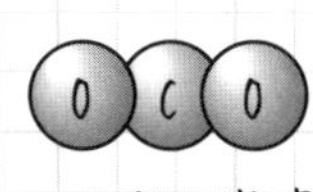

二酸化炭素

化学式
CO_2

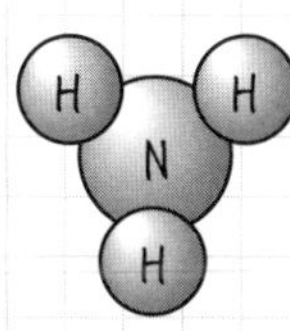

アンモニア

化学式
NH_3

塩化ナトリウム

化学式
NaCl

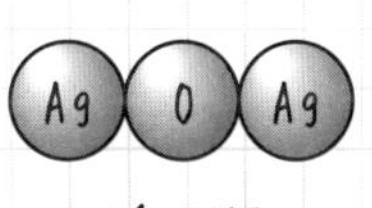

酸化銀

化学式
Ag_2O

硫化鉄

化学式
FeS

- 混合物は、2種類以上の単体や化合物が混ざった物質。
- 例として空気は、窒素・酸素・アルゴン・二酸化炭素などが混ざった混合物である。

練習問題でCheck!!　次の設問を考えてみよう。

1　グループAとグループBについて、いくつかの設問に答えよう。

グループA	銅、水素、硫黄
グループB	酸化マグネシウム、塩化水素、食塩

① グループAの物質を化学式で書いてみよう。
銅（　　）　水素（　　）　硫黄（　　）

② 1種類の元素だけからなるグループAのような物質を何といいますか。（　　　）

③ 2種類以上の元素が結びついてできているグループBのような物質を何といいますか。（　　　）

2　（　）に適切な語句や数字を書き込んでください。

① 水分子は、水素原子が（　　）個と、酸素原子が（　　）個結びついてできている。

② アンモニア分子は、窒素原子が（　　）個と、水素原子が（　　）個結びついてできている。

答え

1　①銅（Cu）　水素（H_2）　硫黄（S）　②単体　③化合物
2　①（2）個　（1）個　②（1）個　（3）個

その5 化学反応式

1 化学反応式とは

- 物質が変わる変化のことを化学変化という。
- 図示するとこんな感じ。

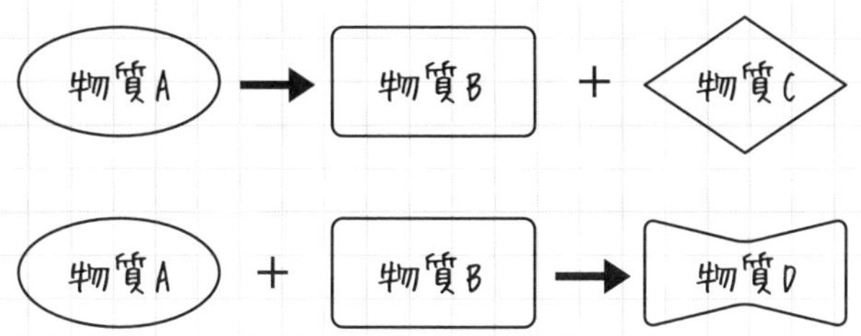

- 化学反応式は、化学変化の様子を化学式で表したもの。
- 反応前の物質の化学式を左辺に、反応後に生成した物質の化学式を右辺に書き、その間を→で結ぶ。

例 $2H_2 + O_2 \rightarrow 2H_2O$
（水素 ＋ 酸素 → 水）

2 化学反応式の係数の決め方

- 化学反応式では反応の前後で原子の種類と数は変わらない。
- この性質を使って、化学反応式の係数を決めることができる。

例 化学反応式 $aH_2 + bO_2 \rightarrow cH_2O$ の係数a、b、cを決めて、化学反応式を完成させる。

左辺と右辺で、原子の種類と数が等しいので、

水素原子について　$2a = 2c$…①

酸素原子について　$2b = c$…②

このあと、いずれかの文字を1とおく。

よく出てくる文字、ここでは $c = 1$ とおく。

①に代入すると　$a = 1$　②に代入して $b = \frac{1}{2}$

$a = 1$　$b = \frac{1}{2}$　$c = 1$

係数は整数なので、すべての数値を2倍して、

$a = 2$　$b = 1$　$c = 2$　そこでさしあたり、

$$2H_2 + 1O_2 \rightarrow 2H_2O$$

文字式同様1は省略するので、

$$2H_2 + O_2 \rightarrow 2H_2O$$

これで完成。

練習問題でCheck!! 次の設問を考えてみよう。

酸化銅を炭素で還元すると、銅と二酸化炭素になる。このとき、下の化学反応式の係数a、b、c、dを決めよう。

$$aCuO + bC \rightarrow cCu + dCO_2$$

a（　　　）　b（　　　）

c（　　　）　d（　　　）

答え

Cu原子について　$a=c$

酸素原子について　$a=2d$

炭素原子について　$b=d$

aが多く出るので　$a=1$ とおく。

$c=1$　$d=\frac{1}{2}$　$b=\frac{1}{2}$　となる。

$a=1$　$b=\frac{1}{2}$　$c=1$　$d=\frac{1}{2}$

分数はまずいので2倍すると、$a=\underline{2}$　$b=\underline{1}$　$c=\underline{2}$　$d=\underline{1}$

その6　原子の構造とイオン

1　原子の構造

- これ以上細かくできない物質の粒子である原子は、原子核の周りを電子が飛び回っている。

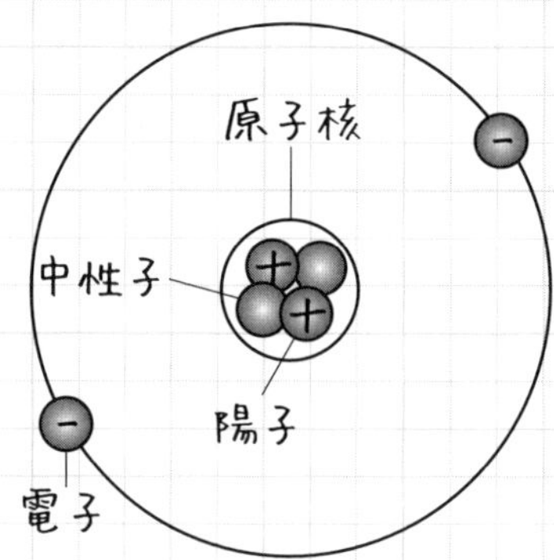

- 原子核の中には、正の電気を持つ陽子と、電気を持たない中性子が入っている。
- 陽子の数＝原子番号と決まっている。したがって上の図の原子の原子番号は2となる。
- 陽子の数＋中性子の数＝質量数

  上の図の場合、

  質量数＝陽子の数＋中性子の数＝2＋2＝4

- この図はHe（ヘリウム）原子ですが、これに原子番号2と質量数4を書き加えると、こうなる。

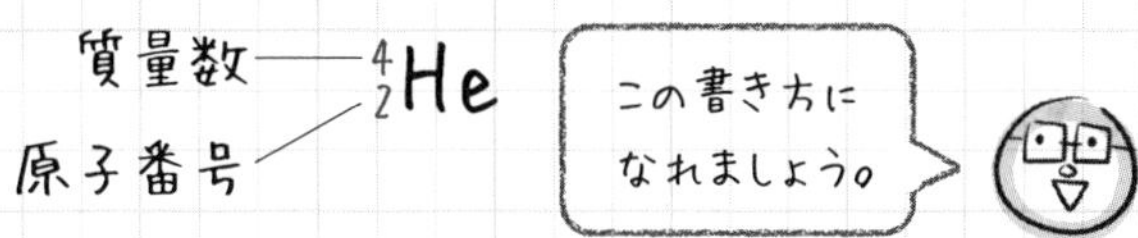

- 陽子（＋）が2個で、電子（－）が2個なので、原子は電気的に中性。
- 原子では、陽子の数＝電子の数で、電気的に中性。

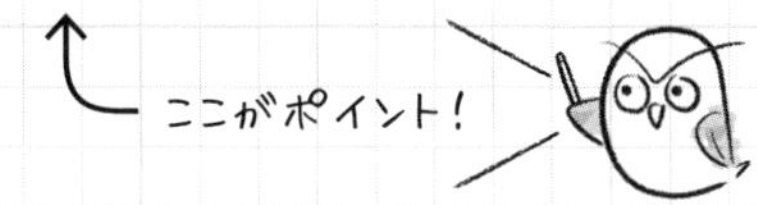

2 同位体

- $^{35}_{17}Cl$と$^{37}_{17}Cl$のように、原子番号が同じで、質量数が異なる原子を、互いに同位体（どういたい）という。
- 原子番号＝陽子の数が17。
- 質量数＝陽子数＋中性子の数＝17＋中性子の数だから、
$^{35}_{17}Cl$では35＝17＋中性子の数。
よって、この物質の中性子の数は18。
$^{37}_{17}Cl$では37＝17＋中性子の数。
よって、この物質の中性子の数は20。

練習問題でCheck!!　（　　）を埋めてみよう。

酸素原子 $^{16}_{8}O$ について（　　）に入る数字や言葉を考えます。

原子番号（ア　　）は（イ　　）の数です。

質量数は（ウ　　）、これは（エ　　）と（オ　　）の和。

電子の数は（カ　　）と等しいので（キ　　）個。

答え

ア）8　イ）陽子　ウ）16　エ）陽子の数
オ）中性子の数　カ）陽子の数　キ）8

3 原子の電子配置

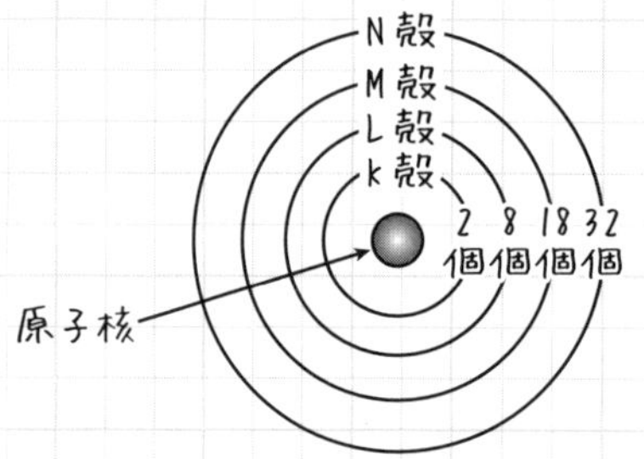

- 原子核の周りの電子は、K殻、L殻、M殻、N殻…という軌道上に配置される。
- 軌道上に配置される電子の最大数は、$2n^2$ で計算できる。

$n=1$ のとき　$2\times1^2=2$　　これがK殻の最大数。

$n=2$ のとき　$2\times2^2=8$　　これがL殻の最大数。

$n=3$ のとき　$2\times3^2=18$　　これがM殻の最大数。

$n=4$ のとき　$2\times4^2=32$　　これがN殻の最大数。

例　原子番号が3のリチウム（Li）原子の電子配置を考える。

原子番号が3ということは、陽子の数＝電子の数＝3。

K殻には $2 \times n^2$ のnに1を代入して、$2 \times 1^2 = 2$ まで配置される。

結局、K殻に2個、L殻に1個配置される。

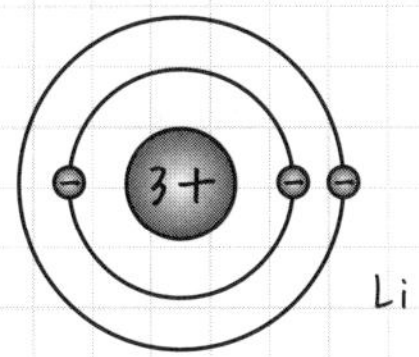

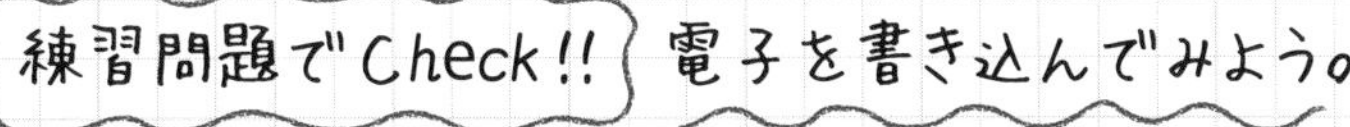

次の原子の電子配置を、例に習って図示してみよう。

例　窒素N
原子番号7

① ネオン Ne
原子番号10

② アルミニウム Al
原子番号13

答え

①

②

4 イオン

- 原子は電気的に中性ですが、電子を失ったり得たりすると、電気を帯びてイオンになる。
- 電子を失うと、＋電気を帯びて陽イオンとなる。

例 電子を失う

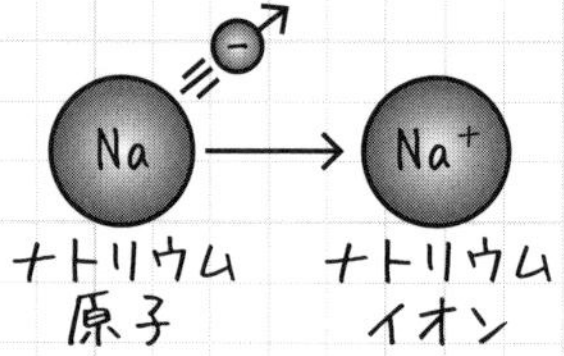

Na原子は原子番号11。

陽子の数＝電子の数＝11個だから、

＋11－11＝0（電気的に中性）

Na原子が電子を1個失うと、

陽子が11個、電子が10個だから、

＋11－10＝＋1（＋電気を帯びる）

- 電子を受け取ると、－電気を帯びて陰イオンになる。

例 電子を受け取る

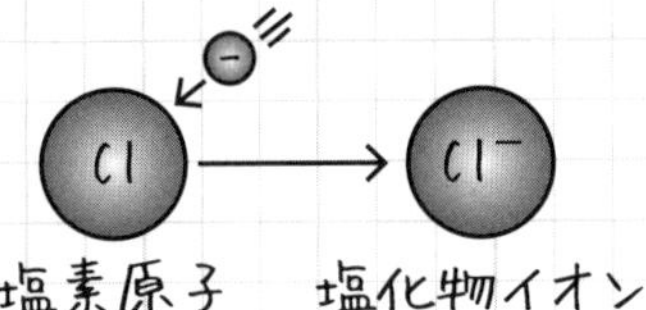

塩素原子は原子番号17。

陽子の数＝電子の数＝17個だから、

$+17-17=0$（電気的に中性）

塩素原子が電子を1個受け取ると、

陽子が17個、電子が18個だから、

$+17-18=-1$（－電気を帯びる）

- よく出るイオンを覚えよう！

陽イオン（＋）	陰イオン（－）
H^{+} 水素イオン	Cl^{-} 塩化物イオン
Na^{+} ナトリウムイオン	NO_3^{-} 硝酸イオン
Cu^{2+} 銅イオン	OH^{-} 水酸化物イオン
Zn^{2+} 亜鉛イオン	SO_4^{2-} 硫酸イオン

練習問題でCheck!!　(　　) に入る言葉を考えよう。

下の図は水素原子と塩素原子のモデルです。これを参考にして、(　　) の中に適当な数字と語句を入れてください。また (陽・陰) ではどちらかを選んでください。

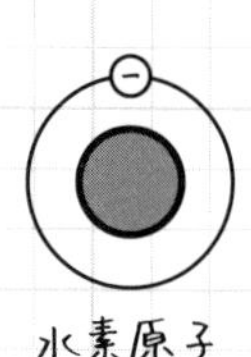
水素原子

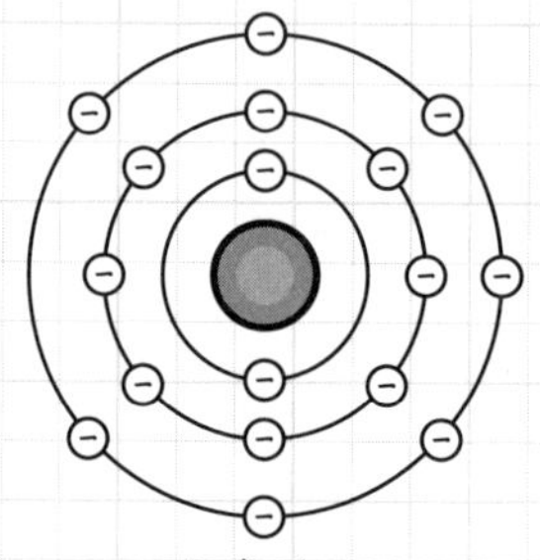
塩素原子

① 水素原子は (ア　　) を (イ　　) 個 (ウ　　) って (陽・陰) イオンになる。

② 塩素原子は (エ　　) を (オ　　) 個 (カ　　) って (陽・陰) イオンになる。

答え

① ア) 電子　イ) 1　ウ) 失　(陽)

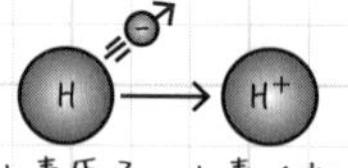

② エ) 電子　オ) 1　カ) 受け取　(陰)

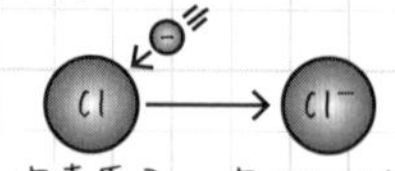

その7 アボガドロ数とmol（モル）

1 アボガドロ数とは

- 6.02×10^{23} 個をアボガドロ数という。
- アボガドロ数を1mol（モル）という。

1mol ＝ 6.02×10^{23} 個

- どんな粒子でも、6.02×10^{23} 個で1mol。

例 水素分子 6.02×10^{23} 個は水素分子1mol

- 酸素や水素や窒素…などの気体は、標準状態（0℃、1気圧）で1molの体積が22.4L（リットル）。

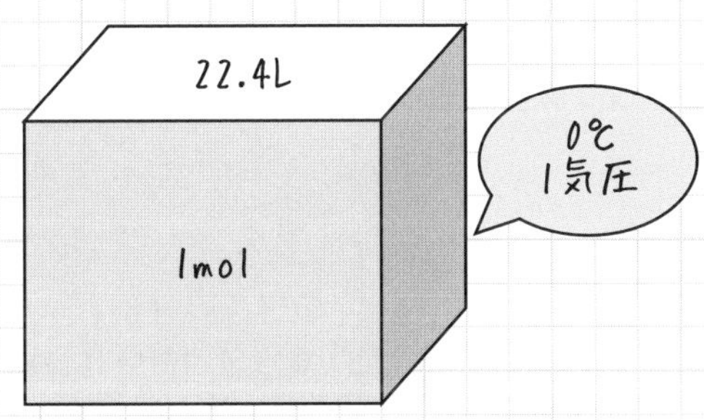

2 molと個数の換算

- 分と時間の換算とやり方は同じ。

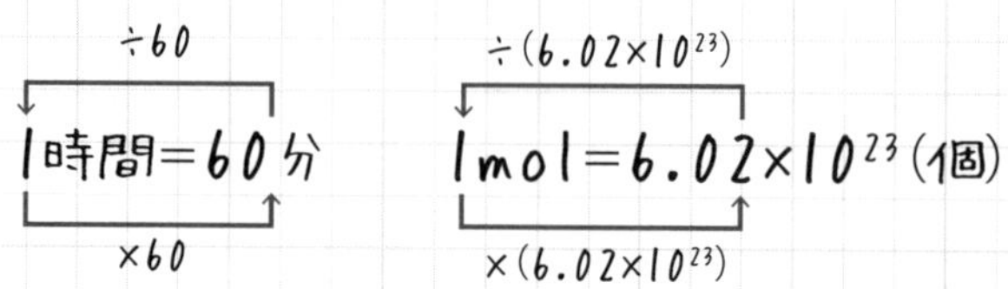

練習問題でCheck!!　次の設問に答えよう。

① 1.5molの水は、水分子何個ですか。ただしアボガドロ数を6.0×10^{23}とする。

（　　　　　）

② 酸素分子3.0×10^{23}は何molですか。ただしアボガドロ数を6.0×10^{23}とする。また、これは標準状態で何Lですか。

（　　　　　）（　　　　　）

答え

① $1.5 \times 6.0 \times 10^{23} = \underline{9.0 \times 10^{23}}$(個)

② $3.0 \times 10^{23} \div (6.0 \times 10^{23}) = \underline{0.5}$(mol)

標準状態で気体は1molが22.4L

0.5molでは$22.4 \times 0.5 = \underline{11.2}$(L)

3 原子量と質量

- たとえば水素の原子量が1と与えられたら、水素原子 1mol ＝ 6.02×10^{23} 個の質量が1gという意味。

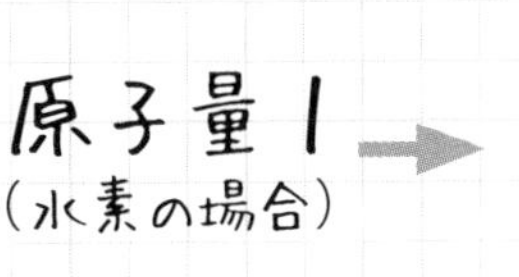

アボガドロ数
6.02×10^{23} 個で1g

- このとき、水素分子（H_2）1molの質量は、水素原子 2molの質量だと考えて、
  1（g）×2＝2（g） となる。

例 CO_2 1molの質量はいくらでしょうか。
ただし、原子量はC＝12 O＝16 です。

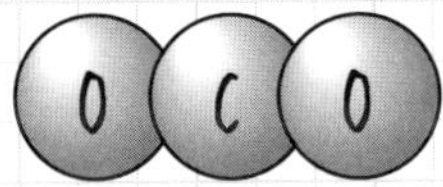

CO_2 1molの質量は、炭素原子1molと酸素原子2mol の和と見て、

12＋16×2＝44（g）

練習問題でCheck!!　次の設問に答えよう。

① 硫酸H_2SO_4 1molの質量はいくらでしょうか。また、硫酸H_2SO_4 19.6gは何molですか。
ただし、原子量は H＝1　S＝32　O＝16です。

(　　　　　　)(　　　　　　)

② アンモニア(NH_3)が51gあります。標準状態で、その体積は何Lですか。
ただし、窒素原子の原子量は14、水素原子の原子量は1です。

(　　　　　　)

③ プロパン C_3H_8 1mol と酸素分子 5mol が反応して、二酸化炭素と水ができます。

$$C_3H_8 + 5O_2 \rightarrow 3CO_2 + 4H_2O$$

この反応において 88g のプロパンと反応する酸素の体積は、標準状態で何Lですか。
ただし、原子量は H＝1　C＝12　O＝16 です。

（　　　　　）

答え

① 硫酸 H_2SO_4 1mol の質量は、水素原子 2mol、硫黄原子 1mol、酸素原子 4mol と見て、1×2＋32＋16×4＝98(g)
硫酸 H_2SO_4 19.6g は 19.6÷98＝0.2(mol)

② アンモニア 1mol の質量は、窒素原子 1mol、水素原子 3mol と見て、14＋1×3＝17(g)
アンモニア 51g は 51÷17＝3(mol)
気体は標準状態で 22.4L だから、
3mol の体積は 22.4×3＝67.2(L)

③ プロパン 1mol の質量は、炭素原子 3mol と水素原子 8mol と見て、12×3＋1×8＝44(g)
プロパン 88g は、88÷44＝2(mol)
プロパン 1mol と酸素分子 5mol が反応するから、プロパン 2mol と反応する酸素分子は 10mol　気体は標準状態で 1mol が 22.4L だから、
10mol では 22.4×10＝224(L)

その8 いろいろな気体

代表的な気体の性質や製法を取り上げます。

1 水素

- 無色・無臭。
- 水に溶けにくい。
- 気体の中で一番軽い。
- 火がつくと爆発する（可燃性がある）。

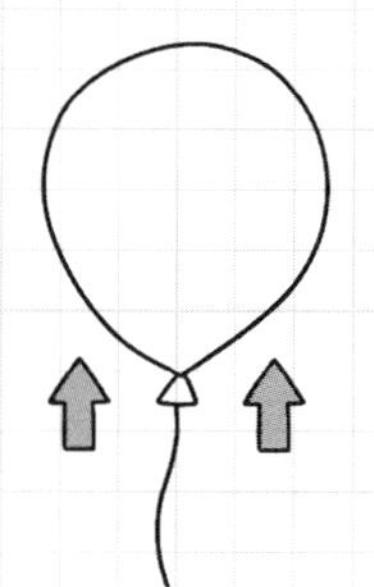

- 製法は、金属＋うすい塩酸→水素＋残り
- ほとんどの金属は、うすい塩酸に溶けて水素を発生する（金、銀、銅は溶けない）。

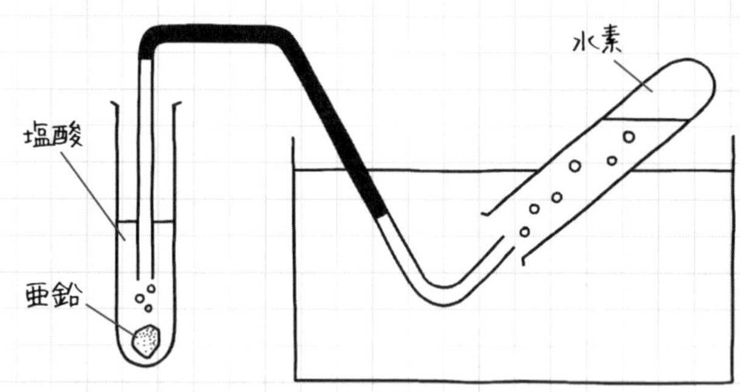

亜鉛　塩酸　塩化亜鉛　水素

$$Zn + 2HCl \rightarrow ZnCl_2 + H_2$$

- 水素は水に溶けにくいので、水上置換(すいじょうちかん)で集める。
- マッチの火を近づけて、ポンと音をたてて爆発すれば、水素と確認できる。

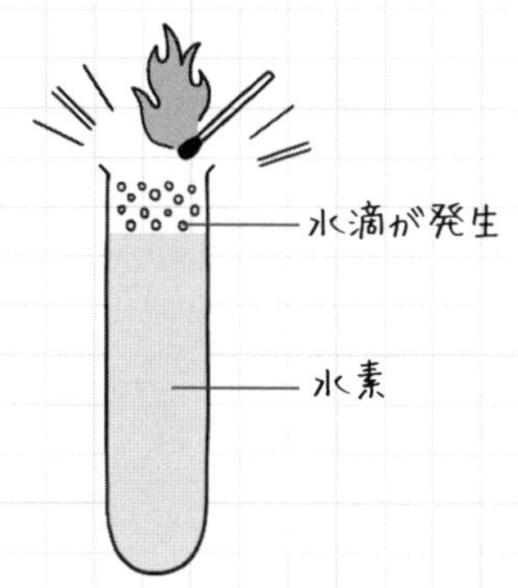

練習問題でCheck!!　(　)に入る言葉を考えよう。

水素は、亜鉛、鉄、アルミニウムなどの金属に(ア　　)を加えることで発生させることができる。金や銀にアを加えても、水素は(イ　　)。水素は気体の中で一番(ウ　　)く、水に(エ　　)ので、(オ　　)で集める。

また、水素自体が(カ　　)る(可燃性がある)。

答え

ア) うすい塩酸　イ) 発生しない　ウ) 軽　エ) 溶けにくい
オ) 水上置換　カ) 燃え

2 酸素

- 無色・無臭。
- 空気よりやや重い。
- 水に溶けにくい。
- ものの燃焼を助ける（助燃性）。
- 火のついた線香を試験管に入れて、火が大きくなれば酸素だと確認できる。

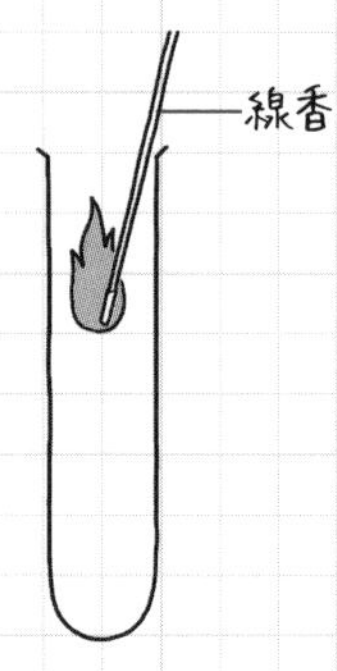

- 二酸化マンガンに過酸化水素水（オキシドール）を加えてつくる。水に溶けにくいので、水上置換で集める。

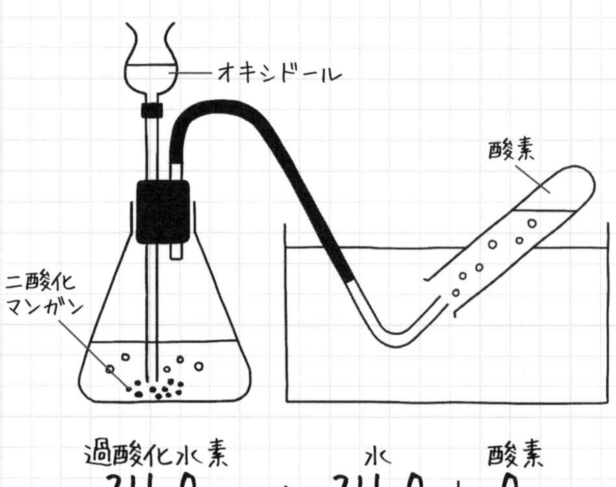

過酸化水素 → 水 ＋ 酸素

$$2H_2O_2 \rightarrow 2H_2O + O_2$$

- 二酸化マンガンは反応を促進するが、それ自身は変化しない触媒。

練習問題でCheck!!　次の設問に答えよう。

① 右の図で発生する気体は何でしょうか。

（　　　　）

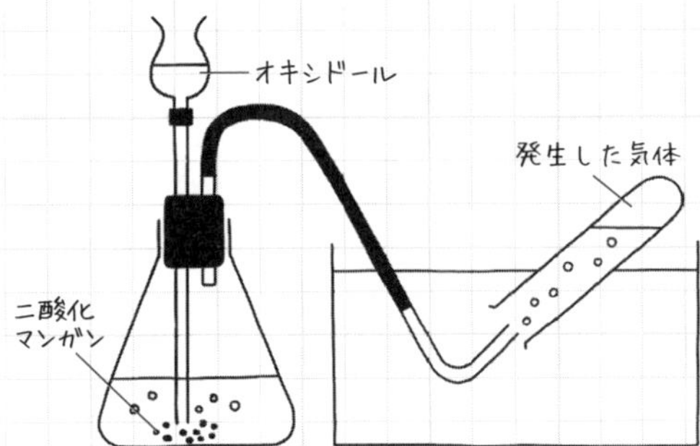

② この気体の集め方を何というでしょうか。

（　　　　）

③ ①で発生した気体の入った試験管に線香を入れると、線香はどのように変化しますか。（　　　　　　　　）

④ ③のようになるのは、発生した気体にどのような働きがあるからでしょうか。（　　　　）

答え

①酸素　②水上置換　③線香の火が大きくなる　④助燃性

3 二酸化炭素

- 無色・無臭。
- 水に少し溶ける。
- 水に溶けると炭酸になる。

リトマス紙を青→赤に変える。

- 石灰水に通すと、石灰水が白くにごる。
- 有機物を燃やすと発生する。

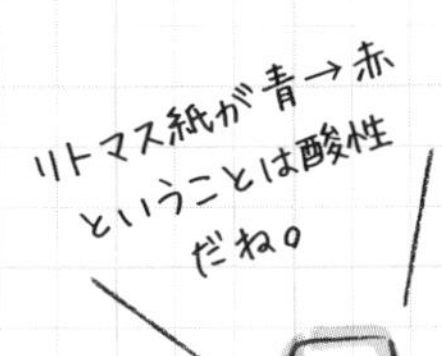

● 炭酸カルシウム＋塩酸　（他に貝殻、卵の殻など）でつくる。

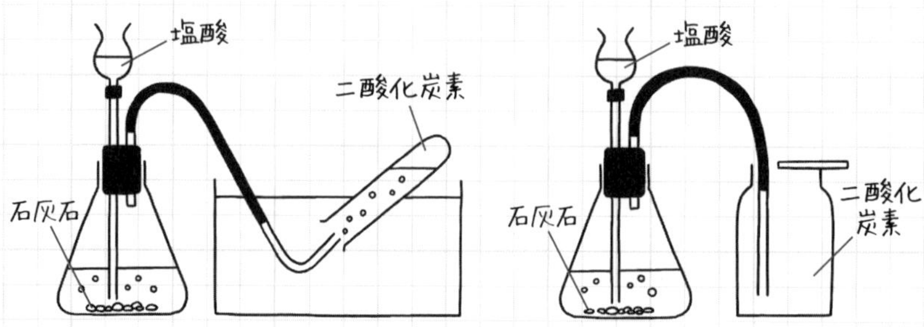

$$\underset{\text{炭酸カルシウム}}{CaCO_3} + \underset{\text{塩酸}}{2HCl} \rightarrow \underset{\text{塩化カルシウム}}{CaCl_2} + \underset{\text{水}}{H_2O} + \underset{\text{二酸化炭素}}{CO_2}$$

↑炭酸カルシウムは石灰石の主成分

● 水上置換または下方置換で集める。

● 石灰水と混ざって白くにごれば、

二酸化炭素と確認できる。

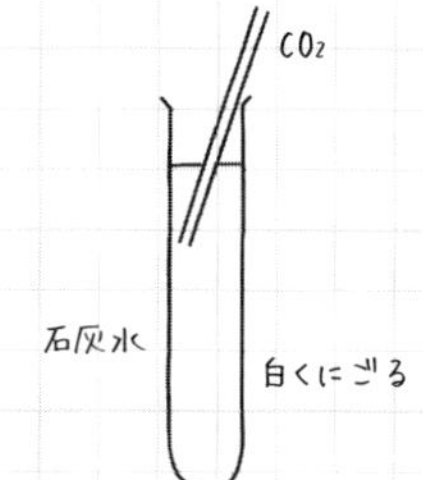

練習問題でCheck!!　（　）に入る言葉を考えよう。

二酸化炭素は、石灰石に（ア　　）を加えてつくる。空気より（イ　　）く、水にわずかに（ウ　　）ので、（エ　　）置換でも（オ　　）置換でも集めることができる。

二酸化炭素は水にわずかに溶けて、（カ　　）になる。この水溶液は、（キ　　）色リトマス紙を（ク　　）色に変えることから、（ケ　　）性であることがわかる。

二酸化炭素を石灰水に溶かすと、（コ　　）にごる。

答え

ア）塩酸　イ）重　ウ）溶ける　エ）下方　オ）水上　カ）炭酸
キ）青　ク）赤　ケ）酸　コ）白く

4 アンモニア

- 無色で刺激臭がある。
- 水によく溶ける。
- 水に溶けたものがアンモニア水。
- アンモニア水はアルカリ性。リトマス紙を、赤→青に変える。
- フェノールフタレイン溶液を加えた水にアンモニアが溶けて、アルカリ性のアンモニア水になると、フェノールフタレイン溶液が赤くなる。
- 空気より軽い。

フェノールフタレイン溶液は
アルカリ性に反応すると、
無色→赤色になるよ。

- 塩化アンモニウム＋水酸化カルシウム→アンモニア＋その他
- 水に溶けやすく空気より軽いので、上方置換で集める。

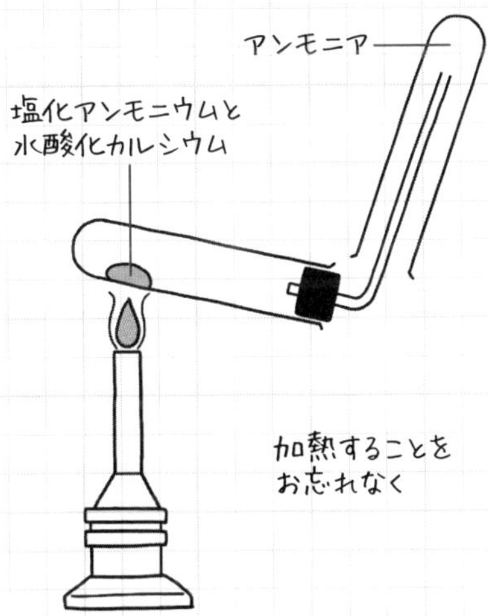

5 アンモニアの噴水実験

① アンモニアは水に溶けやすい。

② アンモニアが水に溶けると、アルカリ性のアンモニア水になる。

③ フェノールフタレイン溶液は、アルカリ性で赤色に変わる。

この3つで説明できる実験!!

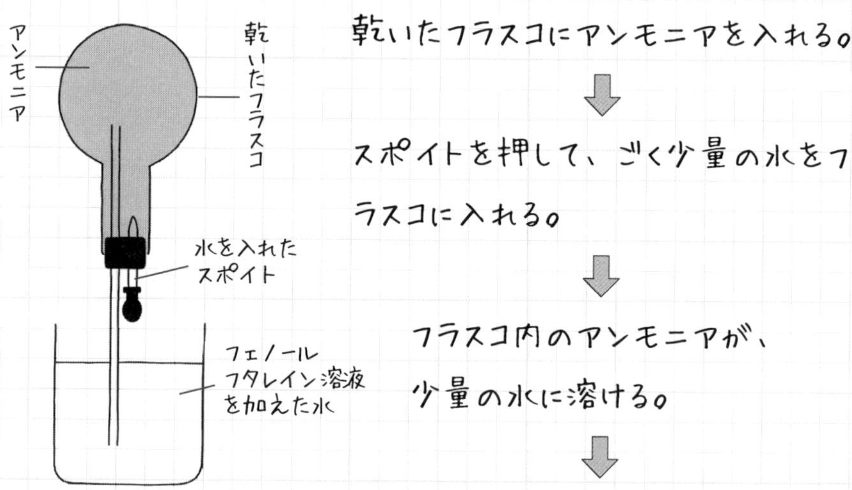

手順を見ていこう。

乾いたフラスコにアンモニアを入れる。

スポイトを押して、ごく少量の水をフラスコに入れる。

フラスコ内のアンモニアが、少量の水に溶ける。

フラスコ内の気圧が下がる。

ビーカーの水が、噴水のようにフラスコ内に吸い上げられる。

フェノールフタレイン溶液を加えた水に、アンモニアが溶けて赤くなる（アルカリ性だから）。

練習問題でCheck!! 次の設問に答えよう。

塩化アンモニウムと水酸化カルシウムの混合物を加熱しました。このとき発生した気体を丸底フラスコに入れ、右図のように設置して実験を行いました。

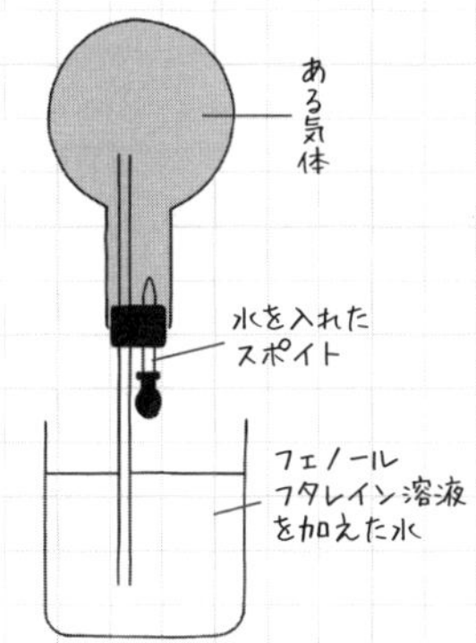

① この実験で発生した気体は何ですか。

（　　　　）

② スポイトを押したら、フラスコ内に水が噴水のように流入しました。これは発生した気体にどんな性質があるからでしょうか。

（　　　　）

③ フラスコ内で水の色はどうなりましたか。（　　　　）

答え

①アンモニア　②水に溶けやすい　③赤くなった

その9　化合と分解

1　化合

- 化合とは、2種類以上の物質が結びついて、元の物質と性質の異なる1種類の物質になること。
- 化合によってできた物質が化合物。

例　鉄と硫黄の化合

- 鉄粉と硫黄の粉を混ぜ合わせて試験管に入れて加熱すると、鉄と硫黄が化合して黒っぽい硫化鉄ができる。

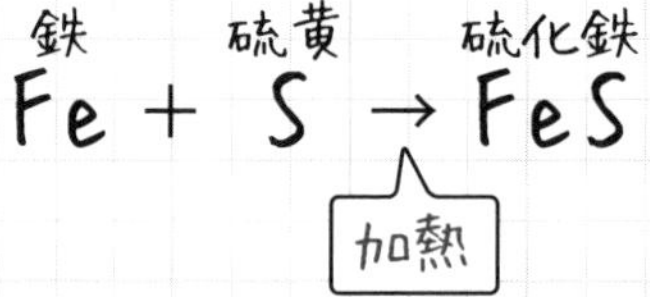

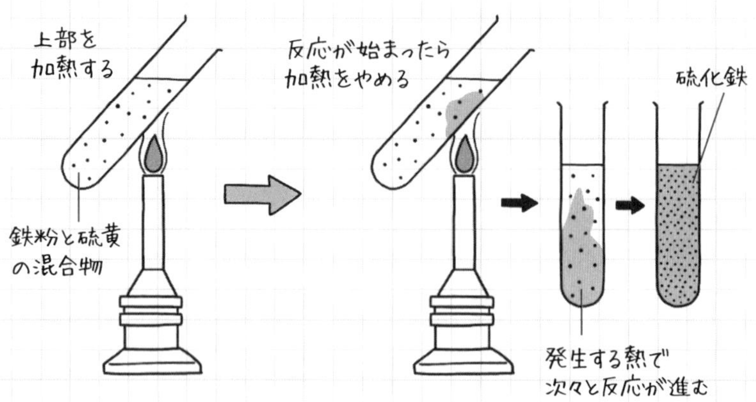

- 鉄は磁石にくっつくが、化合物である黒い硫化鉄は磁石につかない。
- 鉄はうすい塩酸に溶けて水素を発生する。硫化鉄はうすい塩酸に溶けて硫化水素を発生する。
- 硫化水素は卵が腐ったようなにおい。

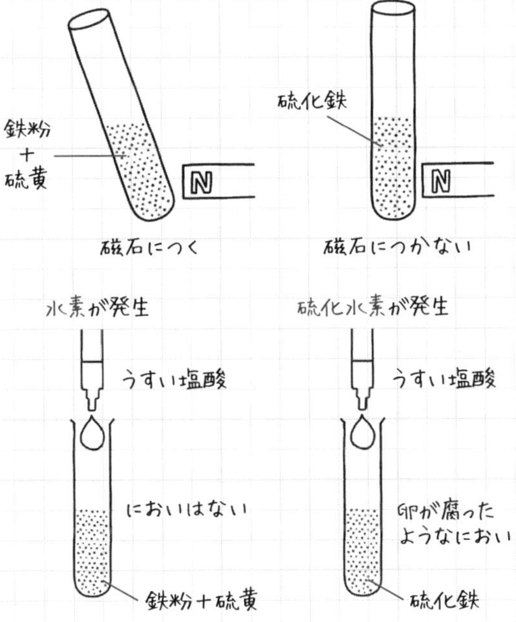

練習問題でCheck!! 次の設問に答えよう。

鉄と硫黄の混合物（加熱前と加熱後）について、考えてみよう。

① 加熱後にできる物質の名称と色は何ですか。
（　　　　　）（　　　　　）

② 加熱前の混合物にうすい塩酸を加えたとき、発生する気体は何ですか。
（　　　　　）

③ 加熱後の物質にうすい塩酸を加えたとき、発生する気体は何ですか。また、どんなにおいがするでしょうか。
（　　　　　）（　　　　　）

答え

①硫化鉄、黒色　②水素　③硫化水素、卵が腐ったようなにおい

2 分解

- 1種類の物質が2種類以上の別の物質になる化学変化を、分解という。

例 炭酸水素ナトリウムの熱分解

- 白い粉末の炭酸水素ナトリウム（重曹(じゅうそう)）を加熱すると、水と二酸化炭素が発生し、白い粉末の炭酸ナトリウムになる。

炭酸水素ナトリウム → 炭酸ナトリウム + 水 + 二酸化炭素

$$2NaHCO_3 \rightarrow Na_2CO_3 + H_2O + CO_2$$

（→：加熱）

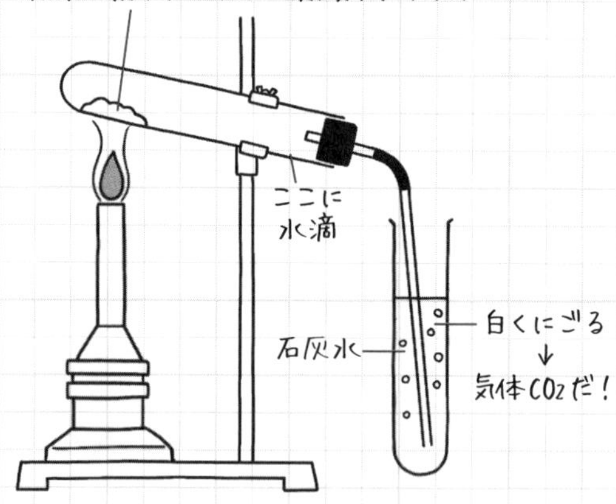

- 石灰水に通すと石灰水が白くにごることから、発生した気体が二酸化炭素だとわかる。

- 塩化コバルト紙を青→赤に変えることから、発生した液体が水だとわかる。

塩化コバルト紙は水に反応すると青→赤になるよ。

練習問題でCheck!!　次の設問に答えよう。

下の図のように、炭酸水素ナトリウム3.0gを十分に熱したところ、気体が発生し、試験管の口付近に液体がつきました。また、加熱後の試験管内には白色の固体が残っていました。そしてこの固体の質量を測定すると2.5gでした。これに関して以下の設問に答えてください。

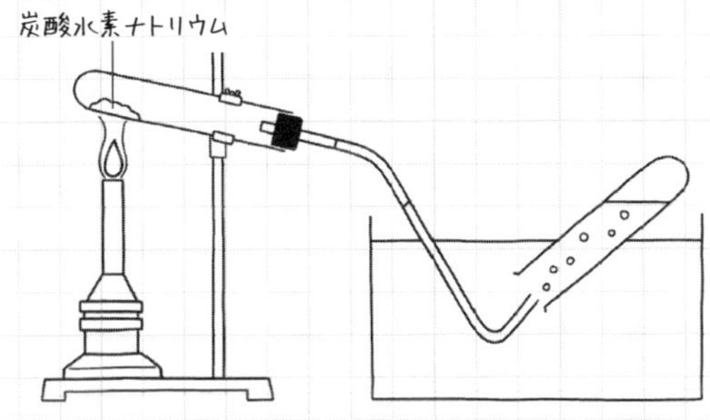

① 上図のような気体の集め方を何というでしょうか。（　　　　）

② 集めた気体を石灰水に通すとどうなりますか。（　　　　）

③ 発生した気体は何ですか。（　　　　）

④ 試験管の口付近についた液体を、塩化コバルト紙をつけると、何色から何色に変化しますか。（　　　　）

⑤ 塩化コバルト紙の色の変化から、何が発生したとわかりますか。（　　　　）

答え

①水上置換　②白くにごる　③二酸化炭素　④青色から赤色　⑤水

3 水の電気分解

- 電流を流れやすくするため、水に水酸化ナトリウムを加える。
- 陰極に水素、陽極に酸素が発生する。
- 発生した気体の体積比は、水素 2：酸素 1

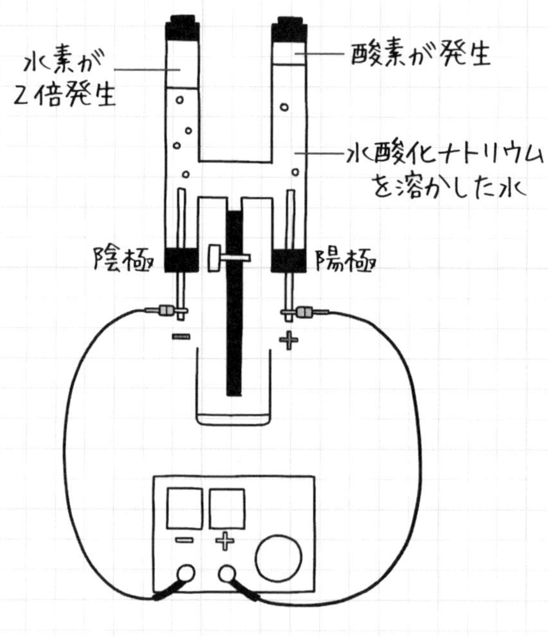

$$\underset{\text{水}}{2H_2O} \rightarrow \underset{\text{水素}}{2H_2} + \underset{\text{酸素}}{O_2}$$

電気分解

4 燃料電池

- 水＋電気エネルギー→水素＋酸素

これが電気分解。

- 水素＋酸素→水＋電気エネルギー

これが燃料電池。

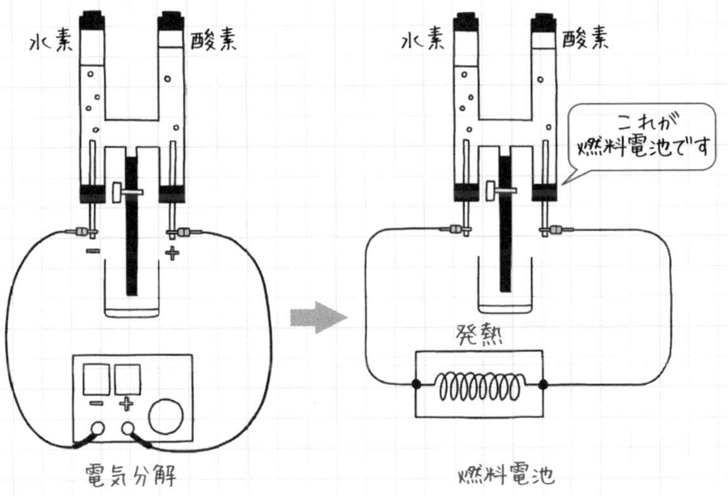

練習問題でCheck!!　次の設問を考えてみよう。

1 ①水の電気分解で陰極に発生した気体に火を持っていくと、どうなりますか。（　　　　　　　　　　）

②水の電気分解で陽極に発生した気体に火のついた線香を入れると、どうなりますか。（　　　　　　　　　　）

2 下図のような装置で水を電気分解しました。これについて設問に答えよう。

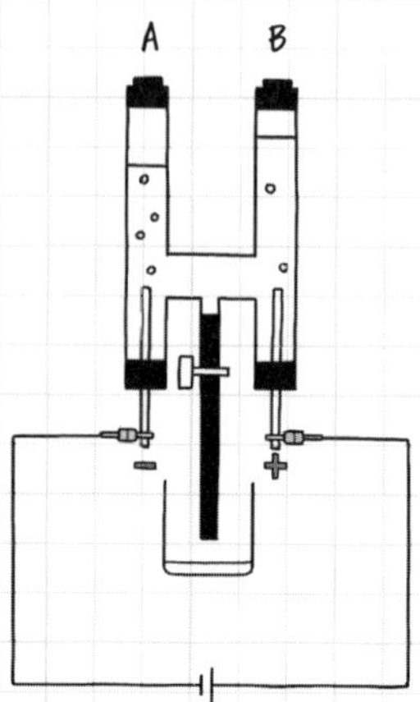

①水を電気分解するために、水に溶かす物質として適切なものはア～ウのどれですか。

ア）塩化銅　イ）水酸化ナトリウム　ウ）塩酸　（　　　　）

②水に①のような物質を溶かすのはなぜですか。

（　　　　　　　　　　　　）

③A極から発生する気体と同じ気体を発生させる方法は次のどれでしょうか。

ア）アンモニア水を加熱する

イ）亜鉛にうすい塩酸を加える

ウ）二酸化マンガンにオキシドールを加える　（　　　　）

答え

1 ①ポンと音をたてて燃える　②線香の火が大きくなる

2 ①イ　②電流を流れやすくするため　③イ

その10 酸化と還元

1 酸化

- 物質が酸素と化合する化学変化を、酸化という。
- 酸化によってできる物質を、酸化物という。
- 激しく熱と光を出して反応する酸化を、特に燃焼という。

例 スチールウール（鉄）の燃焼

- スチールウール（繊維状の鉄）に火をつけると、燃えて黒色の酸化鉄ができる。

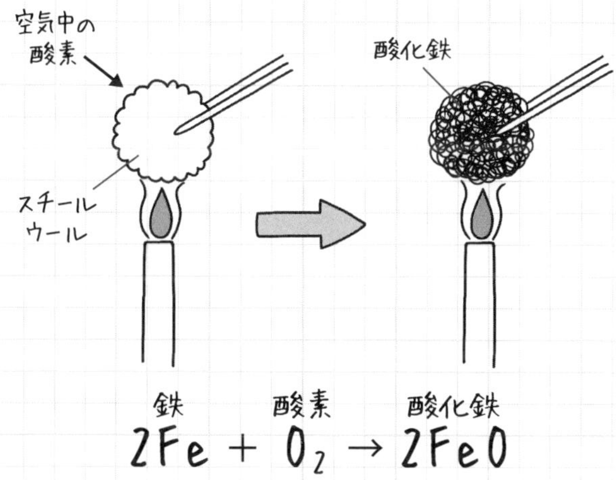

鉄 酸素 酸化鉄

$$2Fe + O_2 \rightarrow 2FeO$$

- 酸化鉄は、酸素がくっついた分、重くなる。

● スチールウール（鉄）をうすい塩酸に入れると、水素を発生するが、酸化鉄では水素は発生しない。

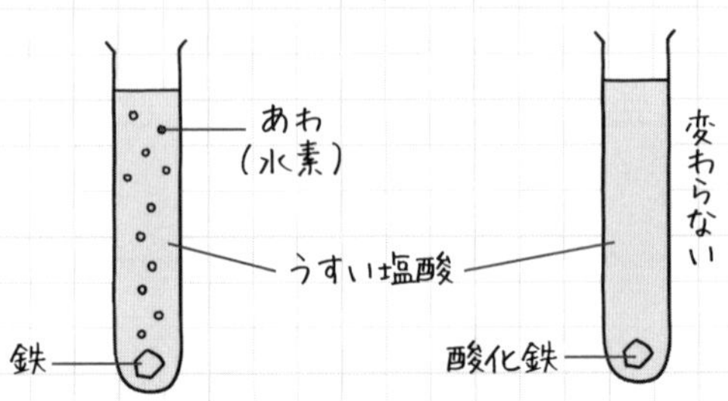

例 マグネシウムの燃焼

● 銀白色のマグネシウムを燃焼させると、白い酸化マグネシウムになる。

$$\underset{\text{マグネシウム}}{2Mg} + \underset{\text{酸素}}{O_2} \rightarrow \underset{\text{酸化マグネシウム}}{2MgO}$$

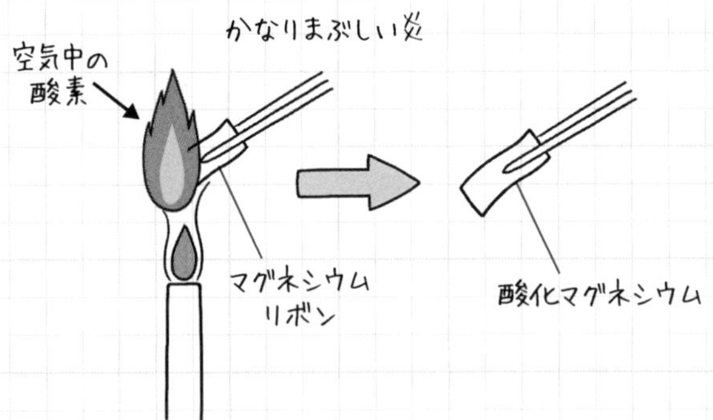

● 酸化マグネシウムは、酸素がくっついた分、重くなる。

例 水素の燃焼

- 水素と酸素は、熱と光を出して爆発的に燃えて水ができる。

$$\underset{\text{水素}}{2H_2} + \underset{\text{酸素}}{O_2} \rightarrow \underset{\text{水}}{2H_2O}$$

- 発生した気体が水素かどうか確かめるのに、マッチの火を使う。

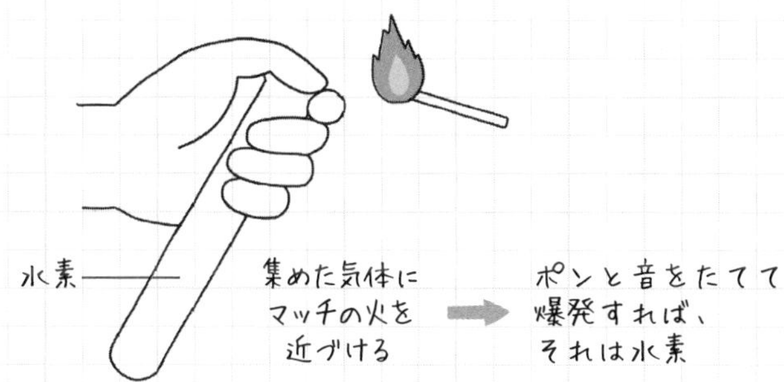

練習問題でCheck!! 次の設問に答えよう。

① スチールウール（鉄）の燃焼でできる物質は何ですか。 (　　　　　)

② 激しく熱や光を出して物質が酸素と化合する化学変化を何というでしょうか。 (　　　　　)

③ マグネシウムを燃焼させると、マグネシウムは何という物質に変わりますか。 (　　　　　)

④ 水素の爆発でできる物質は何ですか。 (　　　　　)

答え

①酸化鉄　②燃焼　③酸化マグネシウム　④水

2 還元

- 還元は、酸化物から酸素を取り除く化学変化。

例 酸化銅の炭素による還元

- 酸化銅（黒色）と炭素を混ぜて熱すると、二酸化炭素が発生し、銅（赤かっ色）ができる。

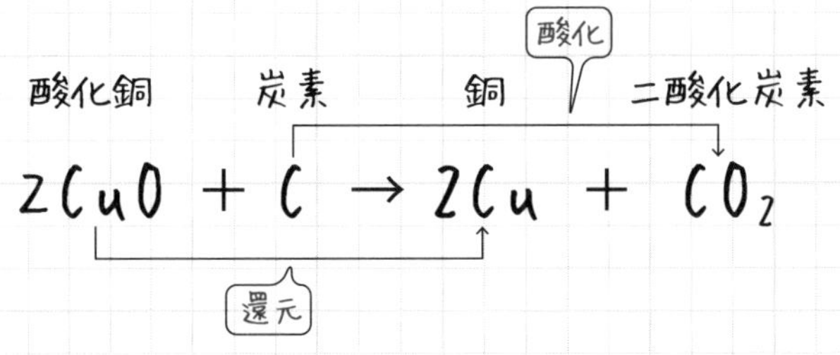

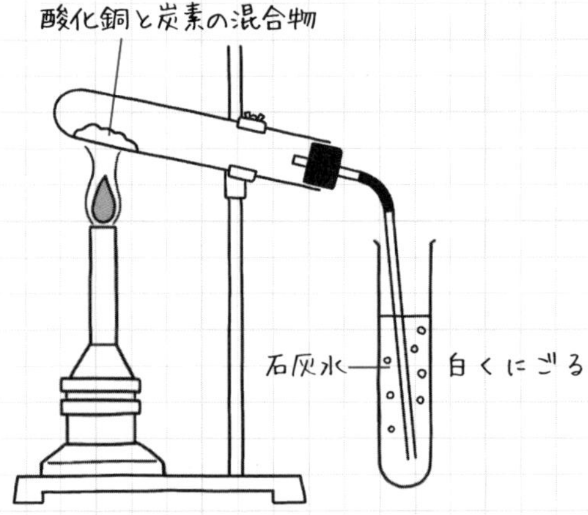

- 炭素は酸化銅から酸素を取り除く（酸化銅を還元）。
- 同時に、炭素は酸素と結びつく（炭素は酸化されて二酸化炭素になる）。
- 結局、還元と酸化は同時に起こる。

例 酸化銅の水素による還元

- 酸化銅（黒色）を水素と熱すると、水蒸気（水）が発生して銅（赤かっ色）ができる。

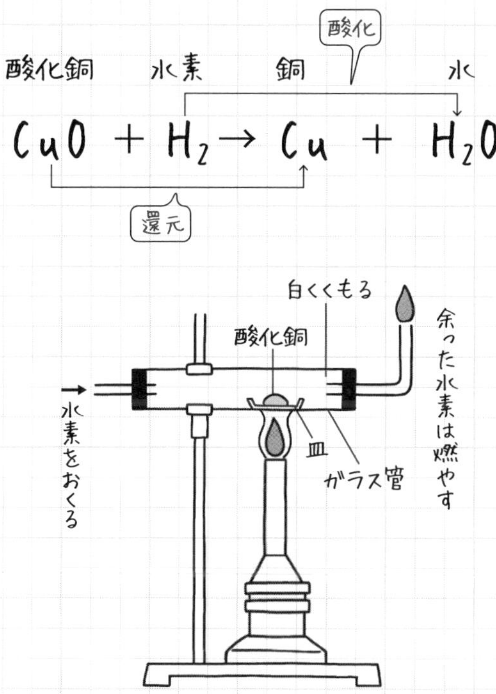

- 水素は酸化銅から酸素を奪う（酸化銅を還元）。
- 同時に、水素は酸素と結びつく（水素は酸化されて水になる）。
- 結局、還元と酸化は同時に起こる。

練習問題でCheck!!　下図について、いくつかの設問に答えよう。

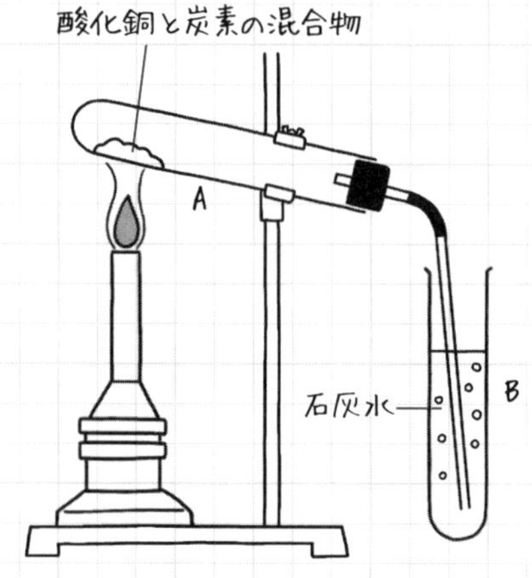

① 加熱前の酸化銅は何色ですか。　（　　　　）

② 試験管Aに加熱後残る物質の性質を、ア〜エの中からすべて選びましょう。

ア）磁石につく　イ）融点は100℃より低い

ウ）電気を通す　エ）こすると金属光沢が出る　（　　　　）

③ 試験管Bに出た気体の性質を、ア〜エの中からすべて選びましょう。

ア）水に溶けると酸性を示す　イ）刺激臭がある

ウ）石灰水を白濁させる　エ）他の物質を燃やす働きがある

（　　　　）

答え

①黒色　②ウ、エ（残る物質はCu（銅））　③ア、ウ（気体はCO_2（二酸化炭素））

その11 質量保存の法則と定比例の法則

1 質量保存の法則

- 化学変化の前後で、全体の質量は変化しない。
- これを質量保存の法則という。

例 鉄 Fe ＋ 硫黄 S →(加熱) 硫化鉄 FeS

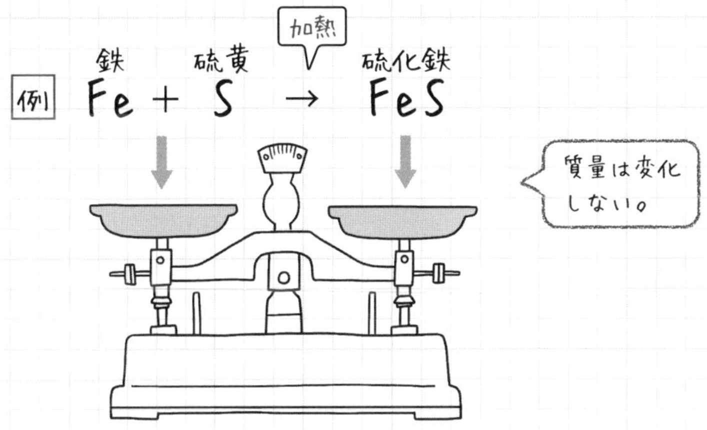

鉄の質量＋硫黄の質量＝硫化鉄の質量

たとえば、鉄7gと硫黄4gで、硫化鉄11gとなる。

- 化学変化においては、原子が結びつく相手が変わるだけで、原子の種類も数も変わらないので、質量保存の法則が成り立つ。

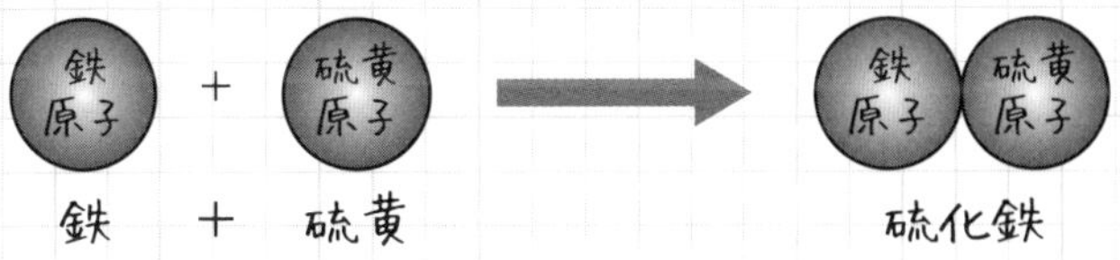

例

炭酸カルシウム　塩酸　塩化カルシウム　水　二酸化炭素

$$CaCO_3 + 2HCl \rightarrow CaCl_2 + H_2O + CO_2$$

同じ質量

- 質量保存の法則により、化学変化の前後で全体の質量は変化しない。
- しかし気体である二酸化炭素が空気中に逃げると、その分化学変化後の質量が小さくなる。

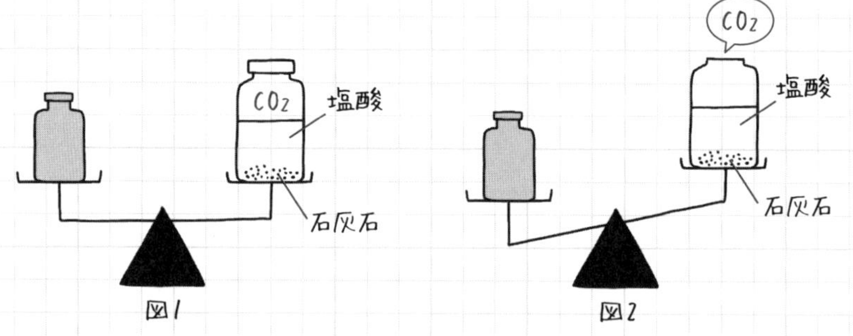

- 図1、図2とも、反応前は釣り合っている。
- 図1では、反応によりできた二酸化炭素が空気中に逃げないので、反応後も釣り合う。
- 図2では、反応によりできた二酸化炭素が空気中に逃げるので、その分軽くなって釣り合わない。
- 逃げた二酸化炭素を加えた質量は、当然変わらない。

練習問題でCheck!! 次の設問に答えよう。

1 （　　）に適切な言葉を書き入れましょう。

化学変化の前と後で原子の組み合わせは変わりますが、原子の種類と（ア　　）は変わらない。そのため、化学変化に関する物質全体の（イ　　）は変わらない。これを（ウ　　　　　）という。

2 次の3つの実験を行い、それぞれ反応前後の容器ごとの質量を測りました。

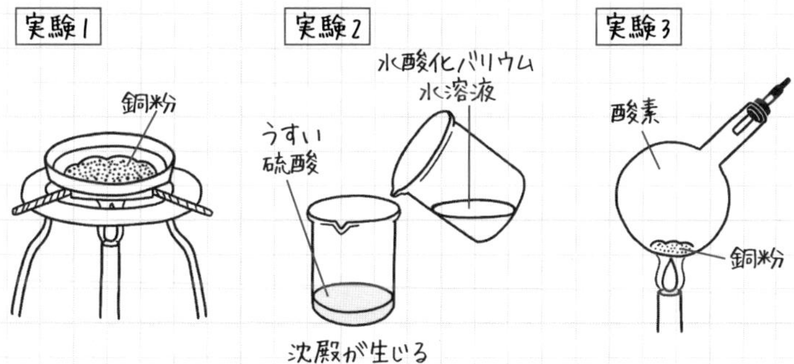

① 反応前後で、容器ごとの質量が変化したのはどの実験でしょうか。（　　　　　）

② 質量が変化した理由を考えてみよう。

（　　　　　　　　　　　　　　　　　）

答え

1 ア）数　イ）質量　ウ）質量保存の法則

2 ①実験1　②$2Cu+O_2 \rightarrow 2CuO$　銅と結びついた酸素の分、重くなった。

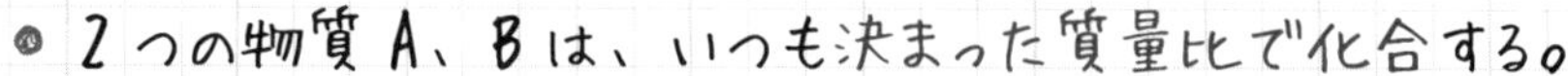

2 定比例の法則

- 2つの物質A、Bは、いつも決まった質量比で化合する。
- これを定比例の法則という。

例 マグネシウムの燃焼

- マグネシウムと酸素は、質量比3：2で化合する。

$$2Mg + O_2 \rightarrow 2MgO$$

質量比 3 ： 2 ： 5

- グラフにするとこうなる。

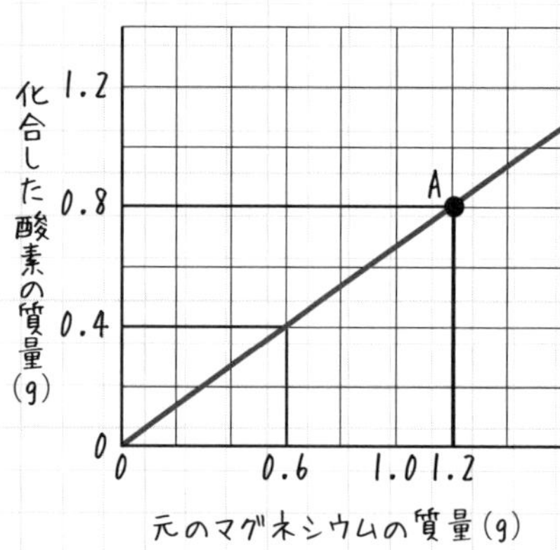

A点より、マグネシウム1.2gと酸素0.8gが化合。
マグネシウム：酸素
＝1.2：0.8＝12：8＝3：2

- 同時に、元のMgの質量：酸化Mgの質量＝3：5
酸素の質量：酸化Mgの質量＝2：5もわかる。

例 銅の酸化

- 銅が酸化して酸化銅ができる。

$$2Cu + O_2 \rightarrow 2CuO$$

- このときの元の銅と、化合した酸素の質量の関係を表すグラフから、銅と酸素の質量比を求める。

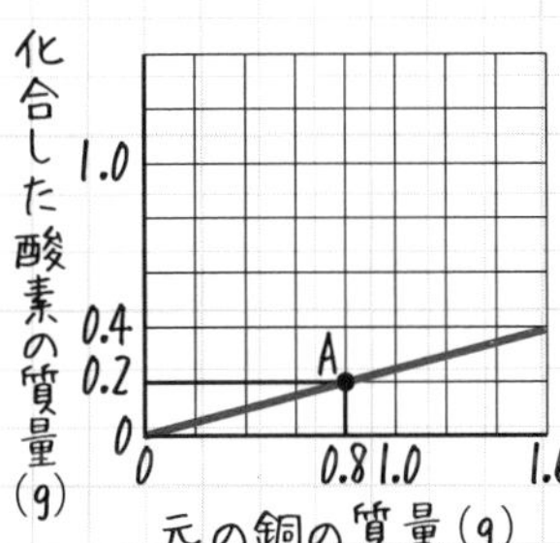

A点より、

銅の質量：酸素の質量

$= 0.8 : 0.2 = 8 : 2 = 4 : 1$

- このときの元の銅と、できた酸化銅の質量の関係を表すグラフから、銅と酸化銅の質量比を求める。

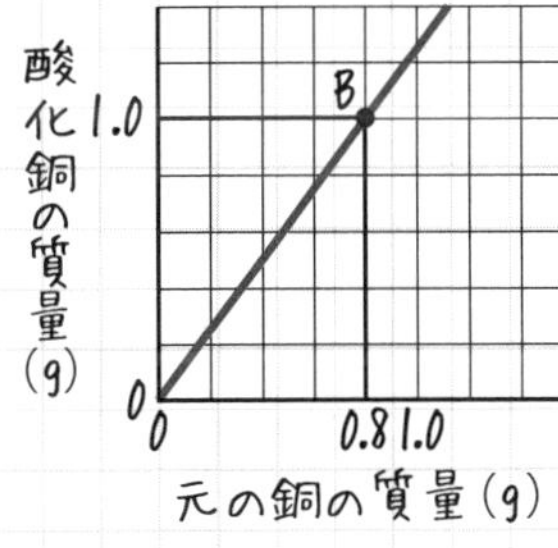

B点より、

銅の質量：酸化銅の質量

$= 0.8 : 1.0 = 8 : 10 = 4 : 5$

練習問題でCheck!! 次の設問に答えよう。

次のグラフは、金属Aと金属Bを加熱したときにできる酸化物と金属の質量の関係を表します。

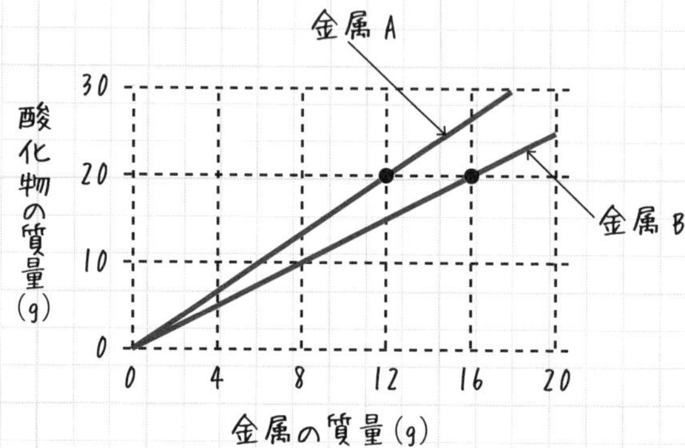

① 金属A 12gを十分に加熱すると、何gの酸素と結びつきますか。

( )

② 金属A 30gを十分に加熱すると、何gの酸素と結びつきますか。

( )

③ 金属B 60gを完全に酸化すると、何gの酸化物ができますか。

( )

④ 金属Bと反応する酸素の質量比を考えよう。

( )

答え

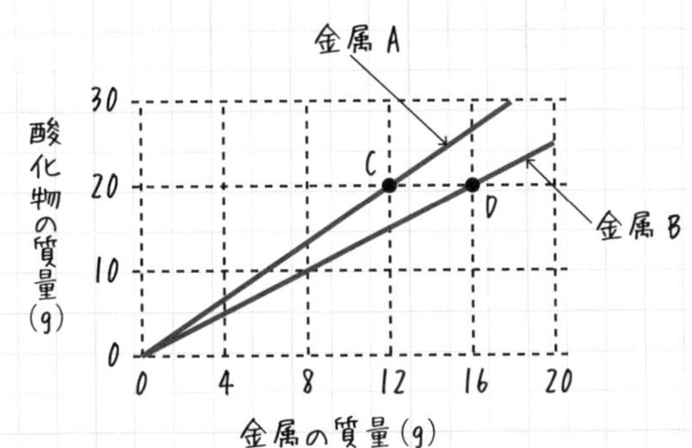

① C点より、金属A 12gからできる酸化物は20g。質量保存の法則より、金属A 12gと結びつく酸素の質量は、
20−12=8(g)

② 金属A 30gと結びつく酸素をa(g)とすると、金属A 12gと結びつく酸素が8gだから、定比例の法則より、
30:a=12:8
12×a=30×8
a=30×8÷12=20(g)

③ D点より、金属B 16gから酸化物20gができる。金属B 60gからできる酸化物をb(g)とすると、16:20=60:b　　b=75(g)

④ 金属B 16gから酸化物20gができるので、金属B 16gと結びつく酸素は
20−16=4(g)
金属B：酸素=16:4=4:1

その12 電気分解

電気分解ができるかどうかは、電解質の水溶液か、非電解質の水溶液かで決まるので、まずそこから見ていこう。

1 電解質と非電解質

- 非電解質は水に溶かしたとき、電流が流れない物質。

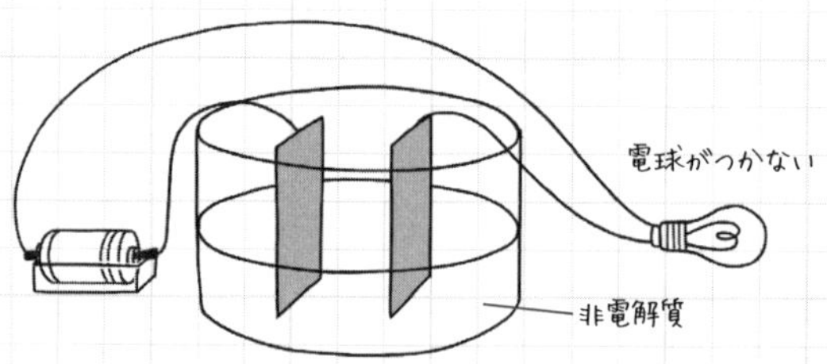

- 電流が流れないのは、非電解質は水に溶けてもイオンにならないから。
- 砂糖やエタノールなどが非電解質。
- 電解質は水に溶かしたとき、電流が流れる物質。

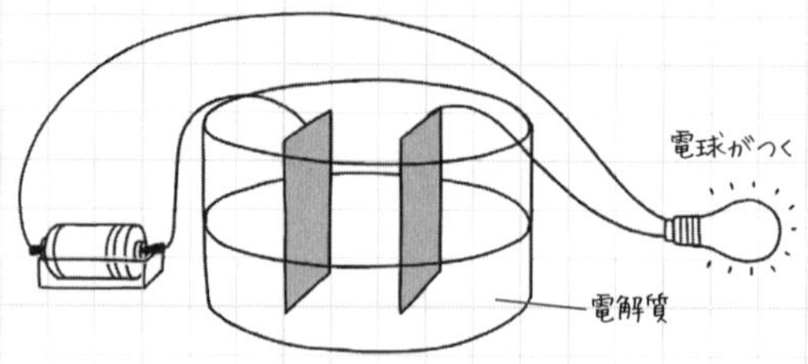

- 電流が流れるのは、電解質は水に溶けて電離（でんり）（陽イオンと陰イオンに分かれる）するから。

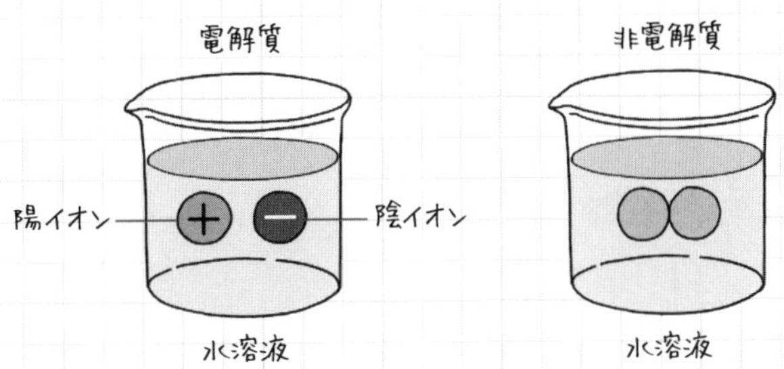

- 塩化ナトリウム（食塩 NaCl）、塩酸（HCl）、水酸化ナトリウム（NaOH）、塩化銅（$CuCl_2$）、塩化鉄（$FeCl_2$）などが、よくテストに出る電解質。

練習問題でCheck!! 次の設問に答えよう。

① 水酸化ナトリウムのように、水に溶かしたとき陽イオンと陰イオンに分かれることを何というでしょうか。（　　　　　）

② 次のア～オのうち、水に溶かしたときに電気を通さないものを、すべて選びましょう。

ア）砂糖　イ）塩化水素　ウ）塩化ナトリウム　エ）塩化銅
オ）エタノール（　　　　　）

③ ②で選んだ物質を一般に何といいますか。（　　　　　）

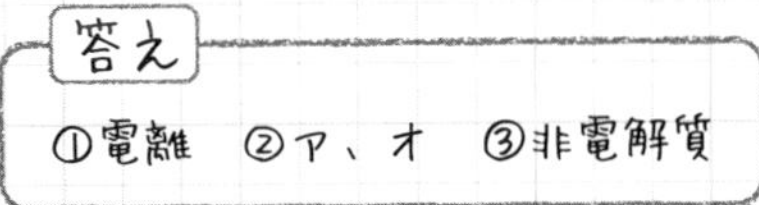
答え
①電離　②ア、オ　③非電解質

2 電離を表す式

電解質が電離する様子を見ていこう。

例 塩化水素の電離

$$HCl \rightarrow H^{+} + Cl^{-}$$

塩化水素→水素イオン＋塩化物イオン

例 塩化ナトリウムの電離

$$NaCl \rightarrow Na^{+} + Cl^{-}$$

塩化ナトリウム→ナトリウムイオン＋塩化物イオン

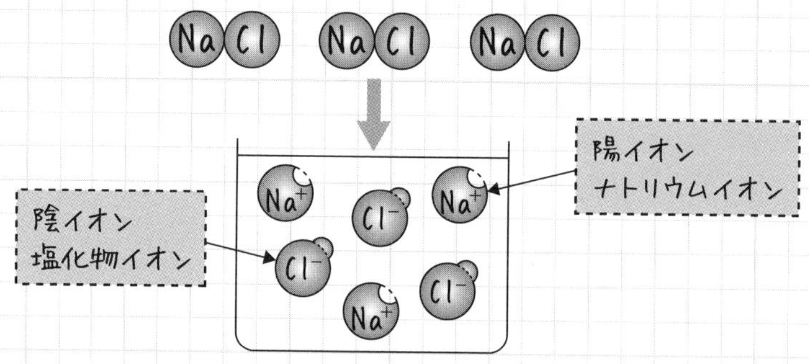

例 水酸化ナトリウムの電離

$$NaOH \rightarrow Na^{+} + OH^{-}$$

水酸化ナトリウム→ナトリウムイオン＋水酸化物イオン

例 塩化銅の電離

$$CuCl_2 \rightarrow Cu^{2+} + 2Cl^{-}$$

塩化銅→銅イオン＋塩化物イオン

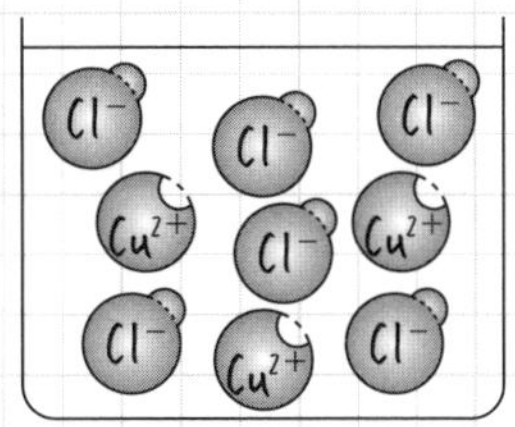

3 電気分解

- 電解質の水溶液に電流を流すことで化合物（電解質）を分解するやり方を、電気分解という。例を通して学ぼう。

例 塩酸の電気分解

- 塩化水素 HCl を水に溶かした塩酸は、次のように電離する。

$$HCl \rightarrow H^{+} + Cl^{-}$$

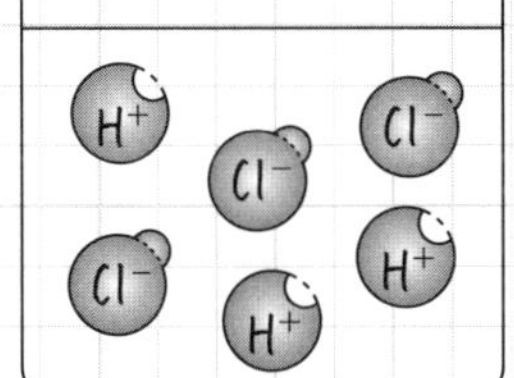

- この水溶液に電圧をかける。

- 電気は＋と－が引き合うから、陽極には陰イオン Cl^{-} が移動する。

- Cl^-は陽極で電子を与えて塩素（Cl_2）になる。

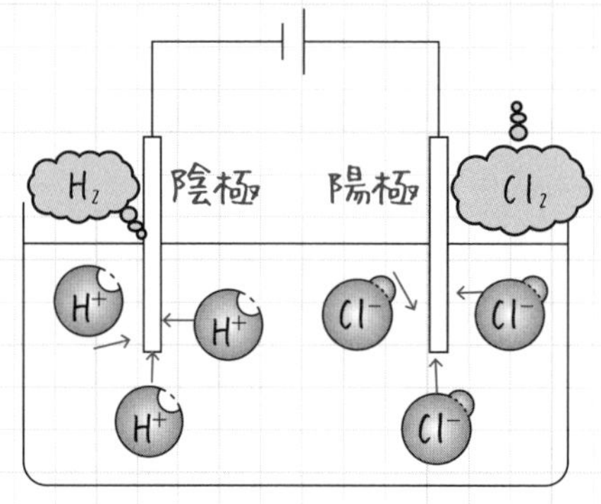

- 陰極には、陽イオンH^+が移動する。
- H^+は陰極で電子をもらって水素（H_2）になる。

例 塩化銅水溶液の電気分解

- 塩化銅は次のように電離する。

$$CuCl_2 \rightarrow Cu^{2+} + 2Cl^-$$

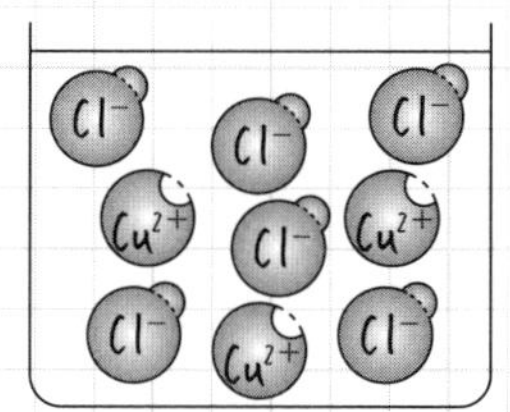

- この水溶液に電圧をかける。
- 電気は＋と－が引き合うから、陽極には陰イオンCl^-が移動する。
- Cl^-は陽極で電子を与えて塩素になる。
- 陰極には、陽イオンCu^{2+}が移動する。
- Cu^{2+}は、陰極で電子をもらって銅になる。

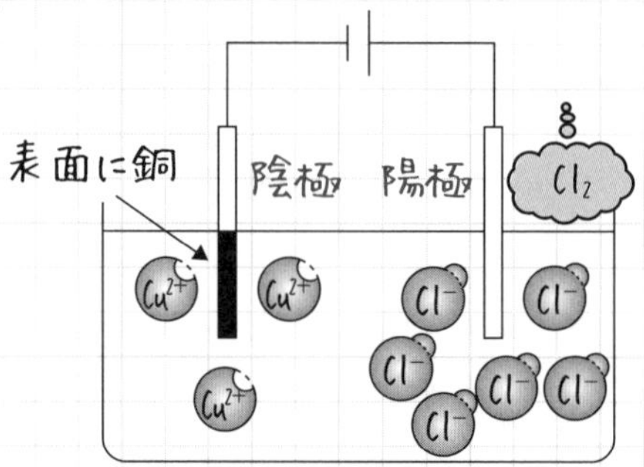

練習問題でCheck!! 次の設問に答えよう。

下の装置を使って、うすい塩酸を電気分解しました。すると陽極からも陰極からも気体が発生しました。

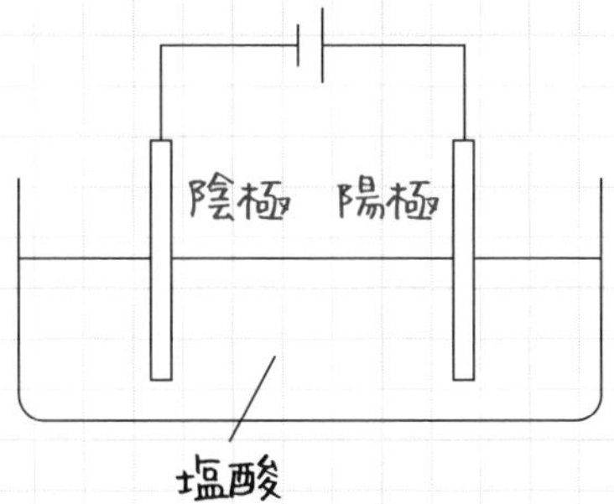

① 陽極に発生した気体は何ですか。 (　　　　　)

② ①の気体はあまりたまりませんでした。その理由を簡単に書いてください。 (　　　　　)

③ 陰極に発生した気体は何ですか。 (　　　　　)

④ ③の性質を確かめる方法と、その結果を書いてください。
(　　　　　)

答え

①塩素　②発生した気体が水に溶けたため　③水素
④マッチの火を近づける。するとポンと音をたてて燃える。

その13 化学反応と熱

- 化学反応には、反応が起こるとき周りの温度が上がる発熱反応と、周りの温度が下がる吸熱反応がある。
発熱反応から見ていこう。

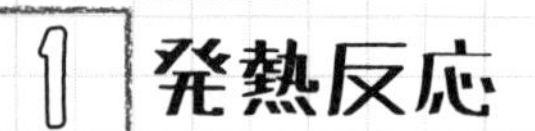

1 発熱反応

- 発熱反応は、熱を放出して温度が上がる。

$$A \rightarrow B$$

↓

反応熱

例　有機物の燃焼

- プロパンガスやろうそくなど、炭素と水素を含む化合物である有機物を燃やすと、二酸化炭素と水ができ、同時に発熱する。

有機物＋酸素→二酸化炭素＋水

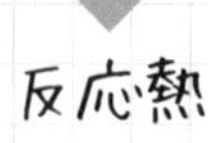

反応熱

練習問題でCheck!!　次の設問に答えよう。

右図のように乾いた集気びんの中でろうそくに火をつけ、ふたをして燃焼させます。

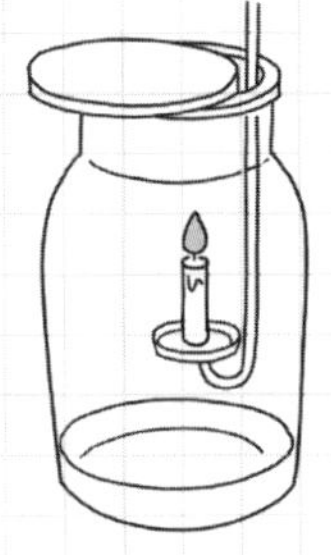

① 燃焼後、集気びんの内側が白くくもっていました。この物質を塩化コバルト紙につけると、何色が何色に変わりますか。この結果、この物質は何だと考えられますか。

(　　　　　　　　　　　　　　　　　　　　)

② 燃焼後の集気びんに石灰水を入れて振ると、石灰水が白濁しました。このことから、ろうそくを燃焼させた結果、何ができたと考えられますか。

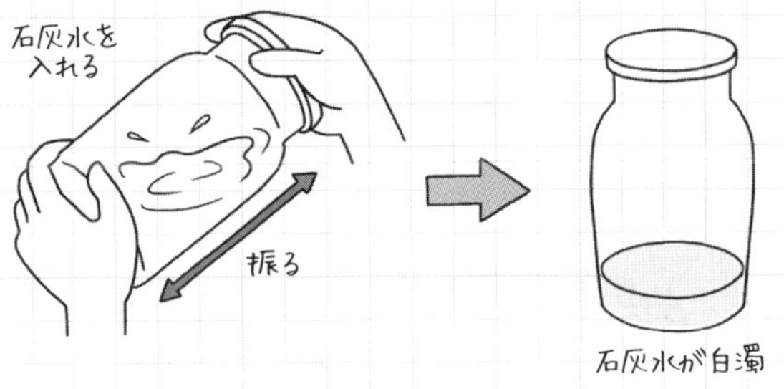

(　　　　　　　　　　　　　　　　　　　　)

塩化コバルト紙の反応はp.169で出てきたね。

答え

①青色から赤色に変わる。よってこの物質は水。
②二酸化炭素ができた。

例 化学カイロ

- 化学カイロ（使い捨てカイロ）の中身は、鉄粉、活性炭、食塩水など。

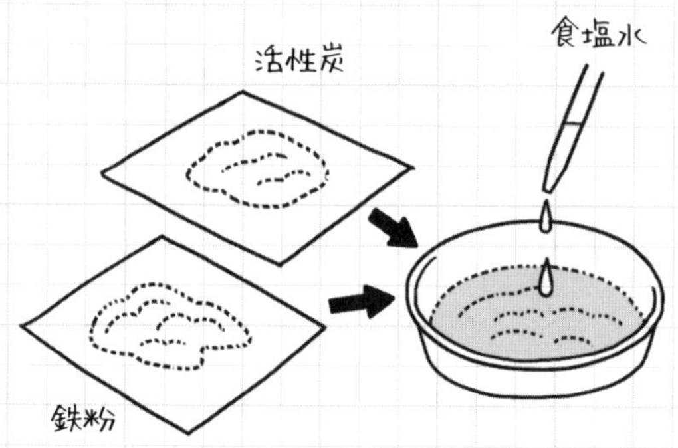

- 活性炭には酸素がたくさん含まれている。
- 鉄とこの酸素が反応して、酸化鉄になるとき発熱する。

酸化

鉄＋酸素→酸化鉄

↓

反応熱

- 食塩水は、鉄の酸化をまんべんなく促進する。

練習問題でCheck!! 次の設問に答えよう。

下の図のような装置で化学変化を起こし、温度計の示す値がどのように変化するかを調べました。

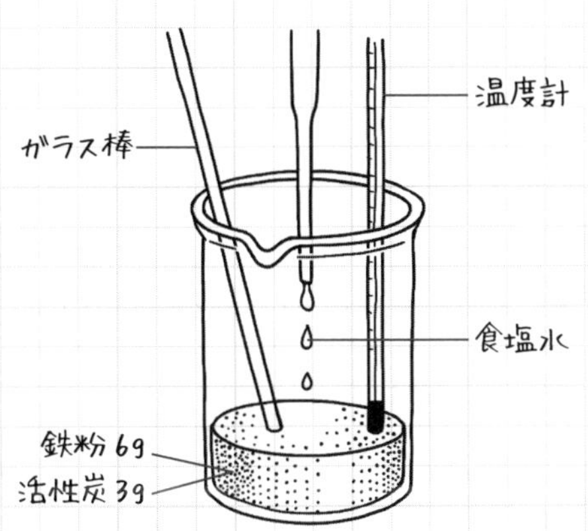

① 温度計の示す値はどうなるでしょうか。

（　　　　　　　　　　）

② ①の結果、これは何熱反応と考えられるでしょうか。

（　　　　　　）

③ 鉄粉は何と結びついて、何に変わりますか。

（　　　　　　　　　　）

④ ③でできた物質は何色ですか。（　　　　　　）

答え

① (温度は)高くなる　②発熱反応　③酸素と結びついて酸化鉄　④黒

2 吸熱反応

- 吸熱反応は、熱を吸収して、温度が下がる。

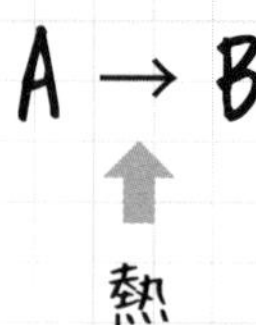

例 塩化アンモニウムと水酸化バリウムの反応

- 塩化アンモニウムと水酸化バリウムを反応させると、塩化バリウムとアンモニアと水ができ、同時に周囲から熱を奪う（吸収する）。

- 化学反応式はこうなる。

$$Ba(OH)_2 + 2NH_4Cl$$

水酸化バリウム　　塩化アンモニウム

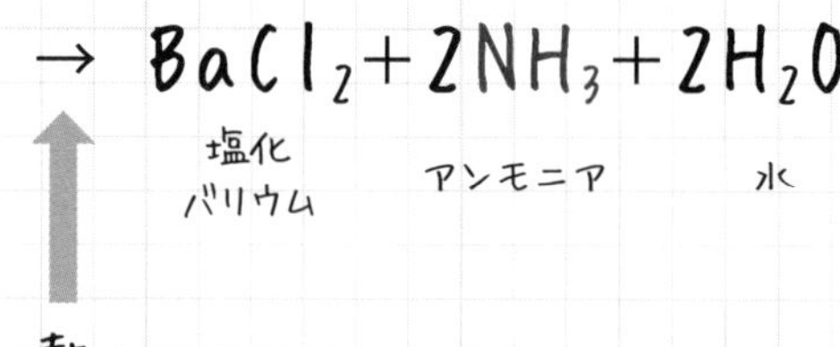

- この反応は、アンモニアの代表的な生成法。

練習問題でCheck!!　次の設問に答えよう。

下のような装置で、塩化アンモニウムと水酸化バリウムを混ぜながら温度変化を調べました。

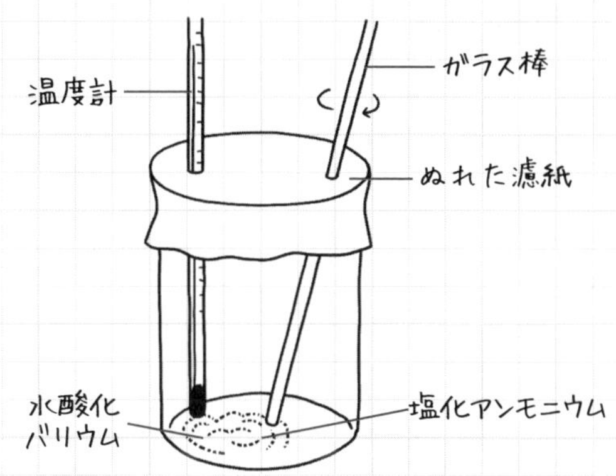

① 温度はどうなりますか。　(　　　　　　)

② 何熱反応が起こりますか。　(　　　　　　)

③ 発生する気体は何ですか。　(　　　　　　)

答え

①温度は下がる　②吸熱反応　③アンモニア

その14 化学電池

1 化学電池とは

- 2種類の異なる金属を電解質が溶けた水溶液に入れると、化学電池になる。

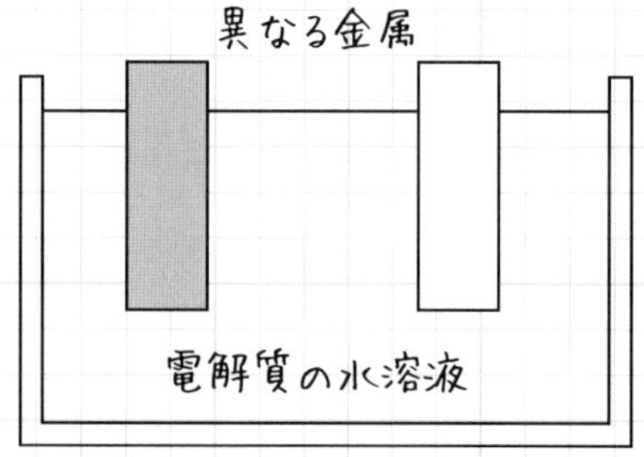

- 2種類の金属を導線でつなぐと、電流が流れる。

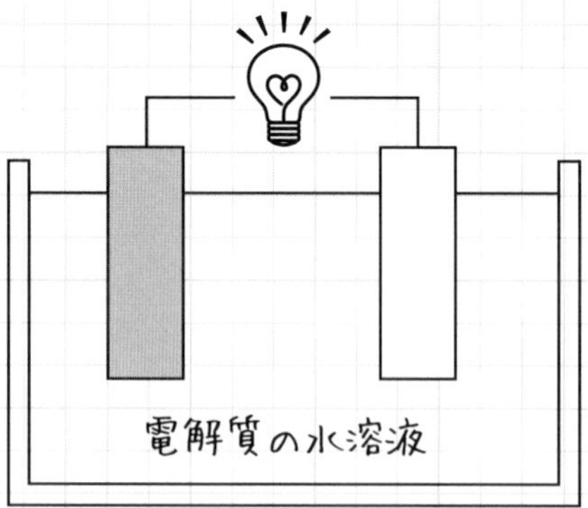

- 2種類の金属は、イオン化傾向が異なる。ここから見ていこう。

2 イオン化傾向

- 金属は、電子を出して陽イオンになる。
- このイオンになりやすさが、イオン化傾向。
- イオン化傾向が大きいほど、イオンになりやすい。
- 亜鉛と銅では、亜鉛の方がイオン化傾向が大きいので、亜鉛の方がイオンになりやすい。

イオン化傾向

Zn > Cu

- イオン化傾向は語呂で覚える！

イオンになりやすい ←

リッチに		貸そう		か		な	
Li	>	K	>	Ca	>	Na	>
リチウム		カリウム		カルシウム		ナトリウム	

ま		あ		あ		て		に		すん		な	
Mg	>	Al	>	Zn	>	Fe	>	Ni	>	Sn	>	Pb	>
マグネシウム		アルミニウム		亜鉛		鉄		ニッケル		すず		鉛	

ひ		ど		す		ぎる		借		金
(H_2)	>	Cu	>	Hg	>	Ag	>	Pt	>	Au
水素		銅		水銀		銀		白金		金

イオンになりにくい →

練習問題でCheck!! （　）に入る言葉を考えよう。

下のイオン化傾向の（　）を埋めよう。

Li＞K＞（ア　）＞Na＞（イ　）＞Al＞（ウ　）＞Fe＞Ni＞Sn＞（エ　）＞（H_2）＞Cu＞Hg＞Ag＞Pt＞（オ　）

答え

ア）Ca　イ）Mg　ウ）Zn　エ）Pb　オ）Au

3 ボルタの電池

- 電解質として、うすい硫酸を使う。
- 電極として、イオン化傾向大の亜鉛と、イオン化傾向小の銅を用いる。

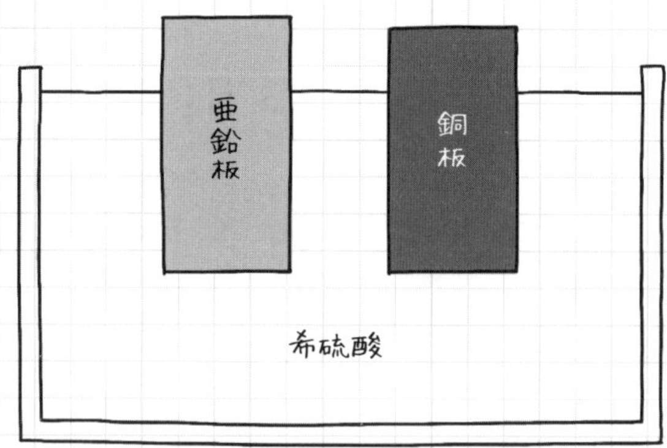

ボルタの電池の仕組みを考える

①②③の流れになる。

① イオン化傾向の大きい方の亜鉛が電子を2個放出し、亜鉛イオンになって希硫酸に溶ける。

$$Zn \rightarrow Zn^{2+} + ⊖⊖$$

② 電子⊖が導線を通って、亜鉛板から銅板に移動する。

③ 硫酸中の水素イオンH^+が、銅板にやってきた電子を受け取り、水素原子Hに戻る。この水素原子2個が結びついて、水素分子H_2となり、銅板から水素が発生する。

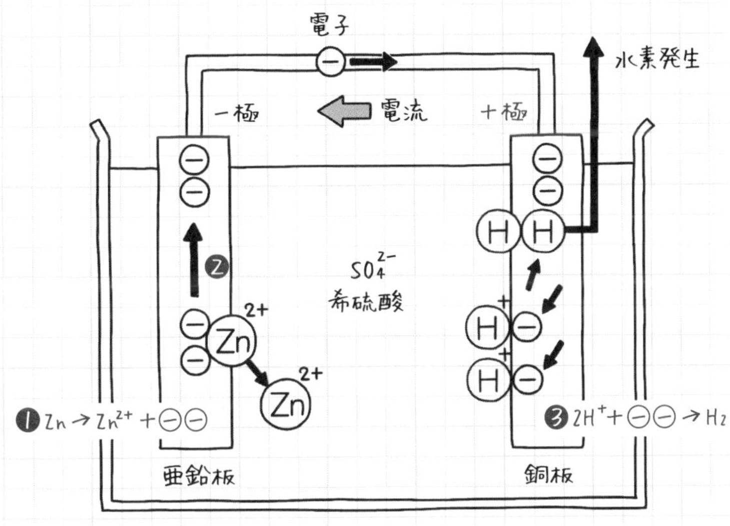

● 電子の流れの逆が電流の流れなので、銅板が＋極、亜鉛板が－極となる。

練習問題でCheck!!　（　　）に入る言葉を考えよう。

下のような電池をダニエル電池といいます。この電池について述べた文章の（　　）を埋めましょう。

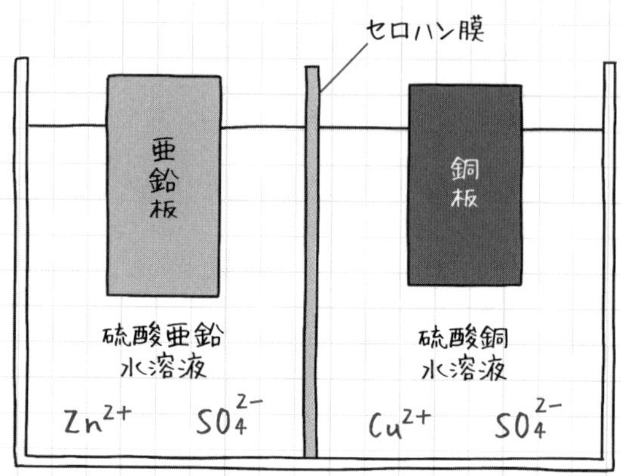

亜鉛板と銅板を導線でつなぐ前、上図のように2つの電解質は電離しています。

亜鉛板と銅板を導線でつなぐとどうなるか考えます。

① イオン化傾向が大きい方の（ア　　）が（イ　　）を2個放出して亜鉛イオンになり、硫酸亜鉛水溶液に溶け出す。

$$Zn \rightarrow Zn^{2+} + ⊖⊖ \cdots \boxed{1}$$

② 電子⊖が導線を通って亜鉛板から銅板に移動する。

③ 硫酸銅水溶液中の銅イオン Cu^{2+} が、銅板にやってきた電子を受け取り、（ウ　　）になる（銅板に銅が付着する）。このときの様子を 1 にならって表すと、（エ　　　　　　　　）
電子は亜鉛板から銅板に流れたが、電流の流れは電子の流れの逆だから、電流は（オ　　）から（カ　　）に流れることになる。
つまり、（キ　　）が陽極で、（ク　　）が陰極となる。

答え

ア）亜鉛　イ）電子　ウ）Cu　エ）Cu^{2+}＋⊖⊖→Cu　オ）銅板
カ）亜鉛板　キ）銅板　ク）亜鉛板

その15 酸・アルカリと中和

ここでは酸とアルカリと中和を取り上げます。

酸から見ていこう。

1 酸

● 酸は水に溶けて電離し、水素イオンH^+を出す。

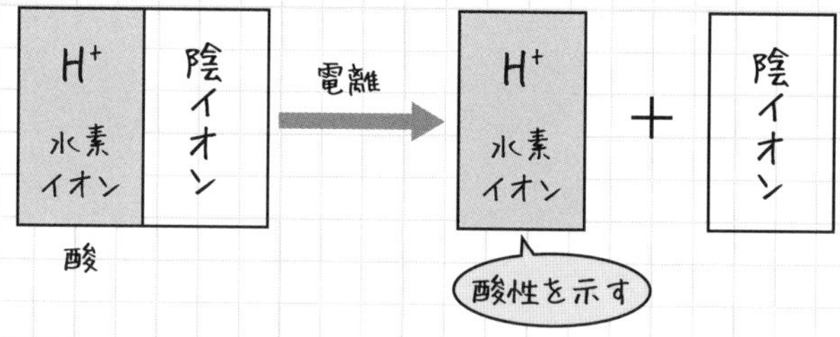

例 塩酸 $HCl \rightarrow H^+ + Cl^-$

硫酸 $H_2SO_4 \rightarrow 2H^+ + SO_4^{2-}$

炭酸 $H_2CO_3 \rightarrow 2H^+ + CO_3^{2-}$

● 酸の水溶液は水素イオンH^+により、次の①から⑥の酸性といわれる性質を示す。

① なめるとすっぱい味（酸味）がする。

例）食酢、レモンなど。

② 青色リトマス紙を赤色にする。

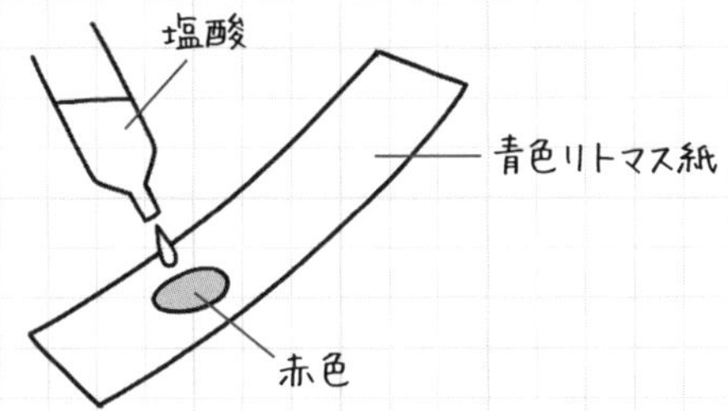

③ 酸に緑色のBTB液を加えると黄色に変化する。

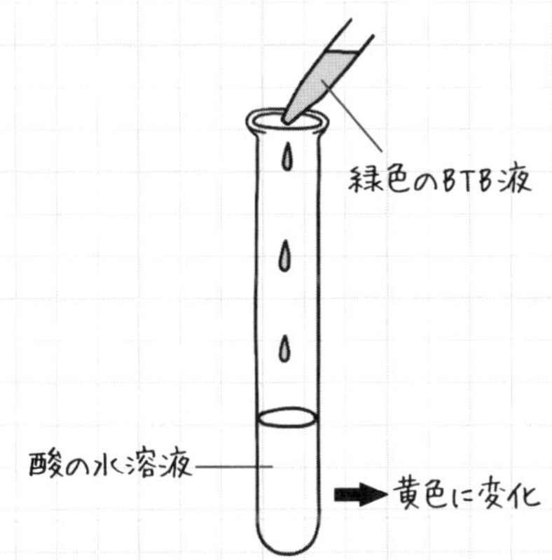

④ 亜鉛、鉄、マグネシウムなどの金属と反応して、水素を発生する。

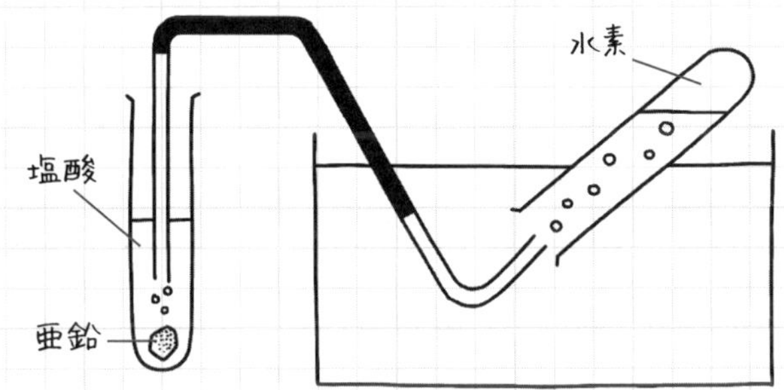

⑤ 電流を通す。

酸は電解質なので、水に溶けると電離するから。

⑥ PHが7より小さい。

PH7が中性。酸性は7より小さい。

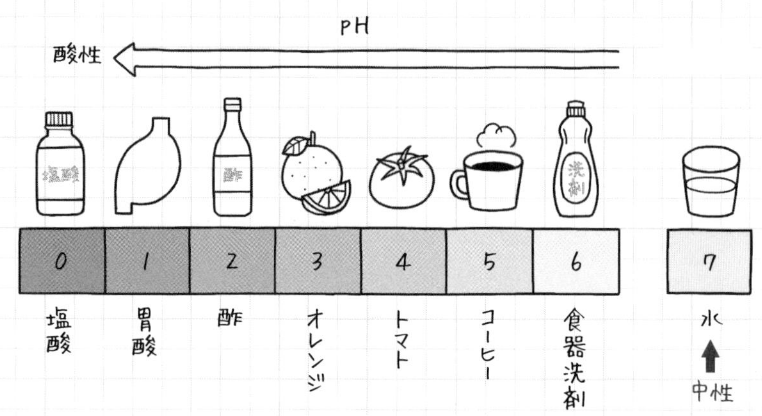

● 以下の酸がよく問題に出ます。

強い酸性を示す

塩酸　HCl　塩化水素の水溶液で刺激臭がある。

硫酸　H_2SO_4

硝酸　HNO_3　金や銀も溶かす。

弱い酸性を示す

炭酸　H_2CO_3　二酸化炭素（CO_2）が水に溶けたもの。

酢酸　CH_3COOH　酢の主成分。

クエン酸　みかんなどに含まれる。

2 アルカリ

- アルカリは水に溶けて電離し、水酸化物イオン OH^- を出す。

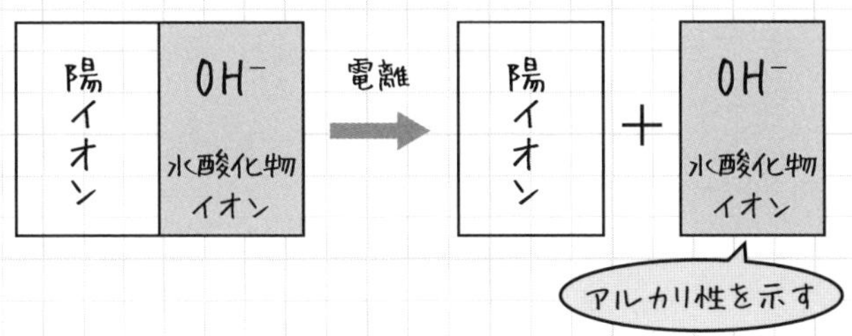

例　水酸化ナトリウム　$NaOH \rightarrow Na^+ + OH^-$

水酸化カルシウム　$Ca(OH)_2 \rightarrow Ca^{2+} + 2OH^-$

水酸化カリウム　$KOH \rightarrow K^+ + OH^-$

- アルカリの水溶液は水酸化物イオン OH^- により、次の①から⑦のアルカリ性（塩基性ともいう）といわれる性質を示す。

① ごくうすい水溶液には苦味がある。

② 赤色リトマス紙を青色にする。

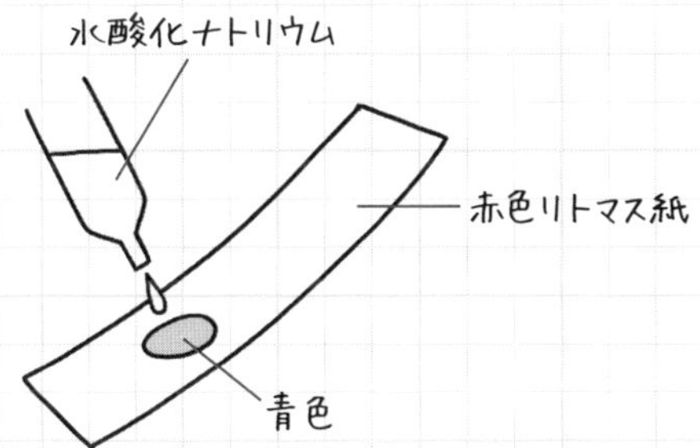

③ アルカリに緑色のBTB液を加えると青色に変化する。

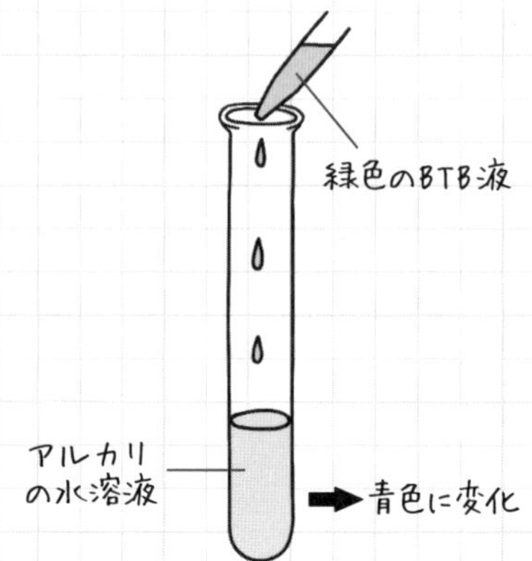

④ 無色のフェノールフタレイン液をアルカリに加えると、赤色に変化する。

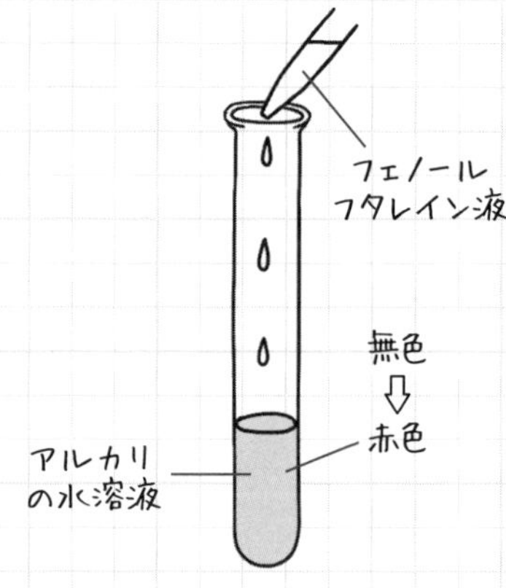

⑤ 皮膚につくとぬるぬるする。

⑥ 電流を通す。

アルカリは電解質なので、水に溶けて電離するから。

⑦ PHが7より大きい。

PH7が中性。アルカリは7より大きい。

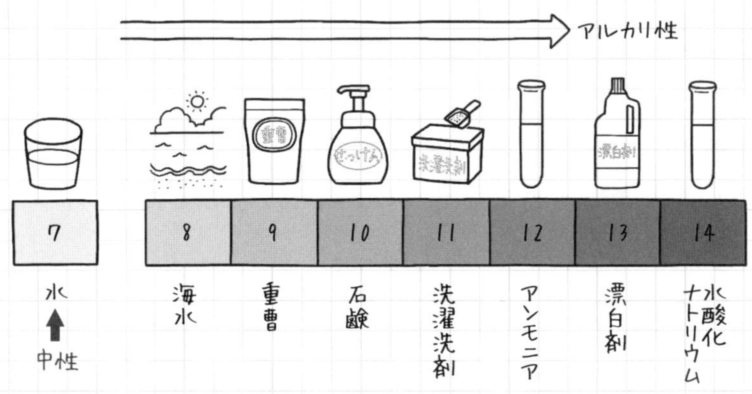

● 以下のアルカリがよく問題に出ます。

強いアルカリ性を示す

水酸化ナトリウム　NaOH　炎に入れるとNaのせいで黄色の炎が見える。これを炎色反応という。

水酸化カルシウム　$Ca(OH)_2$　水溶液は石灰水といい、二酸化炭素を通すと白くにごる。Caのせいで、炎色反応ではオレンジ色の炎が見える。

水酸化カリウム　KOH

弱いアルカリ性を示す

アンモニア水　NH_4OH　無色、刺激臭。

3 中性

- 酸性とアルカリ性の中間。PH7。
- 赤色リトマス紙の色も青色リトマス紙の色も変えない。
- 緑色のBTB液の色も変えない。
- よく問題に出る中性の物質。

食塩水（塩化ナトリウム＋水）、蒸留水、砂糖水（砂糖＋水）、エタノール水

練習問題でCheck!! 次の設問に答えよう。

① 塩酸はリトマス紙の色を何から何に変えますか。（　　　）

② 塩酸はBTB液の色をどう変えますか。（　　　）

③ うすい塩酸に亜鉛を加えると、どうなりますか。（　　　）

④ アンモニア水はリトマス紙の色を何から何に変えますか。（　　　）

⑤ アンモニア水はBTB液の色をどう変えますか。（　　　）

⑥ アンモニア水のPHは、7より大きいですか、小さいですか。（　　　）

答え

① 青から赤　② 黄色　③ 水素が発生する　④ 赤から青　⑤ 青色　⑥ 大きい

次は酸とアルカリの中和に進もう。

4 中和

- 酸の水溶液とアルカリの水溶液が、互いの性質を打ち消し合う反応。
- 酸の性質の原因である水素イオンと、アルカリの性質である水酸化物イオンが結びついて、水ができる反応。
- $H^+ + OH^- \rightarrow H_2O$ が中和の式。
- 中和反応で、水の他にできる物質を塩（えん）という。

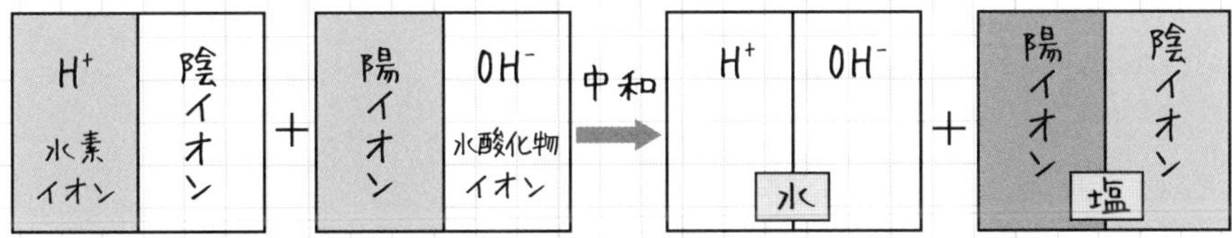

- 塩は酸の陰イオンとアルカリの陽イオンが結びついた物質。

よく出る中和反応

- 硫酸＋水酸化バリウム→硫酸バリウム＋水

$H_2SO_4 + Ba(OH)_2 \rightarrow BaSO_4 + 2H_2O$

- 塩酸＋水酸化ナトリウム→塩化ナトリウム＋水

$HCl + NaOH \rightarrow NaCl + H_2O$

● 酸の水溶液にアルカリを加えていくと、水溶液は、酸性→中性→アルカリ性に変わる。

● アルカリの水溶液に酸を加えていくと、水溶液は、アルカリ性→中性→酸性に変わる。

例 試験管にうすい水酸化ナトリウム水溶液と数滴のBTB液を入れ、これにうすい塩酸を少しずつ加えていくと、色がどう変化するか観察する。

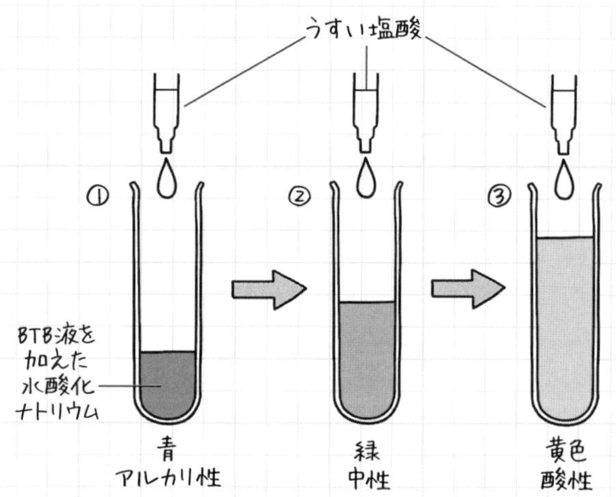

①はアルカリ性なので、緑色のBTB液が青色になる。

② うすい塩酸を加えると、$H^+ + OH^- \rightarrow H_2O$ の中和によってOH^-が減っていき、OH^-もH^+もなくなると中性になる。BTB液は緑色になる。

③ さらに塩酸を加えると、H^+が増えて酸性の水溶液になるので、BTB液は黄色になる。

練習問題でCheck!! 次の設問に答えよう。

1 （　）に入る言葉を考えよう。

① 中和とは、酸に含まれる（ア　）イオンと、アルカリに含まれる（イ　）イオンが結びつき、（ウ　）ができる反応。

② 中和のとき、水の他に酸の陰イオンとアルカリの（エ　）イオンが結びついて、（オ　）ができる。

③ 中和反応をまとめると、
酸＋アルカリ→（カ　）＋（キ　）

2 塩酸 20cm³ に BTB 液を加えたものに、水酸化ナトリウム水溶液を加えていきます。

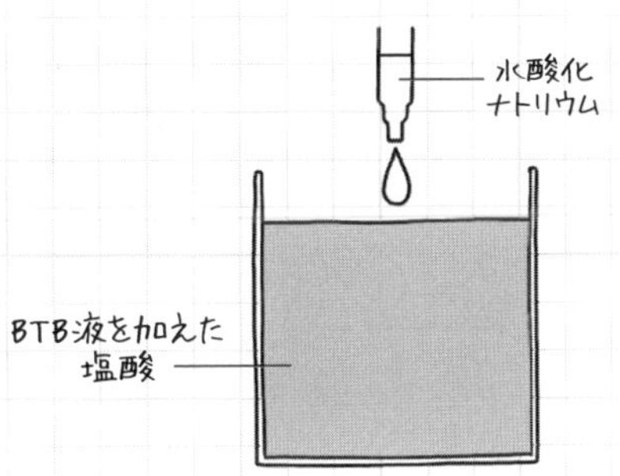

① BTB 液を加えた塩酸は何色を示しますか。（　）

② 水酸化ナトリウム 10cm³ を加えると、液の色が緑になりました。このとき水溶液は何性ですか。（　）

③ 水酸化ナトリウムをさらに加えていくと、液の色は何色になりますか。（　）

答え

1 ア）水素　イ）水酸化物　ウ）水　エ）陽　オ）塩
カ）水　キ）塩

2 ①黄色　②中性　③青色

5 中和と濃度と体積

- 酸の水素イオンとアルカリの水酸化物イオンは、同じ個数で中和する。
- 水素イオンの個数も、水酸化物イオンの個数も、体積と濃度で決まる。

具体的に見てみよう！

① 体積に比例（濃度が一定のとき）

体積が２倍なら、イオンの数も２倍。

体積が３倍なら、イオンの数も３倍。

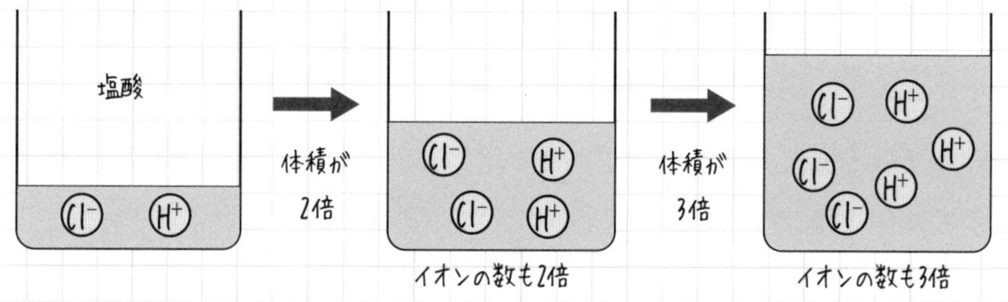

② 濃度に比例（体積が一定のとき）

濃度が２倍なら、イオンの数も２倍。

濃度が３倍なら、イオンの数も３倍。

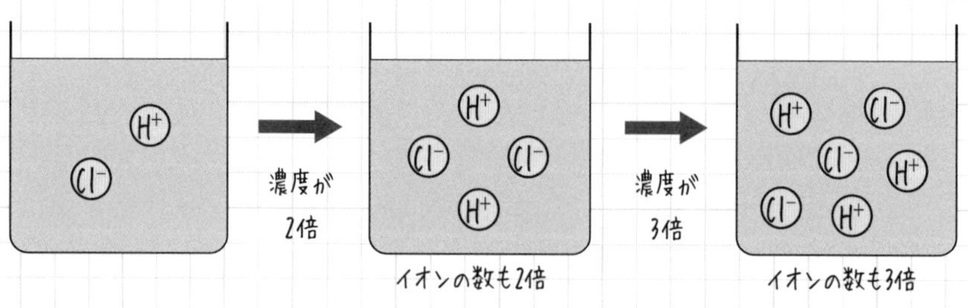

③ 体積と濃度の積に比例

体積を3倍、濃度を2倍にすると、イオンの数は、

3（倍）×2（倍）＝6（倍）になる。

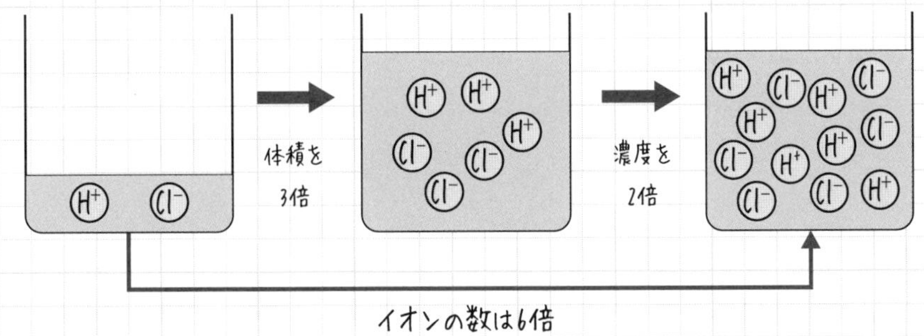

● 体積をx（倍）、濃度をy（倍）にすると、イオンの数は

$x \times y$（倍）になる。

例 ある濃度の塩酸30cm^{3}と、ある濃度の水酸化ナトリウム水溶液50cm^{3}を混ぜたら、完全に中和しました（中性になりました）。このとき、この塩酸60cm^{3}を完全に中和する水酸化ナトリウム水溶液の体積は何cm^{3}ですか。

塩酸の体積は、60÷30＝2（倍）なので、イオンの数は2倍。

完全に中和するための$NaOH$の水溶液の体積も2倍。

よって、50×2＝100（cm^3）

練習問題でCheck!!　次の設問に答えよう。

ある濃度の塩酸と水酸化ナトリウム水溶液があります。これらをA、B、Cのビーカーに、下の表のような体積で混合しました。混合液の性質は表のとおりです。

	A	B	C
塩酸 (cm^3)	20	30	40
水酸化ナトリウム (cm^3)	50	60	60
性質	アルカリ性	中性	酸性

① うすい塩酸と水酸化ナトリウム水溶液を混ぜたときに起こる反応を、化学反応式で書きましょう。

(　　　　　　　　)

② AからCの中で、できる塩の量が等しいのはどれとどれですか。

(　　　と　　　)

③ Aの混合液を中性にするには、この実験に用いた塩酸をあと何cm^3加える必要がありますか。

(　　　　　　　　)

答え

① $HCl+NaOH \rightarrow NaCl+H_2O$

② BとC

③ 塩酸と水酸化ナトリウムは、30:60=1:2で完全に中和する。水酸化ナトリウム50(cm^3)と完全に中和する塩酸の量をx(cm^3)とすると、x:50=1:2　x=25　つまり、加える塩酸は25−20=5(cm^3)

その16 有機化学

- 有機化学が取り扱うのは有機化合物。
- 有機化合物とは、アバウトにいえば、炭素と水素をメインにした化合物。
- 有機物を燃焼させると、二酸化炭素と水ができる。
- ここでは、なじみの深いアルカンと芳香族(ほうこうぞく)化合物を取り上げる。

1 アルカン

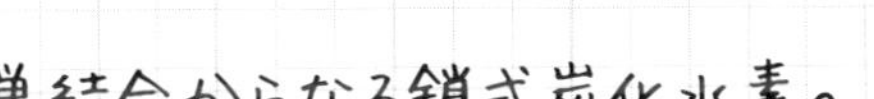

- アルカンはすべて単結合からなる鎖式炭化水素。
- 一般式は C_nH_{2n+2}
- このように、n で表した式を一般式という。
- 一般式が同じになるグループを、同族体(どうぞくたい)という。
- C_nH_{2n+2} に n = 1、n = 2、n = 3…を代入した化合物は、同族体になる。

● C_nH_{2n+2}で$n=1$のとき、
分子式CH_4 メタン

$$
\begin{array}{ccccc}
 & & H & & \\
 & & | & & \\
H & — & C & — & H \\
 & & | & & \\
 & & H & & \\
\end{array}
$$

● C_nH_{2n+2}で$n=2$のとき、
分子式C_2H_6 エタン

$$
\begin{array}{ccccccc}
 & & H & & H & & \\
 & & | & & | & & \\
H & — & C & — & C & — & H \\
 & & | & & | & & \\
 & & H & & H & & \\
\end{array}
$$

● C_nH_{2n+2}で$n=3$のとき、
分子式C_3H_8 プロパン

$$
\begin{array}{ccccccccc}
 & & H & & H & & H & & \\
 & & | & & | & & | & & \\
H & — & C & — & C & — & C & — & H \\
 & & | & & | & & | & & \\
 & & H & & H & & H & & \\
\end{array}
$$

● C_nH_{2n+2}で$n=4$のとき、
分子式C_4H_{10} ブタン

$$
\begin{array}{ccccccccccc}
 & & H & & H & & H & & H & & \\
 & & | & & | & & | & & | & & \\
H & — & C & — & C & — & C & — & C & — & H \\
 & & | & & | & & | & & | & & \\
 & & H & & H & & H & & H & & \\
\end{array}
$$

- アルカンは、分子量が大きくなるほど（＝nが大きくなるほど）沸点が高くなる。
- メタン、エタン、プロパン、ブタンは常温で気体。
- アルカンは反応性にとぼしいが、光を当てながら塩素を加えると、H原子が他の原子と置き換わる置換反応が起こる。

例 メタン、クロロメタン、ジクロロメタン

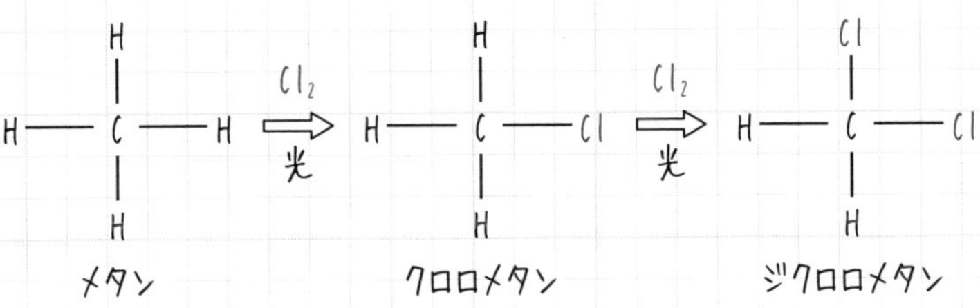

練習問題でCheck!!

（　）に適切な式・語句を書き入れてみよう。

アルカンの一般式は（ア　　）です。一般式が同じになるグループを（イ　　）といいます。アルカンの一般式でn＝2のとき（ウ　　）になりますが、この物質の名称は（エ　　）。アルカンは、反応性がとぼしいのですが、（オ　　）を当てながら塩素を加えると、（カ　　）反応が起こります。

答え

ア）C_nH_{2n+2}　イ）同族体　ウ）C_2H_6　エ）エタン　オ）光　カ）置換

2 芳香族化合物

- 芳香族化合物は、下のようなベンゼン環（6個の炭素原子が亀の甲を形成）を持つ化合物。
- ベンゼン環の炭素原子間の結合は、単結合と二重結合が交互になっている。右下の簡略形でもOk。

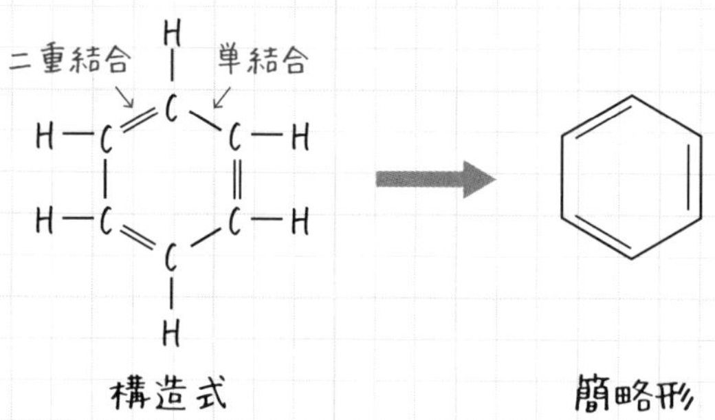

- 芳香族化合物は薬や化粧品、インクなど、いろいろなモノに含まれる。

順に見ていこう！

ベンゼン

- 分子式 C_6H_6
- 構造式はベンゼン環そのもの。
- ベンゼン環の水素原子は、いろいろなものと容易に置換反応を起こして、いろいろな芳香族化合物になる。

例 クロロベンゼン

- ベンゼン環の水素原子を、塩素原子で置き換えた化合物。

このHをClで置き換える

これがクロロベンゼン

- 化学反応式はこうなる。

ベンゼンと塩素を、鉄粉を触媒として反応させる。

$$C_6H_6 + Cl_2 \longrightarrow C_6H_5Cl + HCl$$

鉄粉を触媒

- 化学反応式は、通常ベンゼン環の簡略形を用いて書く。

$$C_6H_6 + Cl_2 \xrightarrow{Fe} C_6H_5Cl + HCl$$

クロロベンゼン

例 ニトロベンゼン

● ベンゼン環の水素原子を、ニトロ基 $-NO_2$ で置き換えたもの。

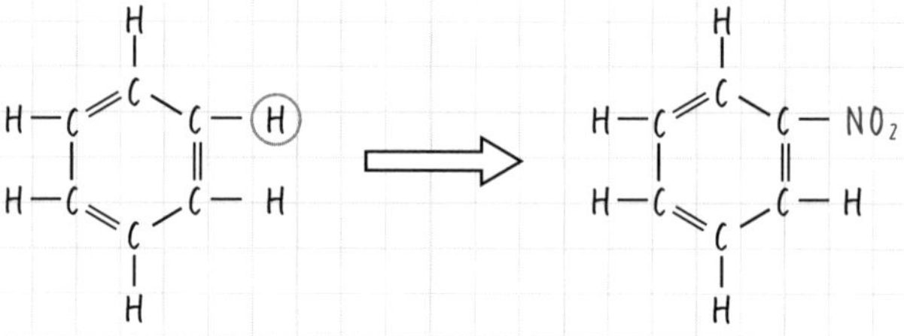

ニトロベンゼン

● 化学反応式はこうなる。

ベンゼンと濃硝酸と濃硫酸の混合物を反応させる。

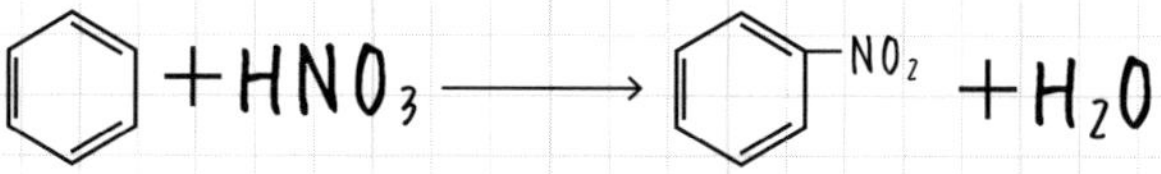

$$C_6H_6 + HNO_3 \longrightarrow C_6H_5NO_2 + H_2O$$

H_2SO_4 を触媒

約 60℃で温める

例 ベンゼンスルホン酸

- ベンゼン環の水素原子を、スルホ基$-SO_3H$で置き換えたもの。

H—C(=C)...

ベンゼンスルホン酸

- 化学反応式はこうなる。

ベンゼンに濃硫酸を加えて加熱する。

$$C_6H_6 + H_2SO_4 \xrightarrow{加熱} C_6H_5SO_3H + H_2O$$

身近にある芳香族化合物

- ここからは私たちの身の回りにある芳香族化合物を見ていこう。

トルエン

- ベンゼン環の水素原子を、メチル基$-CH_3$で置き換えたもの。

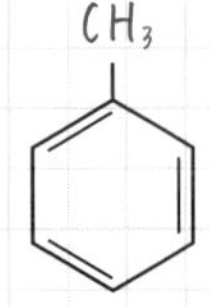

- 火薬（TNT）をつくるのに使われる。

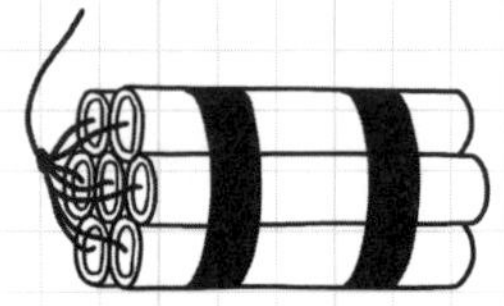

安息香酸

- ベンゼン環の水素原子を、カルボキシ基−COOHで置き換えたもの。

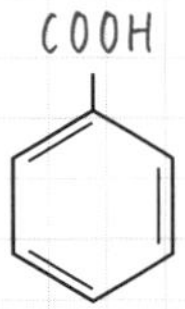

- 梅の果実、笹の葉などにも含まれる。
- しょうゆの防腐剤として用いられている。

アニリン

- ベンゼン環の水素原子を、アミノ基$-NH_2$で置き換えたもの。

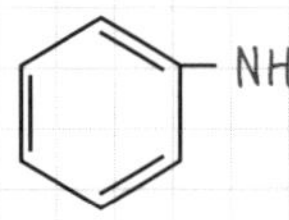

- 皮を染めるアニリン染料をつくるのに使われる。

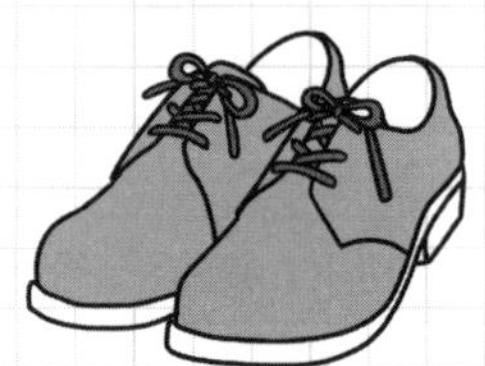

サリチル酸

- ベンゼン環の水素原子を、水酸基−OHとカルボキシ基−COOHで置き換えたもの。

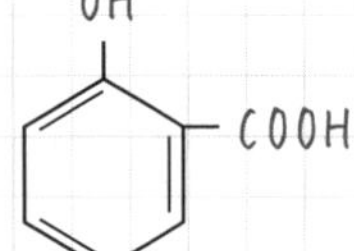

- 皮膚科のニキビ治療に使われる。

フェノール

- ベンゼン環の水素原子を、水酸基－OHで置き換えたもの。

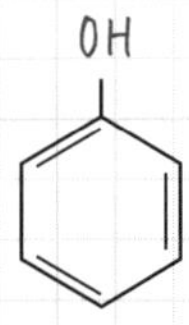

- 石炭酸ともいわれ、ナイロンなどの原料。

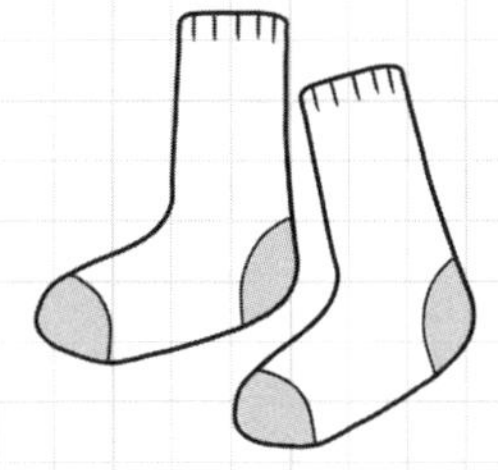

キシレン

- ベンゼン環の水素原子を、2個のメチル基$-CH_3$で置き換えたもの。

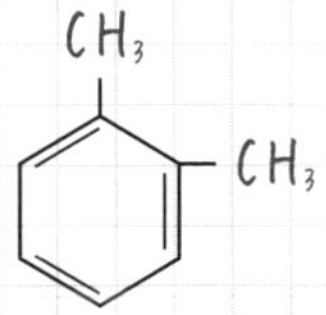

- 溶剤系と呼ばれる接着剤の溶剤に含まれる。

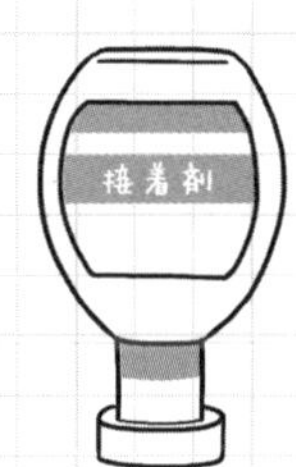

スチレン

- ベンゼン環の水素原子を、ビニル基$-CH=CH_2$で置き換えたもの。

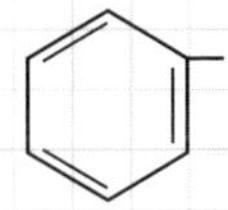

- 店頭POPなど、工作に使うと便利なスチレンボードの原料。

練習問題でCheck!!　(　　)に入る言葉を考えよう。

芳香族化合物は(ア　　　　)を持つ化合物。アの水素原子は、いろいろのものと(イ　　　　)反応を起こしていろいろな芳香族化合物になる。ベンゼンに塩素と鉄粉を加えると、鉄粉が(ウ　　　　)となって反応し、(エ　　　　)が生じる。ベンゼンに濃硝酸と濃硫酸を加えて60℃付近で加熱すると、(オ　　　　)が生じる。ベンゼンに濃硫酸を加えて加熱すると、(カ　　　　)が生じる。

答え

ア)　ベンゼン環　イ)　置換　ウ)　触媒　エ)　クロロベンゼン
オ)　ニトロベンゼン　カ)　ベンゼンスルホン酸

物理

その1 光の性質

- 太陽や電球、ろうそくなどのように、自ら光を出すものを光源という。
- 光源から出た光は、まっすぐ進む。これを光の直進という。
- 光は、鏡などの表面で反射する。

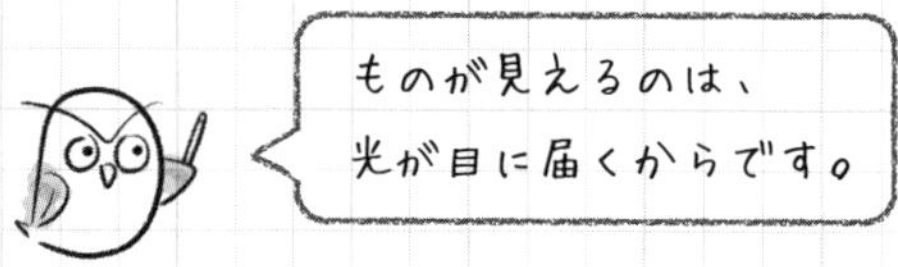

- 光は直接目に届く場合と、はね返って目に届く場合がある。

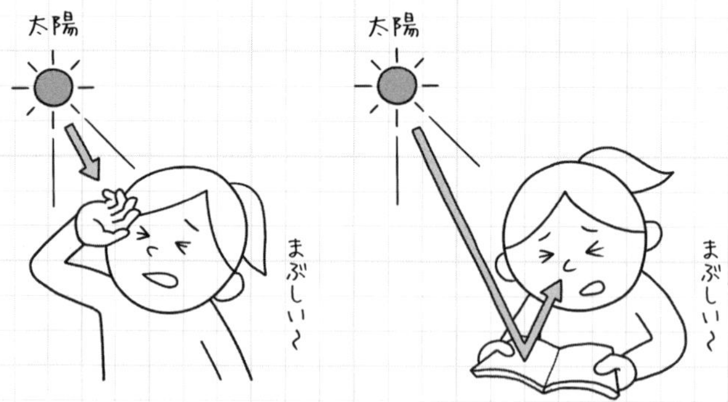

- 光は空気から水、空気からガラスのように進むとき、2つの物質の境界で屈折する。
- 結局、光の進み方は、直進、反射、屈折の3つ。光の反射から見ていこう。

1 光の反射

① 反射の法則

- 光は鏡などの表面で、入射角＝反射角という反射の法則にしたがって反射する。

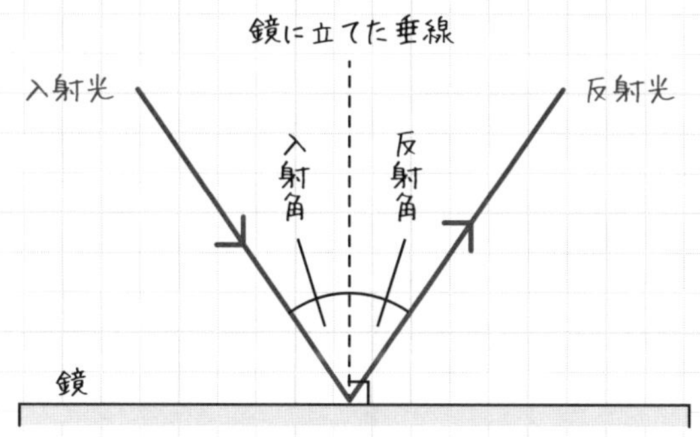

② マス目を使う反射の作図

光では作図問題がよく出ます。

例題　下図に反射光を書き入れてください。

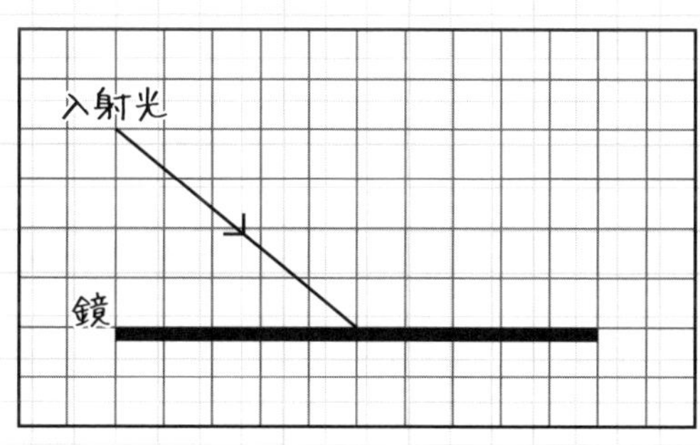

入射角＝反射角になるように、マス目を利用する。

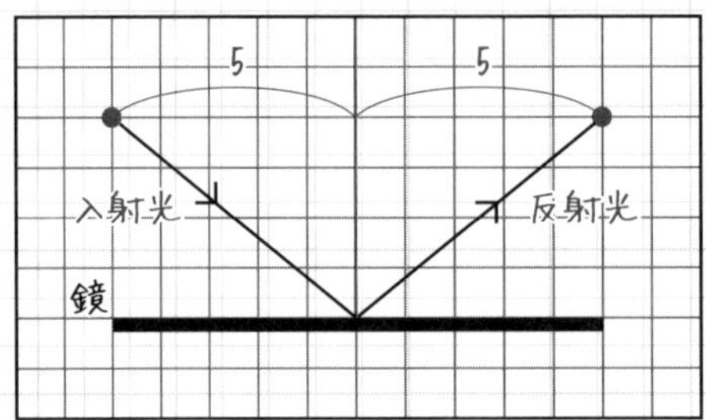

練習問題でCheck!!　次の図に反射光を矢印で書き入れてみよう。

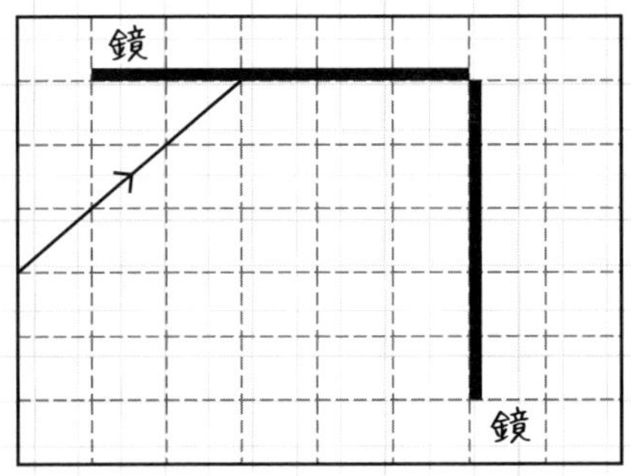

答え

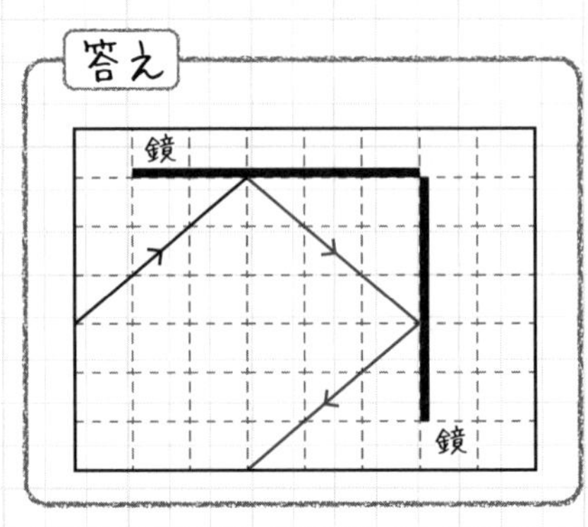

③ 鏡の像を使う反射の作図

例題　物体Pから出た光が、鏡に反射して目に届く道筋を記入してください。

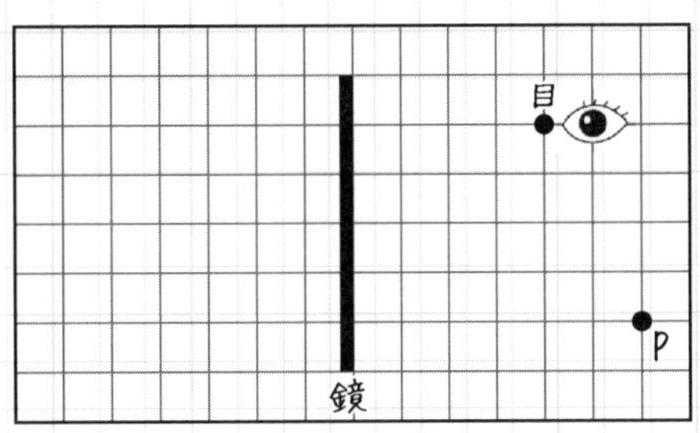

手順1　物体Pの鏡の像P'を書き入れる。

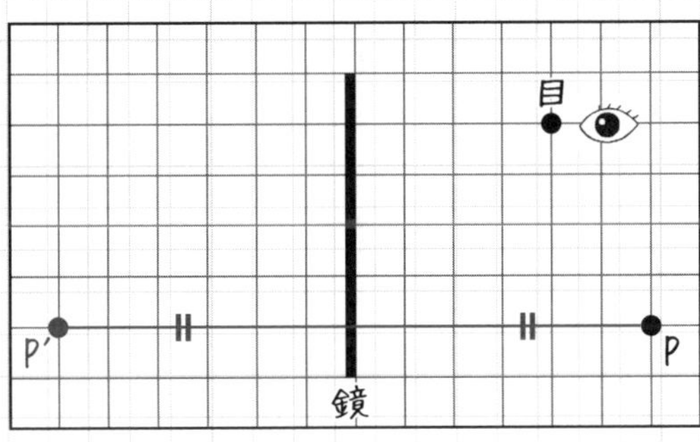

PとP'は鏡に対して線対称。

手順2　反射光を書き入れる。

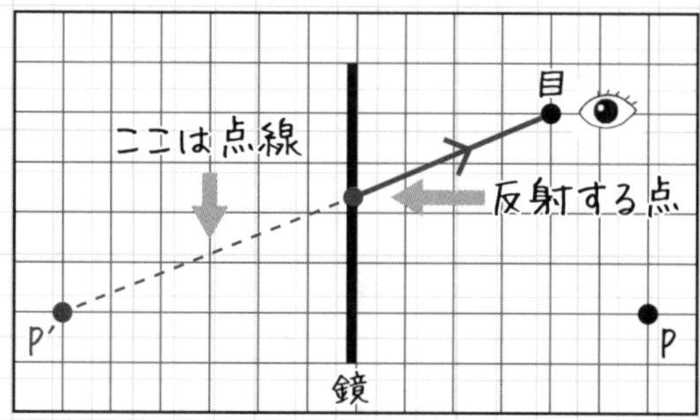

P'から光が目に直進して届くように、反射光を書き入れる。

手順3　入射光を書き入れる。

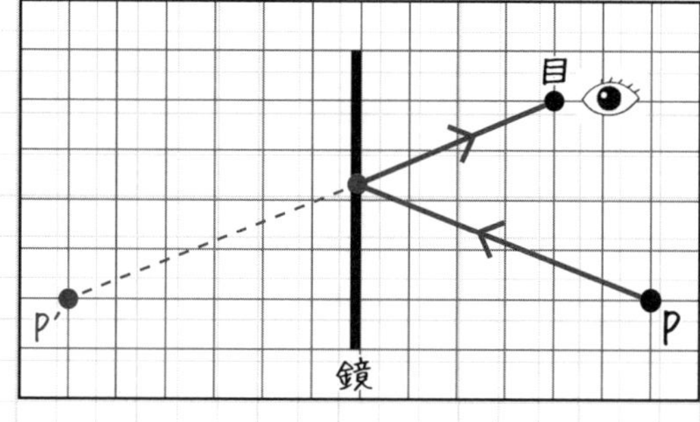

練習問題でCheck!! 図を見て考えてみよう。

10cmの鉛筆の像を鏡で見るとき、必要な鏡の長さは最短何cmでしょうか。P点とQ点に着目して作図し、考えてください。

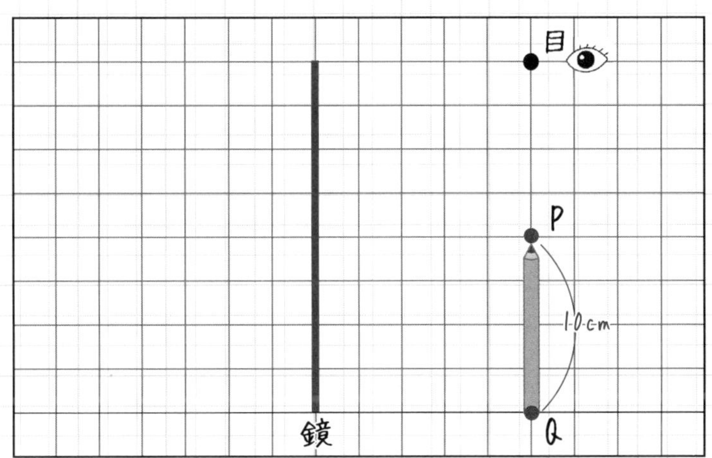

答え

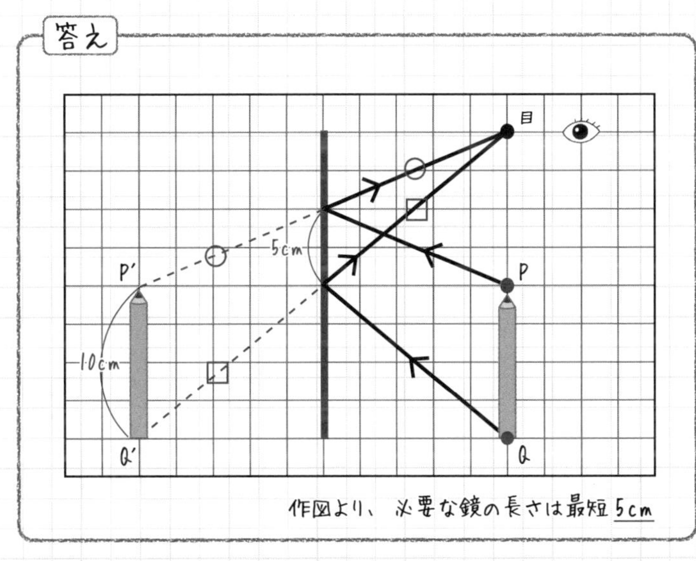

作図より、必要な鏡の長さは最短5cm

2 光の屈折

① 屈折の仕方

- 光は空気→水(ガラス)、水(ガラス)→空気へ進むとき、その境界で曲がる。
- 入る角度が入射角、曲がる角度が屈折角。

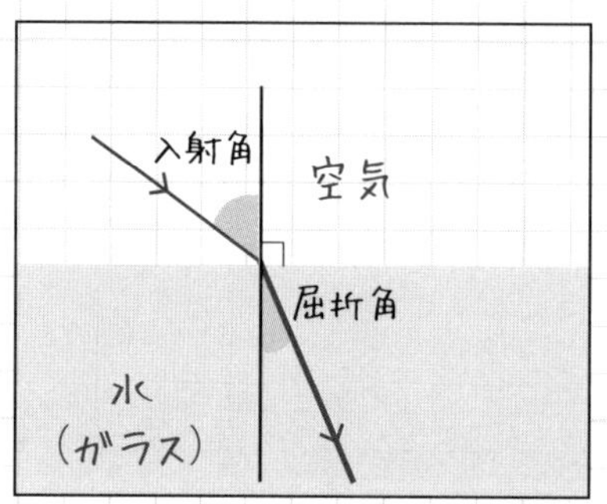

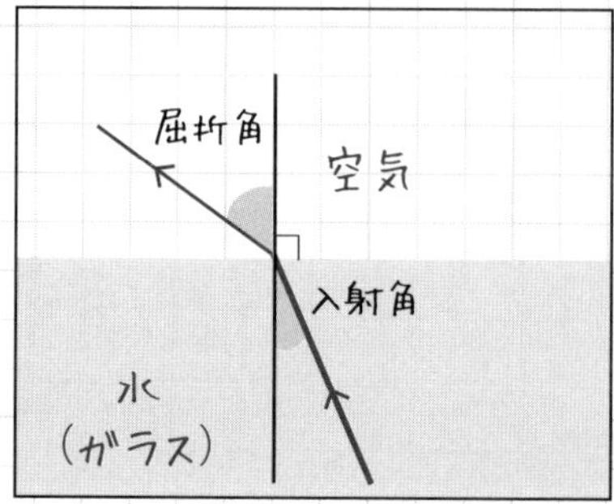

2つの角の大小関係を覚えるのは大変です。
でも大丈夫! 空気側が大です。

- 空気→水(ガラス)のときは、入射角(空気側)>屈折角。
- 水(ガラス)→空気のときは、入射角<屈折角(空気側)となる。

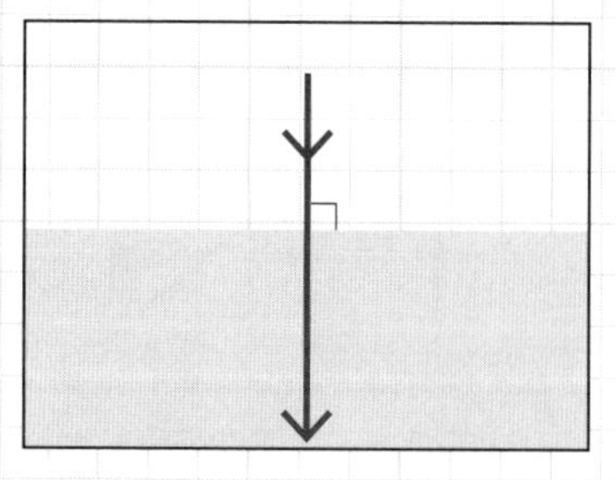

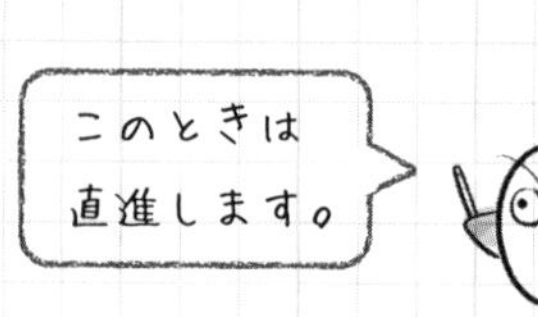

② 曲がる箸・浮くコイン

- 水中→空気のとき、空気側が大だから、入射角＜屈折角。
- 水中の物体(ここでは点と考える)から出た光は、下図のように屈折する。

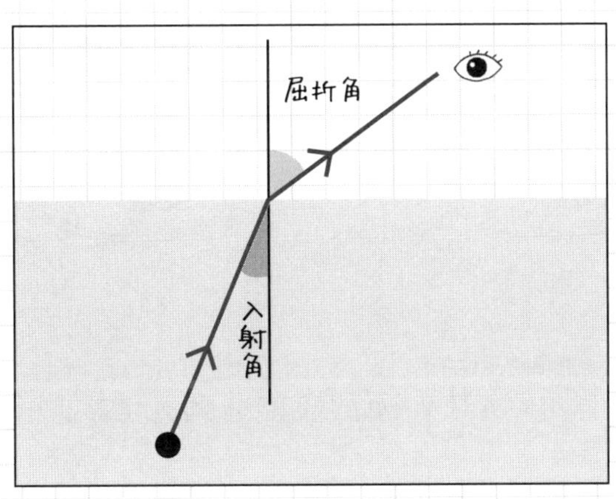

その結果、物体が浮いて見える。

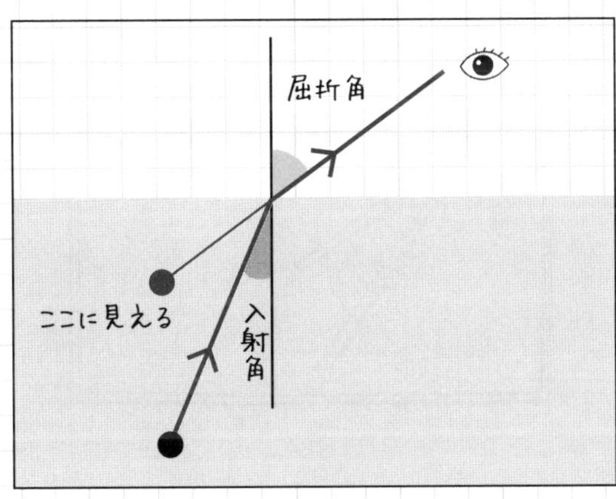

● 空の容器のときは見えなかったコインも、水を入れると浮き上がって見える。

練習問題でCheck!! 次の設問を考えてみよう。

空気と水の境界で箸が曲がって見えました。このとき、箸の先端から出た光が目（👁）に届くまでの道筋を、実線で書き入れてください。

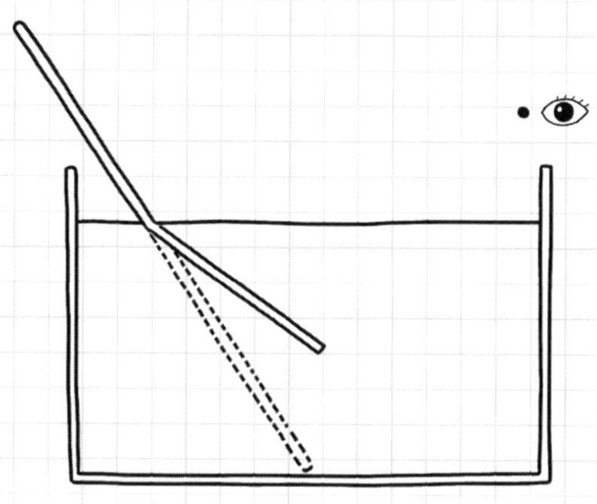

答え

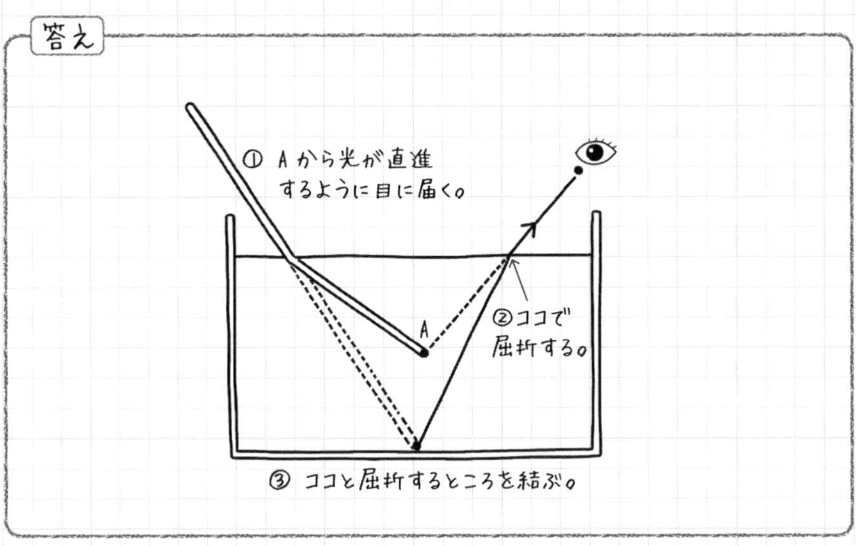

③ 全反射

- 水→空気のとき、入射角＜屈折角でした。

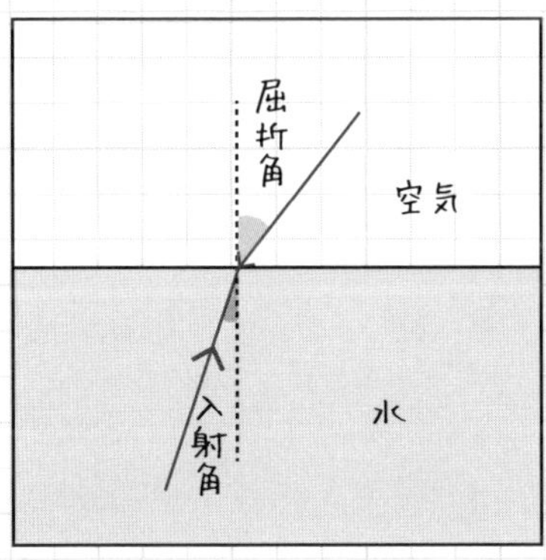

- 入射角が大きくなるにつれて、屈折角も大きくなる。
- そして、入射角がある大きさに達すると、屈折角が90°になる。
- 屈折角が90°になるときの入射角を臨界角という。

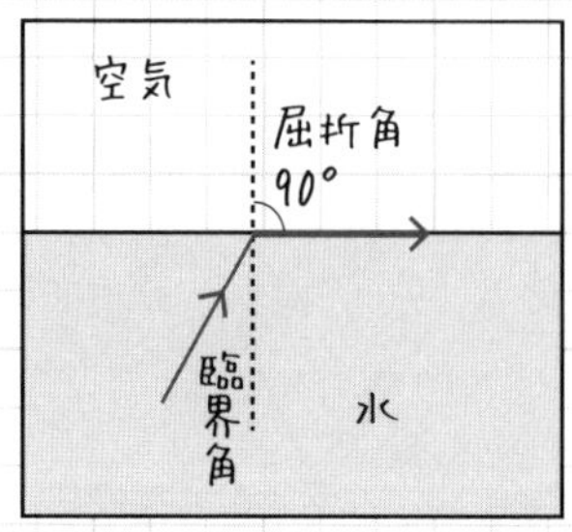

- 入射角が臨界角より大きくなると、入射光は水面ですべて反射して空気中に出ていかない。これが全反射。

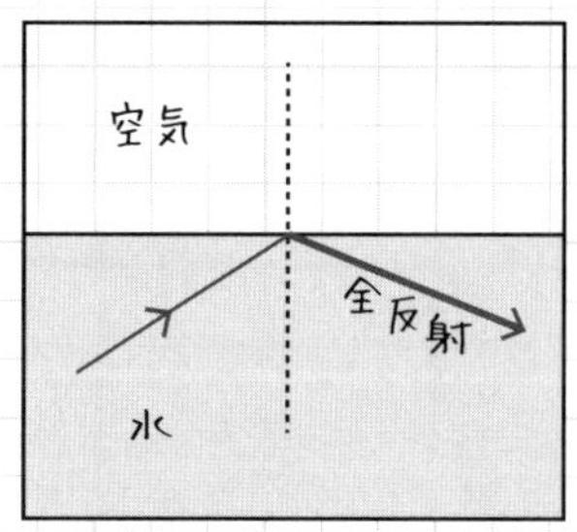

知っ得メモ

全反射を利用したものとして代表的なのは光ファイバーです。イメージとしては、電気信号（情報）が光ファイバー内を全反射する光速の光によって運ばれます。

練習問題でCheck!! 次の設問を考えてみよう。

次の文章は、下図のように、金魚がA点からB点の方向に泳ぐときに起こる現象について書いたものです。（　　）を埋めてください。

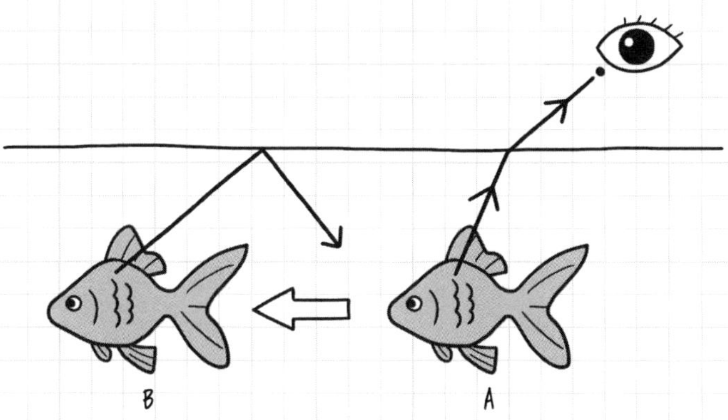

金魚がA点にいるとき、金魚は実際にいる深さより（ア　　）て見えます。

金魚がB点にいるとき、金魚の姿は見えませんでした。これは金魚から出た光が、（イ　　）して目に届かないからです。

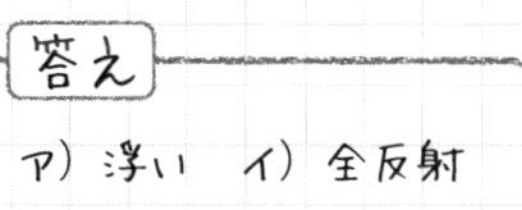

④ 凸レンズの名称

- レンズの中央部をレンズの中心。
- レンズの中心を通り、凸レンズに対し垂直な線を光軸(こうじく)(レンズの軸)。
- 光軸に平行な光は、屈折して光軸上の1点に集まる。この点が焦点。
- レンズの中心から焦点までの距離を、焦点距離。

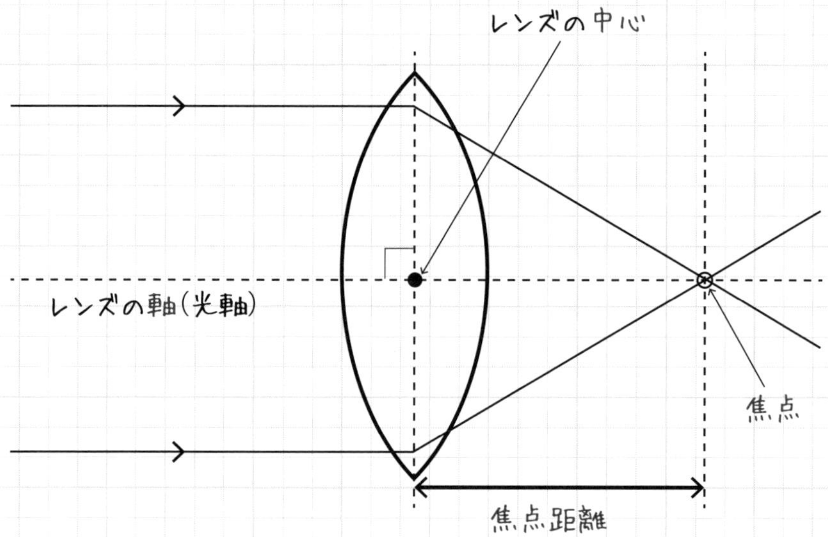

⑤ 凸レンズを通る光の進み方

1) 光軸に平行な光

屈折して反対側の焦点を通る。

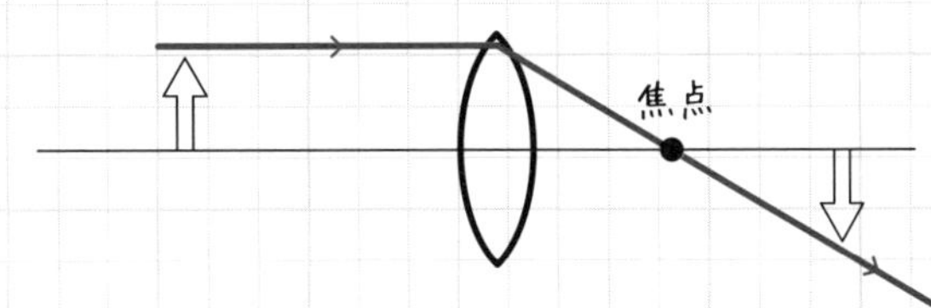

2) レンズの中心を通る光

そのまま直進する。

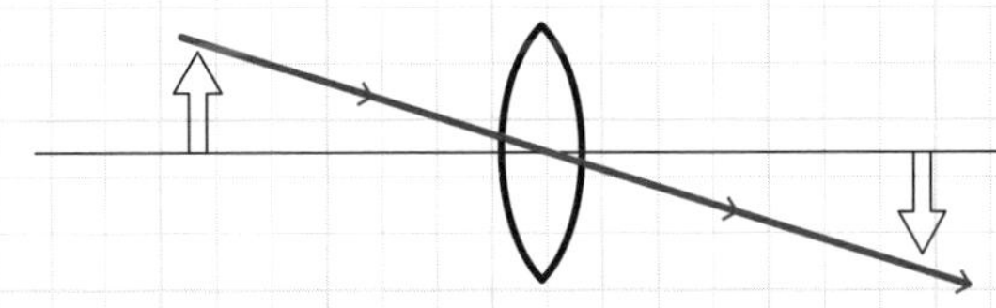

3) 手前の焦点を通る光

屈折して光軸に平行に進む。

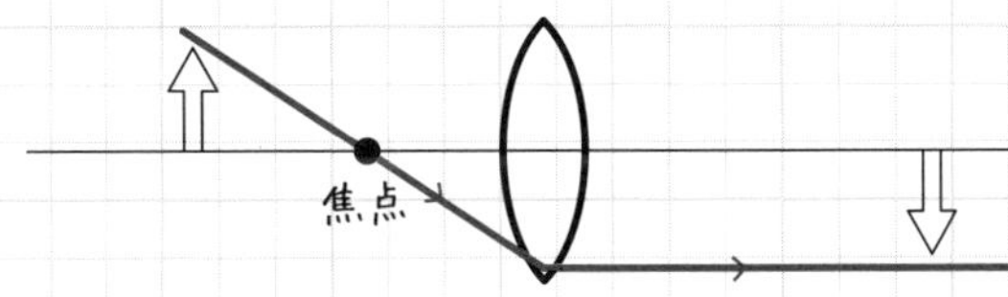

⑥ 凸レンズがつくる像の作図

- 物体から出た
  1) 光軸に平行な光
  2) レンズの中心を通る光
  3) 手前の焦点を通る光

  このうちの2つの光線を使って作図する。

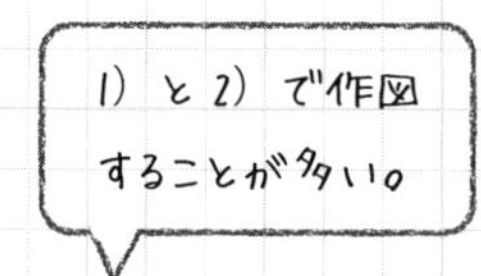

◇物体が焦点の外側にあるとき

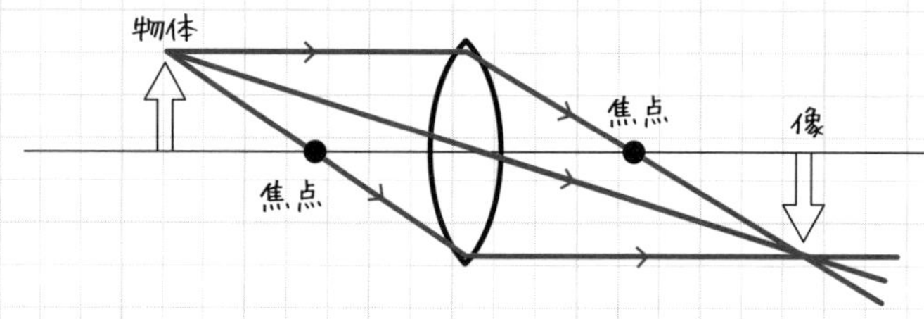

- 物体から出た光を集めて、物体と同じ形で上下左右が逆向きの像をスクリーンに映し出せる。
- このような像を実像という。

◇物体が焦点の内側にあるとき

- 凸レンズを通して見ると、物体より大きな正立の虚像が見える。
- 虚像はスクリーンに映し出すことができない。

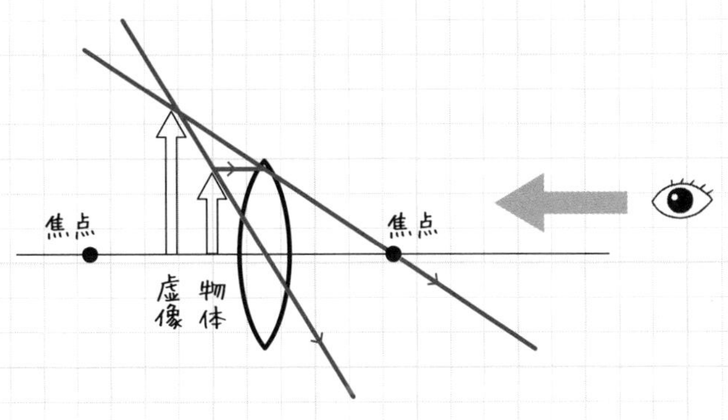

◇物体が焦点にあるとき

- 実像も虚像もできない。

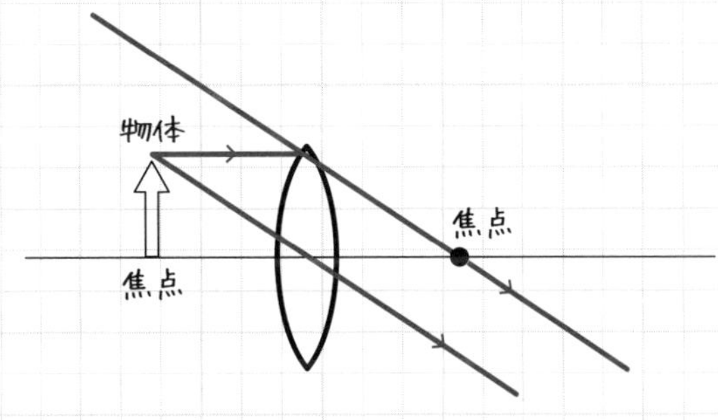

練習問題でCheck!! 次の設問を考えてみよう。

1 レンズから20 cmの距離のところに物体を置いたら、レンズをはさんで同じ距離の位置に物体と同じ大きさの実像ができました。このレンズの焦点距離を、作図して求めてください。

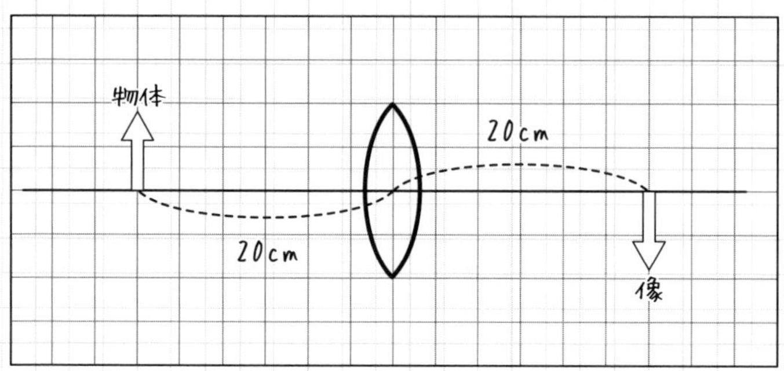

焦点距離（　　　　　　）

2 下図について答えてください。ただし1目盛りを3cmとします。

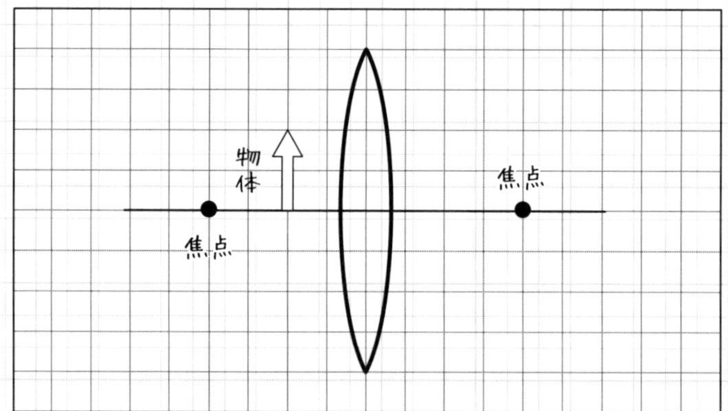

① 凸レンズの右側から凸レンズを通して物体を見ることができました。この像を何といいますか。（　　　　　　）

② ①の像の大きさは何cmですか。作図により求めてください。
（　　　　　　）

答え

1

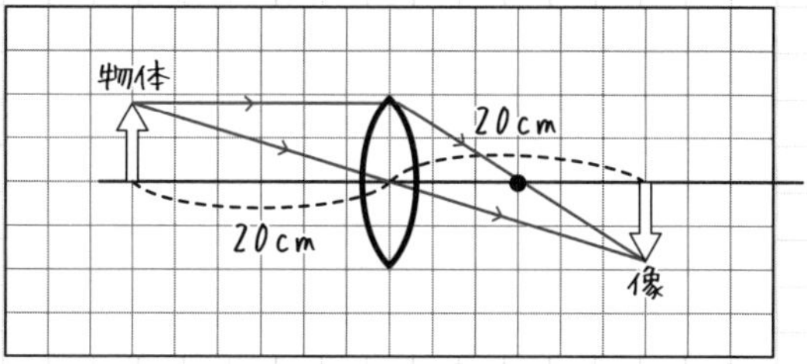

物体
20cm
20cm
像

焦点距離（ 10 ）cm

2

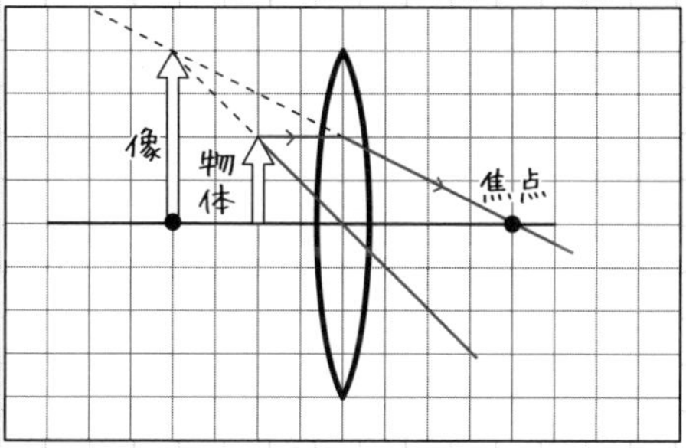

像
物体
焦点

① 虚像
② 3(cm)×4＝12(cm)

その2 音の性質

1 音源とは

- 光を出すのが光源。音を出すのが音源。
- 物体（音叉、ギターの弦…など）が音を出すとき、物体は振動している。

2 音の伝搬

- 音は空気などの気体、水などの液体、鉄などの固体を伝わっていく。

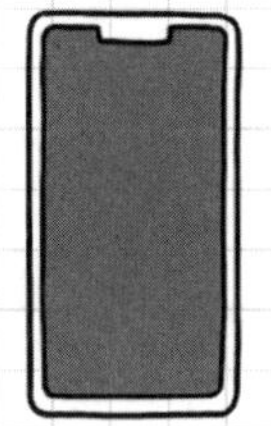

スマホ（物体）が振動すると周りの空気も振動し、音として聞こえる。

- 真空中では、伝える物質がないので音は伝わらない。

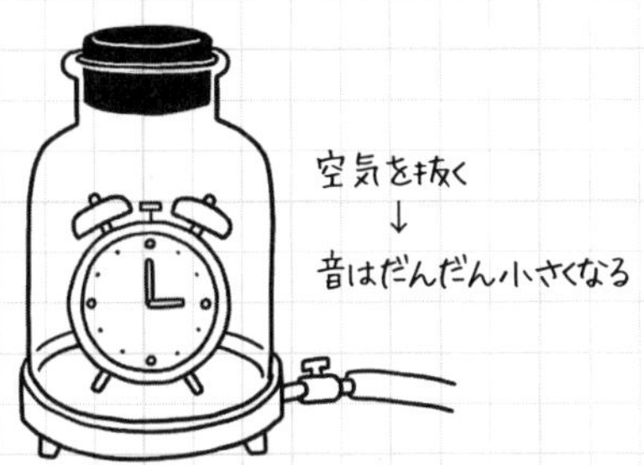

3 音の速さ

- 空気中で音の伝わる速さは、約340m/秒。

知っ得メモ

この速さが音速マッハ1。
この速さを超えると超音速といわれる。

- 運動会のピストルの音は、4秒後、

速さ×時間＝道のり　より

340×4＝1360(m) 離れたところに届く。

- 1020m離れたところに音が届く時間は、

道のり÷速さ＝時間　より

1020÷340＝3(秒) です。

練習問題でCheck!! 次の設問に答えよう。

① 1360m離れた山に向かってヤッホーと叫んだら、8秒後にやまびこが返ってきました。このとき、音の速さは何m/秒ですか。

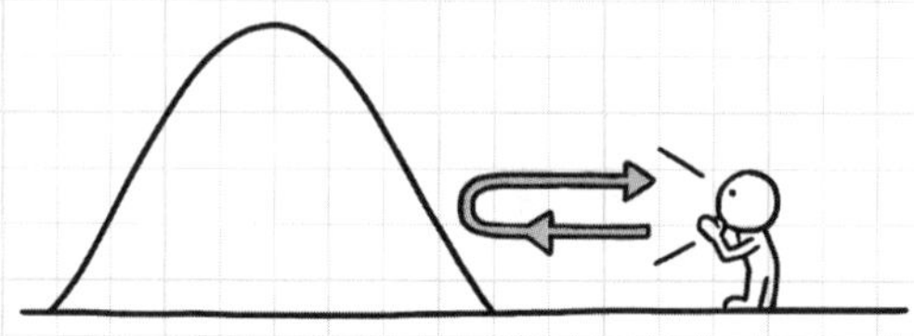

（　　　　　　　　）

② 船の底から音を出すと、音は海底で反射して4秒後に返ってきました。水中での音の速さを1500m/秒とすると、海底までの距離は何mですか。

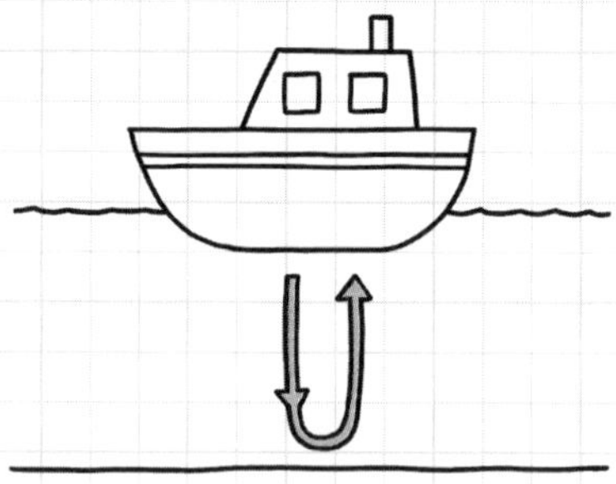

（　　　　　　　　）

答え

① 往復8秒、片道4秒だから、音の速さは 1360÷4=340（m/秒）

② 往復4秒、片道2秒だから、海底までの距離は 1500×2=3000（m）

4 音の高さと振動数

- 1秒間の振動の回数を、振動数という。
- 単位はHz（ヘルツ）。
- 1秒間に3回振動なら3Hz、5回振動なら5Hz。
- 音の波形が見られるオシロスコープで見ると、次のようになる。

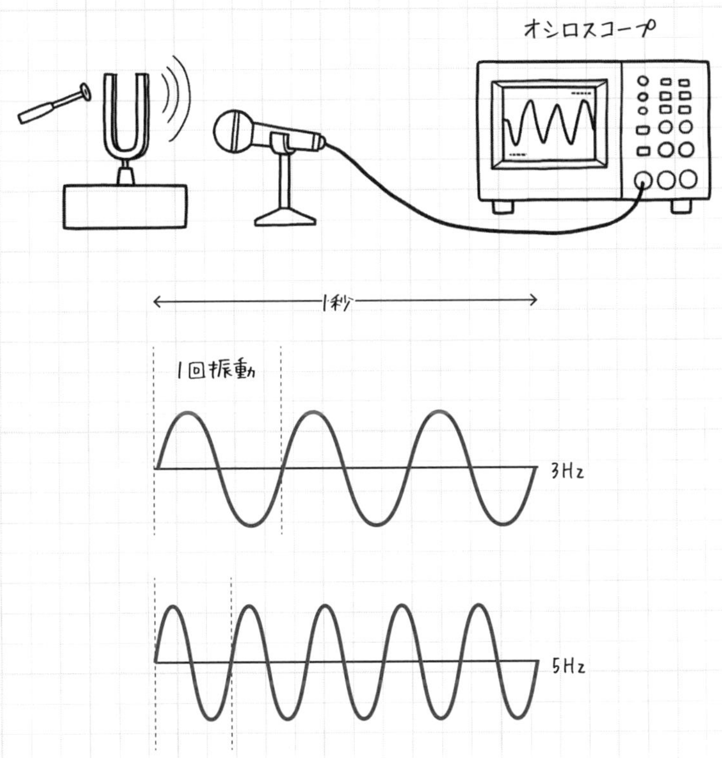

- 高い音ほど振動数が多くなる。
- 5Hzの方が3Hzより高い音。

5 音の大きさと振幅

- 大きな音ほど振幅が大きくなる。

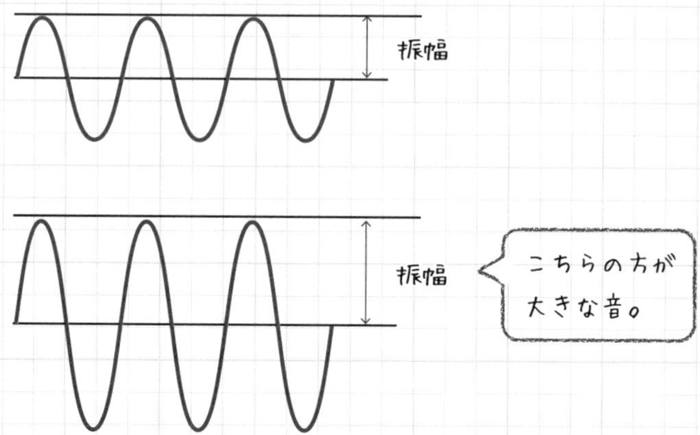

6 モノコード

- 木の箱の上に糸を張った、このような道具をモノコードという。

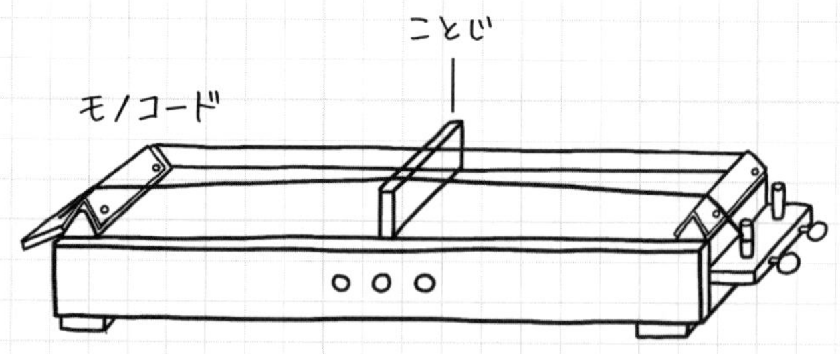

- モノコードに張られている糸をはじくと、音が鳴る。
- 糸を（細くする、短くする、強く張る）と、音が高くなる。
- 糸を強くはじくほど、大きな音が出る。

練習問題でCheck!! 次の設問を考えてみよう。

モノコードの弦の状態をいろいろ変えて、そのときの波形をオシロスコープで観察しました。

(1)は弦に重りを1個吊り下げて、普通にはじいたときの波形です。この波形を基準にして、以下に答えてください。

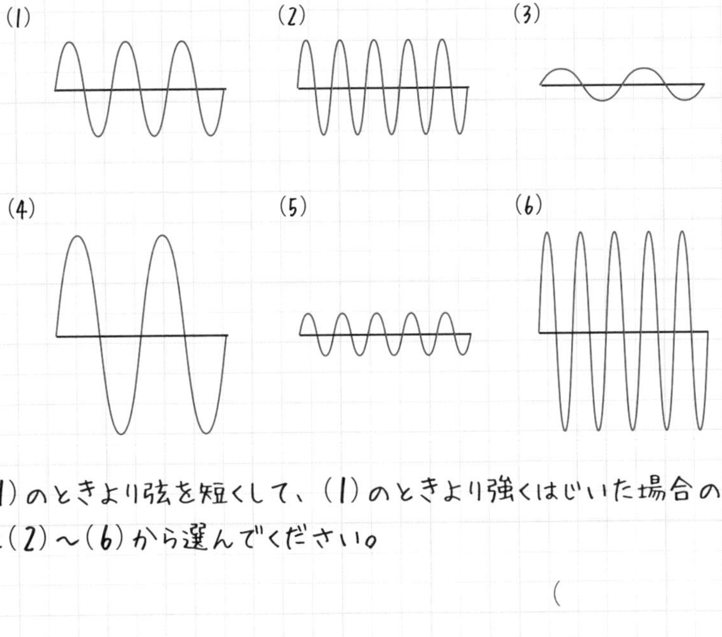

(1) (2) (3)

(4) (5) (6)

① (1)のときより弦を短くして、(1)のときより強くはじいた場合の波形を(2)〜(6)から選んでください。

( )

② (1)と同じ大きさの音の波形を、(2)〜(6)から選んでください。

( )

答え

① 弦を短くすると高い音、つまり振動数の多い音。この時点で、(2)(5)(6)が候補となる。強くはじくと大きな音、つまり振幅が大きくなる。(2)(5)(6)のうち(1)より振幅が大きいのは(6)。

② ①と同じ大きさの音とは(1)と振幅が同じ音だから(2)。

7 ドップラー効果

- 電車に乗っていて、踏切に近づくときには信号機のカンカンという音が高く聞こえる。
- 電車が踏切から遠ざかるときには、信号機の音は低く聞こえる。
- 救急車が目の前を通過するとき、ピーポーピーポーという音は、目の前を通過する前後で高さが変わる。通過する前より後の方が低い音になる。

- このように、音源が近づいたり遠ざかったりすることで、音源が静止しているときと異なる高さの音に聞こえる現象を、ドップラー効果という。

音波は目に見えませんが、水面に振動を加えることで同じ現象を実際に目で見ることができます。

◇音源が静止しているとき

音源から円形の波が広がっていく。

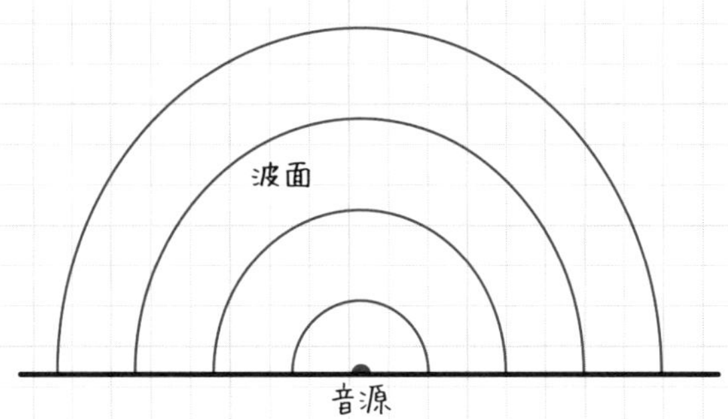

◇音源が移動するとき

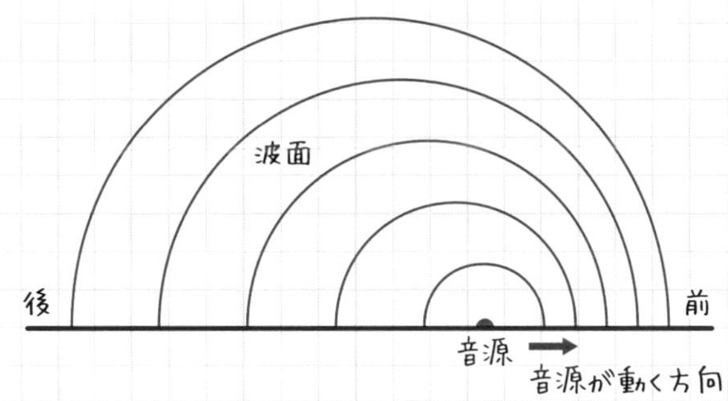

- あきらかに、音源の前方の方が音源の後方より振動数が多くなっている(=高い音になる)。
- 救急車が目の前を通過するとき、音源の前方の音から音源の後方の音に変わりますから、救急車が目の前を通過した途端に、低い音に変化したように聞こえる。

その3 電気

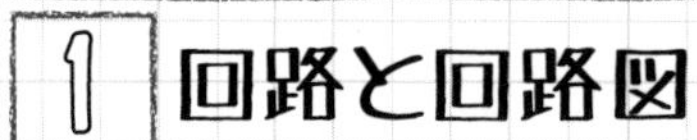

1 回路と回路図

① 豆電球の直列回路

- こういうのが回路。

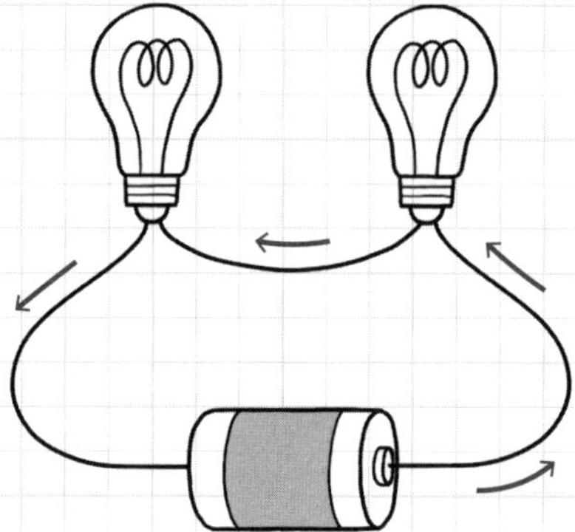

- 電流が枝分かれせず1本道を流れている。
  これが直列回路。

- 次のような電気用図記号を用いると、上の回路は次のように表せる。

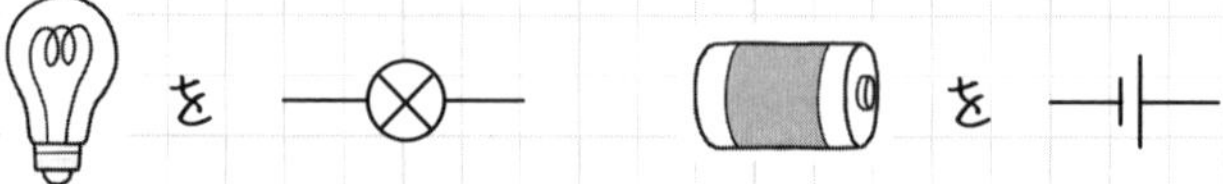

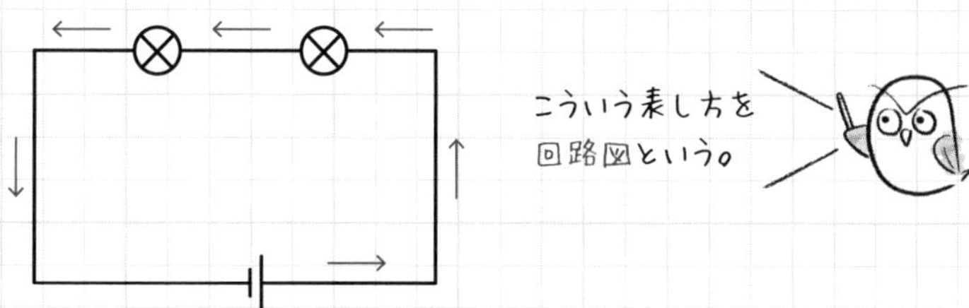

② 豆電球の並列回路

- 電流の流れが途中で枝分かれする回路を、並列回路という。

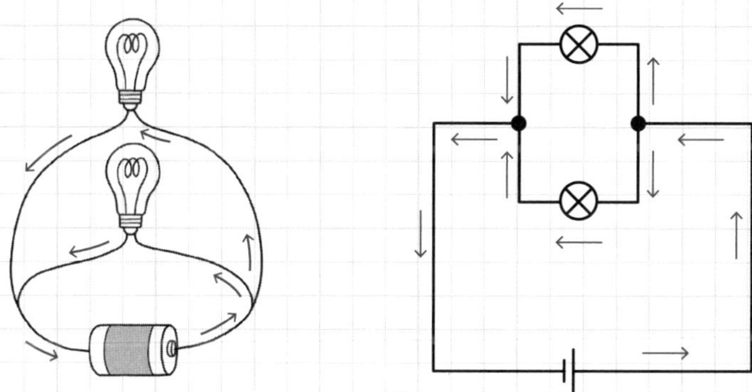

③ 計器の入った回路

- 電流計は測りたい部分に直列につなぐ。
- 電圧計は測りたい部分の両端に並列につなぐ。

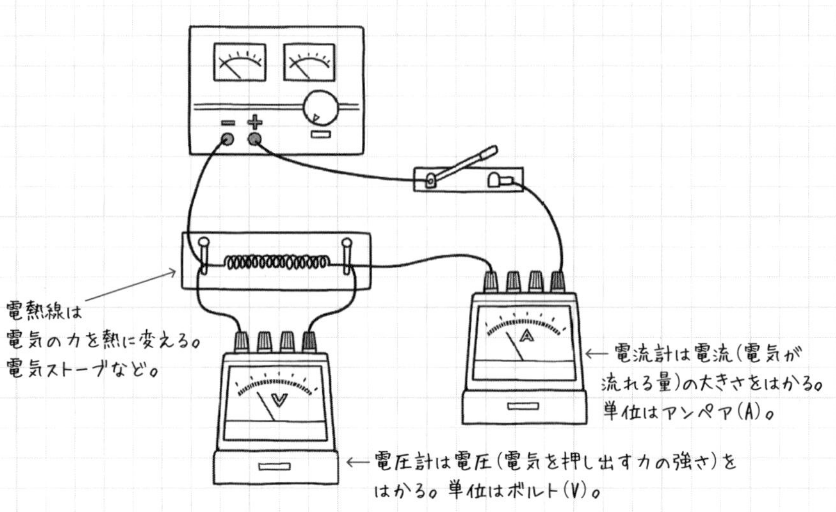

● 電流計 は —Ⓐ— 、電圧計 は —Ⓥ— 、

スイッチ は —／— 、電熱線 は —▭— なので、

上の回路の回路図はこうなる。

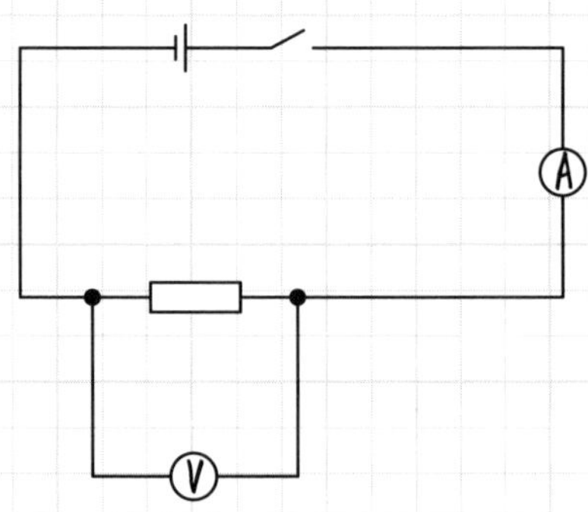

練習問題でCheck!! 次の設問を考えてみよう。

図1の回路図になるように、図2に導線を書き入れてみましょう。

図1

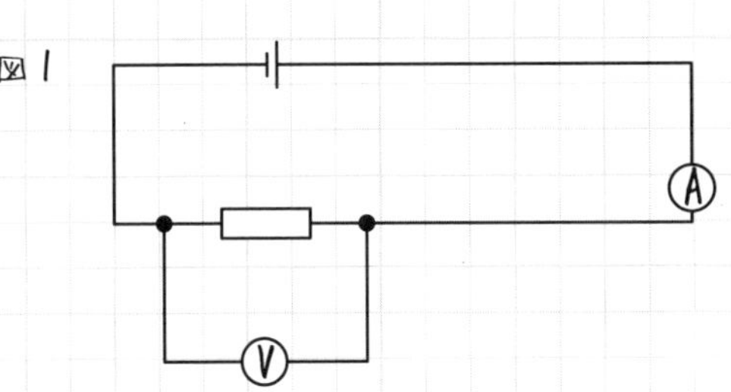

図2

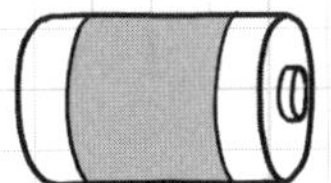

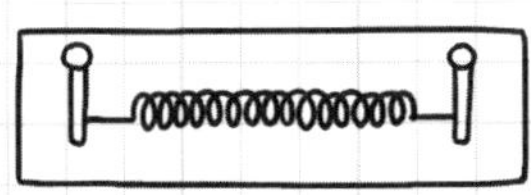

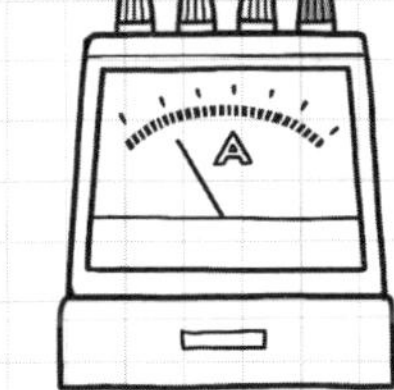

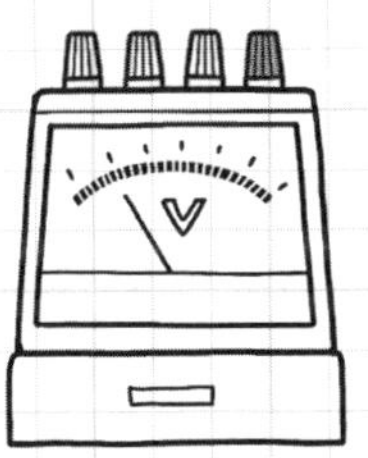

答え

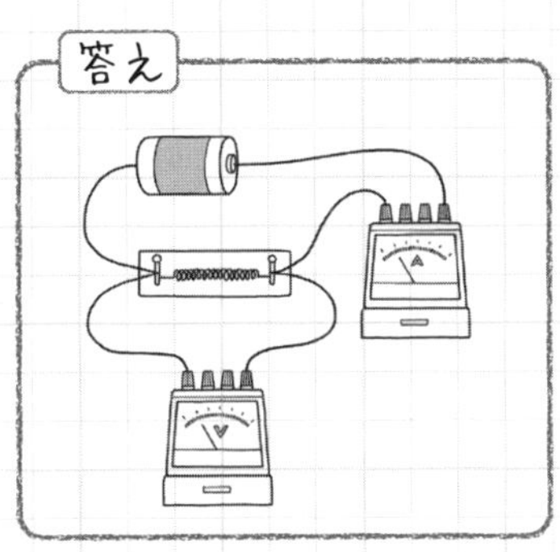

2 オームの法則

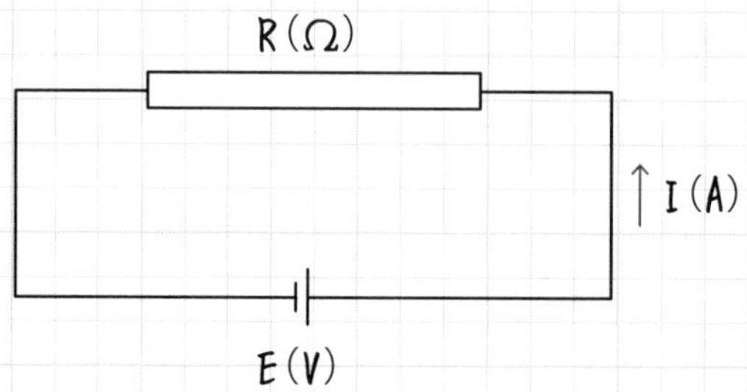

- R(Ω)(オーム)の抵抗にE(V)(ボルト)の電圧をかけて、I(A)(アンペア)の電流が流れるとき、次の式が成り立つ。

$$E(V) = I(A) \times R(\Omega)$$

- この式をオームの法則という。
- 〈E＝I×R〉と〈道のり＝速さ×時間〉を対応させると、IとRの求め方が簡単にわかる。

$$I = E \div R$$
$$R = E \div I$$

⇐ 速さ＝道のり÷時間
時間＝道のり÷速さ

抵抗とは、電流の流れにくさのこと。回路に電熱線があると電気は流れにくくなる。
単位はオーム(Ω)。

練習問題でCheck!! 次の設問に答えよう。

下のグラフは電熱線にかかる電圧を変えて、流れる電流の大きさを調べたものです。

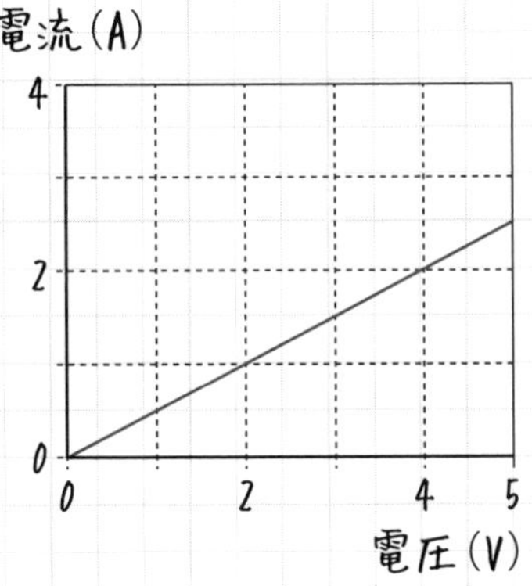

① 電熱線の抵抗は何Ωですか。

( )

② この電熱線に10Vの電圧を加えると、何Aの電流が流れますか。

( )

③ この電熱線に5Aの電流が流れるとき、何Vの電圧がかかっていますか。

( )

答え

① 4Vかけたとき、2A流れている。
E=I×R より R=E÷I=4(V)÷2(A)=2(Ω)

② 2(Ω)に10(V)かけると、I=E÷R=10(V)÷2(Ω)=5(A)

③ 2(Ω)に5(A)の電流が流れるとき、かかっている電圧は、
E=I×R=5(A)×2(Ω)=10(V)

3 直列回路

- 直列回路とは、電流が枝分かれせず1本道で流れる回路。
- 下図で電圧は、a ＋ b ＝ c になる。

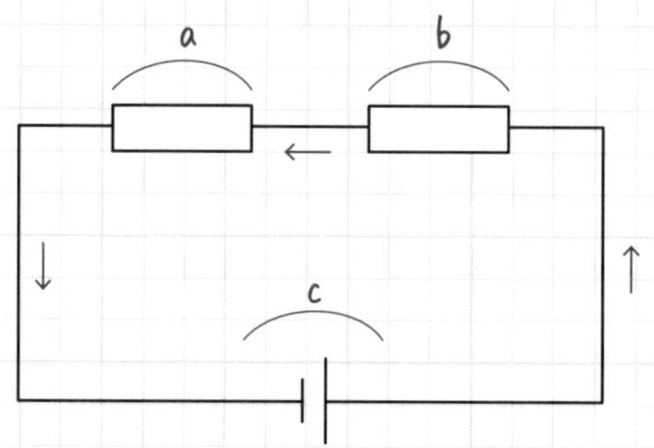

例題 穴埋め問題で理解を深めましょう。

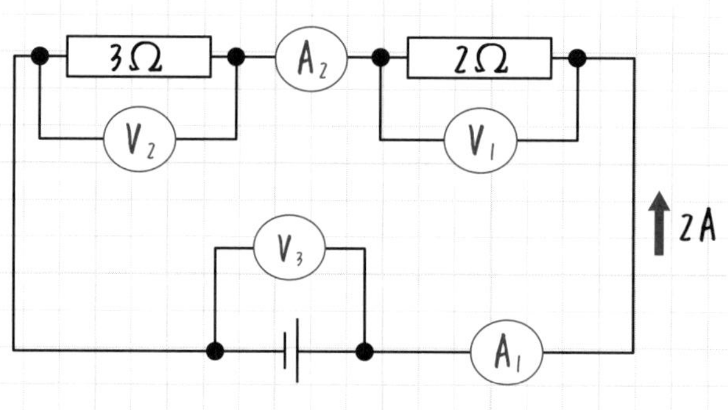

① A1 A2 は（　　）A　② V1 は（　　）V

③ V2 は（　　）V　④ V3 は（　　）V

⑤ 回路全体の抵抗は（　　）Ω

答えは次のようになる。

① 2(A)　② $E = IR = 2(A) \times 2(\Omega) = \underline{4(V)}$

③ 6V　④ $4V + 6V = \underline{10V}$

⑤ 10Vかけて2A流れたから、$R = 10(V) \div 2(A) = \underline{5(\Omega)}$

- 回路全体の抵抗は5(Ω)という結果から、

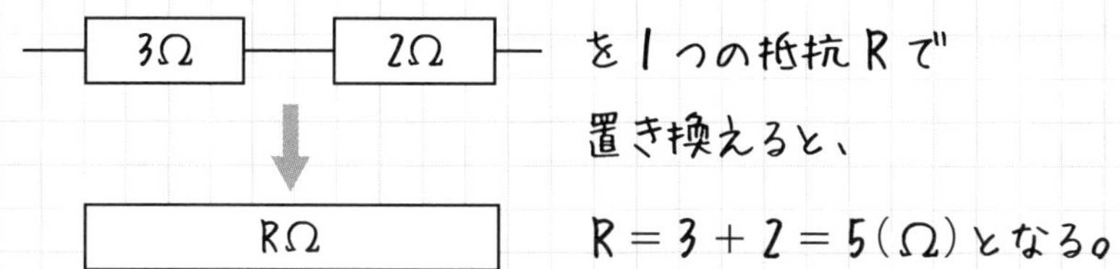

を1つの抵抗Rで置き換えると、

$R = 3 + 2 = 5(\Omega)$となる。

- 回路に2つの抵抗R_1、R_2が下図のように入るとき、回路全体の抵抗Rは、$\boxed{R = R_1 + R_2}$になる。

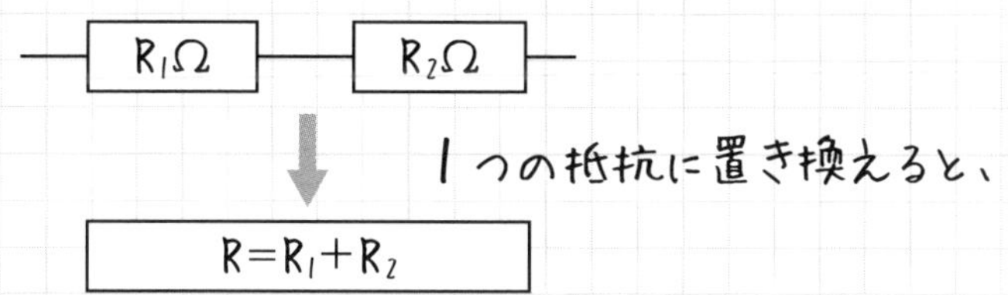

1つの抵抗に置き換えると、

例題 下の直列回路を流れる電流は?

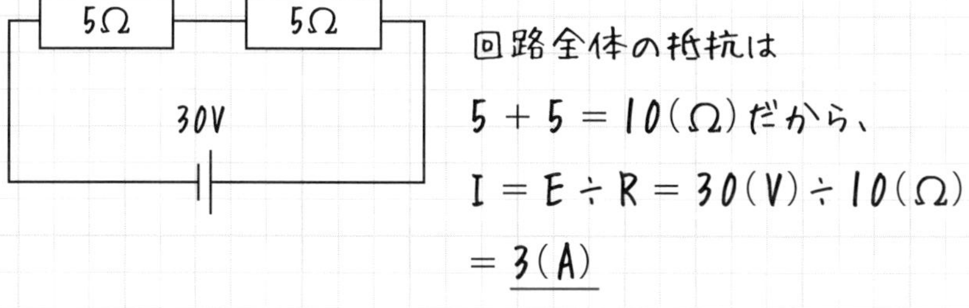

回路全体の抵抗は

$5 + 5 = 10(\Omega)$だから、

$I = E \div R = 30(V) \div 10(\Omega)$

$= \underline{3(A)}$

練習問題でCheck!! 次の設問を考えよう。

図1のように電熱線aと電熱線bが直列につながれています。電源の電圧は30Vです。ただし電熱線aと電熱線bにかかる電圧と電流の関係は、図2のとおりです。

図1

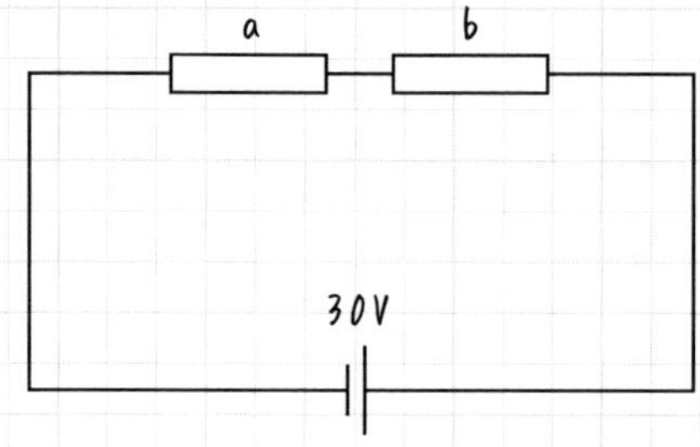

図2

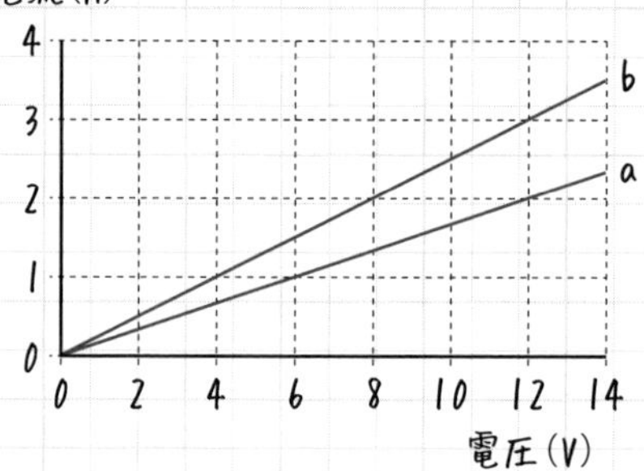

① 回路全体の抵抗は何Ωですか。

(　　　　　)

② 回路に流れる電流は何Aですか。

(　　　　　)

③ 電熱線aの両端にかかる電圧は何Vですか。

(　　　　　)

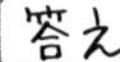

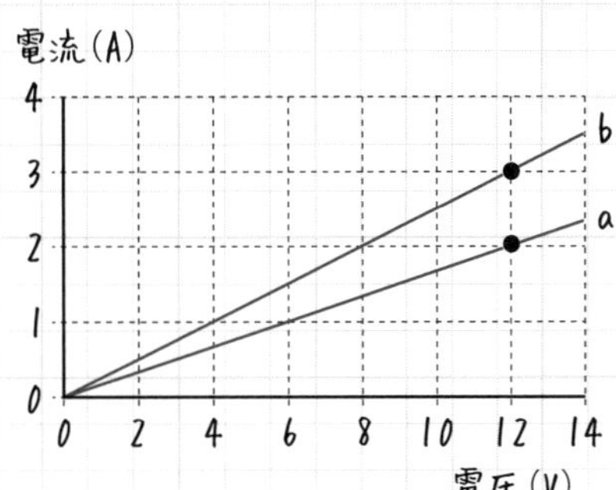

① a:(12V, 2A)を使って 12(V)÷2(A)=6(Ω)
b:(12V, 3A)を使って 12(V)÷3(A)=4(Ω)
回路全体の抵抗は 6+4=<u>10(Ω)</u>

② 10Ωの抵抗に30Vかかっているから、流れる電流I(A)は、
I=E(V)÷R(Ω)=30÷10=<u>3(A)</u>

③ 3(A)が6(Ω)の抵抗に流れるから、
E(V)=I(A)×R(Ω)=3×6=<u>18(V)</u>

4 並列回路

- 下図のように、電流が枝分かれして流れるのが並列回路。
- A を流れる電流は枝分かれして B、C を流れ、B、C を流れる電流は合流して D を流れる。
- 当然 A を流れる電流と、D を流れる電流は等しい。

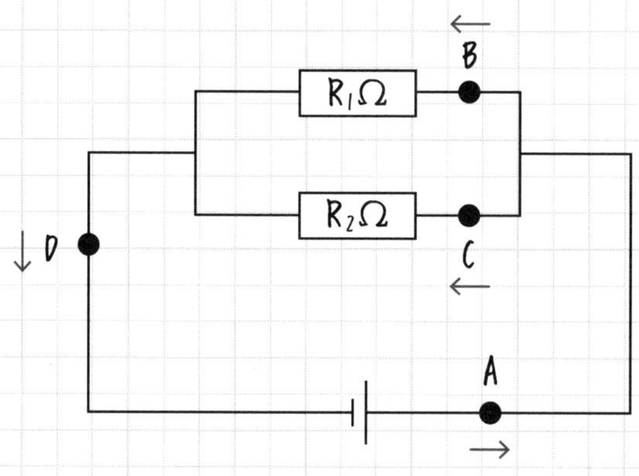

- この回路全体の抵抗を R Ωとすると、

$$\frac{1}{R}=\frac{1}{R_1}+\frac{1}{R_2}$$

が成り立ちます。

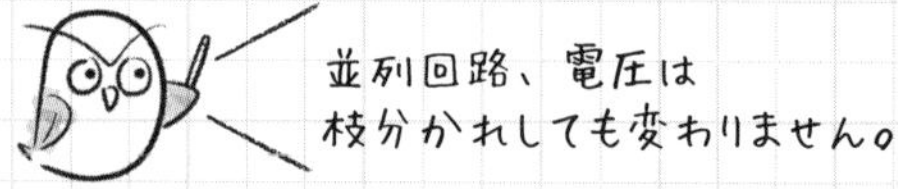

練習問題でCheck!! 次の設問を考えてみよう。

1 下の2つの抵抗を1つの抵抗に置き換えると何Ωですか。

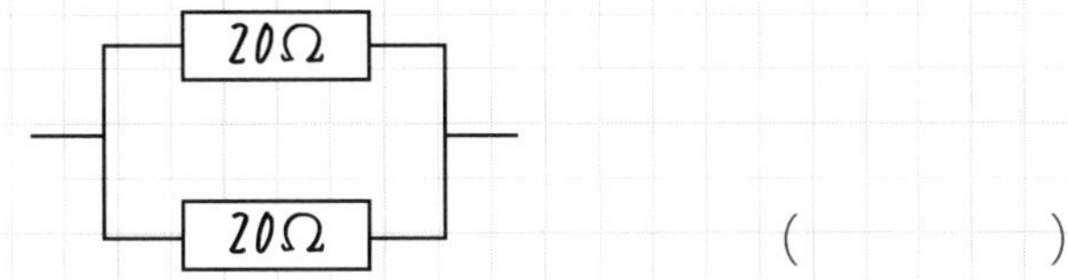

(　　　　　)

2 下の回路について、次の設問に答えてください。

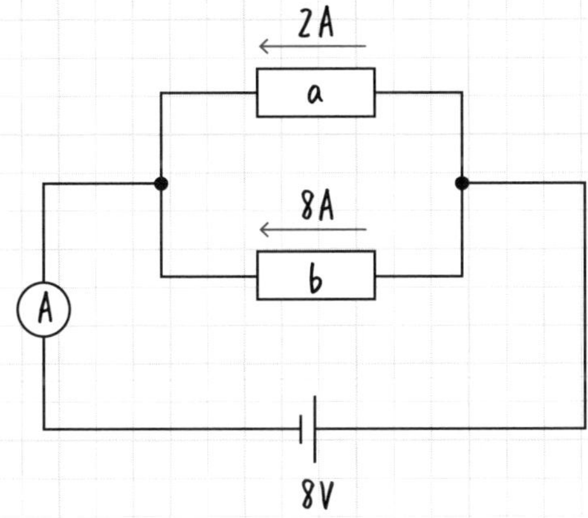

① 電流計は何Aを示しますか。 (　　　　　)

② 抵抗bにかかる電圧は何Vですか。 (　　　　　)

③ 抵抗bは何Ωですか。 (　　　　　)

3 図1は抵抗aにかかる電圧と電流の関係を示しています。図2はこの抵抗aを使った回路です。このとき、図1および図2について、いくつかの設問に答えてください。

図1

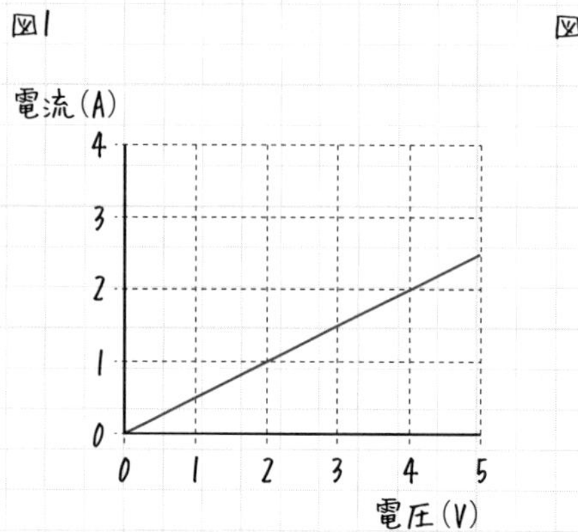

図2

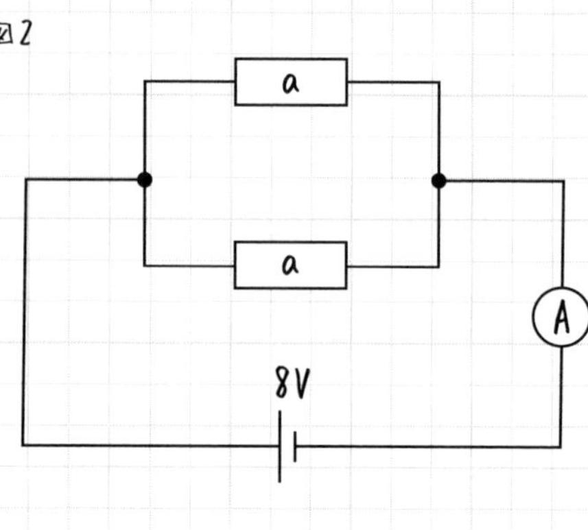

① 抵抗aは何Ωですか。

(　　　　　)

② 電流計は何Aを示しますか。

(　　　　　)

③ 回路全体の抵抗は何Ωですか。

(　　　　　)

答え

1 RΩになるとすると、

$$\frac{1}{R} = \frac{1}{R_1} + \frac{1}{R_2} = \frac{1}{20} + \frac{1}{20} = \frac{2}{20} = \frac{1}{10} \quad R = \underline{10(\Omega)}$$

2 ① 2+8=<u>10(A)</u>　② 8(V)　③ 8(V)÷8(A)=<u>1(Ω)</u>

3 ① 4Vで2A流れるから、4(V)÷2(A)=2(Ω)

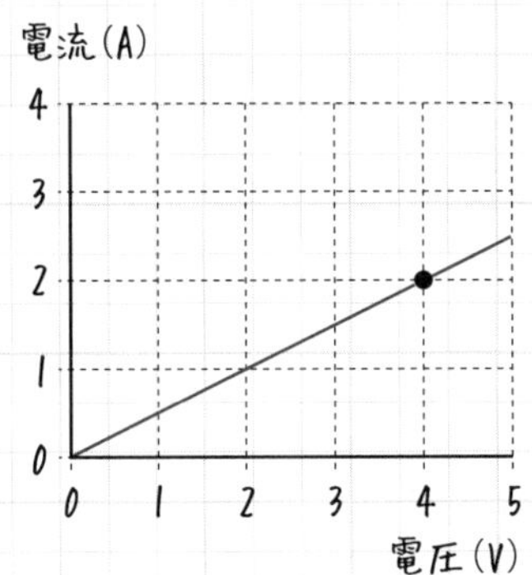

② 2つの抵抗aには、それぞれ8(V)÷2(Ω)=4(A)流れる。
電流計には4+4=8(A)流れる。

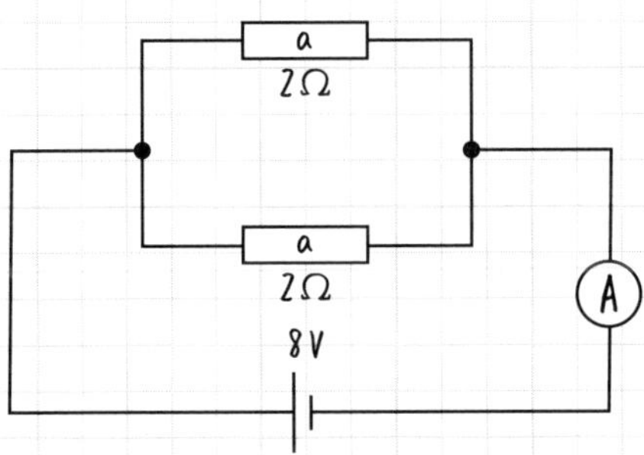

③ 解1) 回路全体では8Vで8Aだから、
8(V)÷8(A)=1(Ω)

解2) $\frac{1}{R}=\frac{1}{R_1}+\frac{1}{R_2}$ に　$R_1=R_2=2$(Ω)を代入。

$\frac{1}{R}=\frac{1}{2}+\frac{1}{2}=1$　これより　R=1(Ω)

5 総合回路の計算

● 抵抗が複雑に組み合わさった回路では、回路全体の抵抗を1つの抵抗に置き換える計算がポイント。

例 下図の4つの抵抗を、1つの抵抗で置き換える。

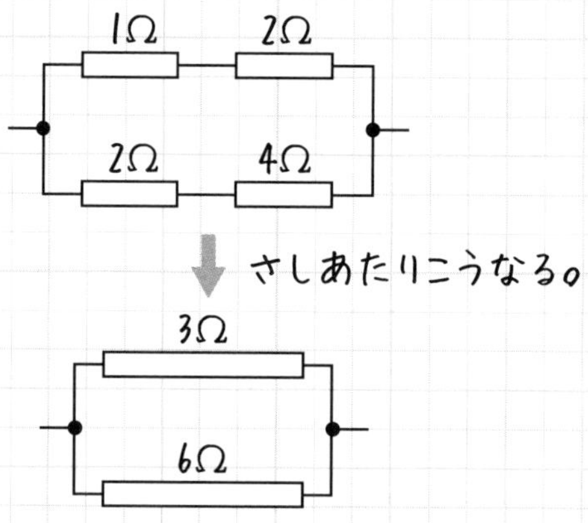

これで4つの抵抗が、2つの抵抗になりました。次に、2つの抵抗を1つの抵抗に置き換える。

$$\frac{1}{R}=\frac{1}{R_1}+\frac{1}{R_2} \quad \text{より} \quad \frac{1}{R}=\frac{1}{3}+\frac{1}{6}=\frac{3}{6}=\frac{1}{2} \quad R=2$$

最初の4つの抵抗がこの1つの抵抗に置き換わりました。

例 3つの抵抗を1つの抵抗で置き換える。

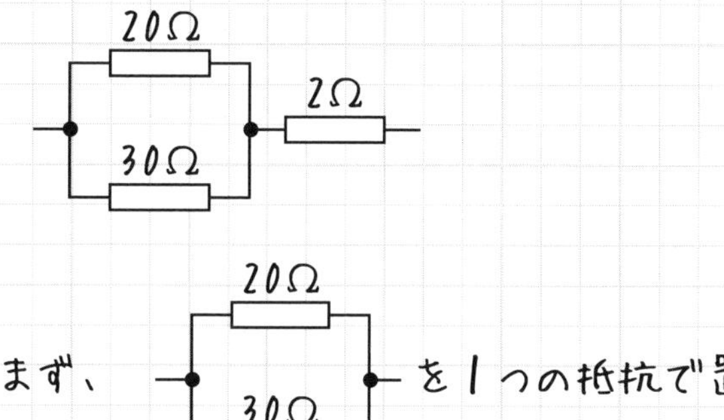

まず、（20Ω と 30Ω の並列部分）を1つの抵抗で置き換える。

$$\frac{1}{R}=\frac{1}{R_1}+\frac{1}{R_2}$$ より

$$\frac{1}{R}=\frac{1}{20}+\frac{1}{30}=\frac{3}{60}+\frac{2}{60}=\frac{5}{60}=\frac{1}{12}$$

$R=12(\Omega)$ だから、

（20Ω と 30Ω の並列部分）→ 12Ω に置き換えられる。

最初の3つの抵抗は、2つの抵抗になる。

12Ω 2Ω →（1つにする）14Ω

$12\,\Omega+2\,\Omega=14\,\Omega$ になる。

練習問題でCheck!! 次の設問に答えよう。

同じ大きさの抵抗 a、b、c を使って、下図のような回路を作りました。このとき電圧計は 10V、電流計は 2A を示していました。

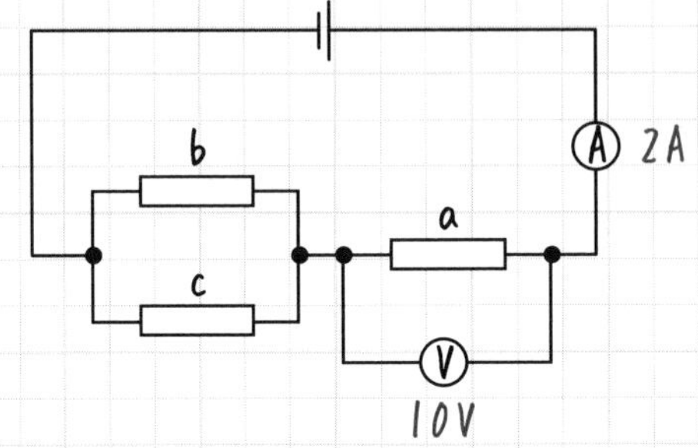

① 抵抗 a は何Ωですか。 (　　　　　)

② 抵抗 b に流れる電流は何 A ですか。 (　　　　　)

③ 抵抗 b の両端にかかる電圧を求めてください。 (　　　　　)

④ 電源の電圧を求めてください。 (　　　　　)

⑤ 回路全体の抵抗を求めてください。 (　　　　　)

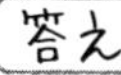

答え

① 10Vで2Aだから、R=10(V)÷2(A)=5(Ω)

②

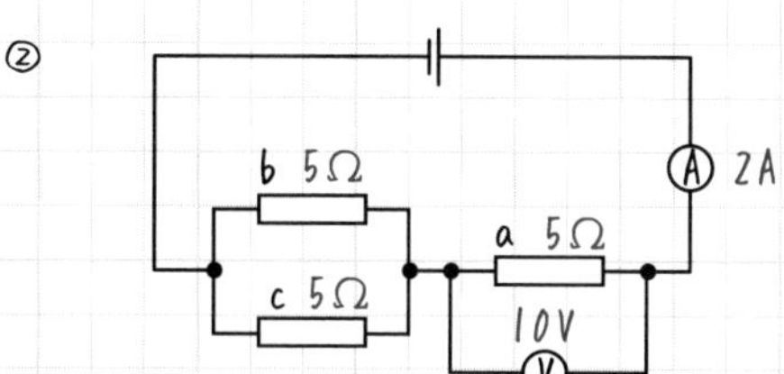

2Aが5Ωと5Ωの抵抗に枝分かれして流れる。当然、2つの抵抗を流れる電流は等しくなる。
2(A)÷2=1(A)

③ 5Ωに1Aだから、1(A)×5(Ω)=5(V)

④ 10(V)+5(V)=15(V)

⑤ 解1) 15Vかけたとき2A流れるから、
15(V)÷2(A)=7.5(Ω)

解2) 5Ω、5Ω（並列）を1つの抵抗にする。

$$\frac{1}{R}=\frac{1}{R_1}+\frac{1}{R_2}\quad より\quad \frac{1}{R}=\frac{1}{5}+\frac{1}{5}=\frac{2}{5}\qquad R=\frac{5}{2}=2.5$$

最初の3つの抵抗は、2つの抵抗になった。

2.5Ω　5Ω　→（1つにする）→　7.5Ω

よって全体の抵抗は　7.5Ω

6 電力と電力量

① 電力

- 電力は電気器具などが1秒間に消費する電気エネルギー。
- 単位はW（ワット）。
- 電力をP(W)とすると、

P = IE（電力＝電流(A)×電圧(V)） で計算する。

- この豆電球（2A、1V）が1秒間に消費する電気エネルギー、
  つまり豆電球の電力は、
  P = IE = 2(A)×1(V) = 2(W)となる。

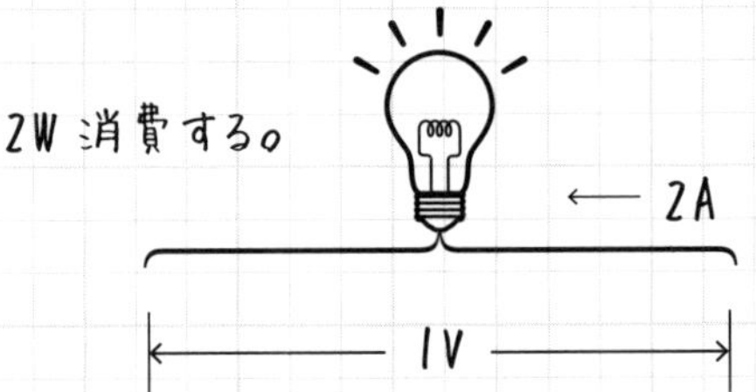

- W（ワット）が大きいほど、電球は明るく、電熱線から発生する熱は大きくなる。

練習問題でCheck!! 次の設問に答えよう。

① 次の回路について、R_1を流れる電流を求めてください。（　　　）

② R_1の消費電力を求めてください。（　　　）

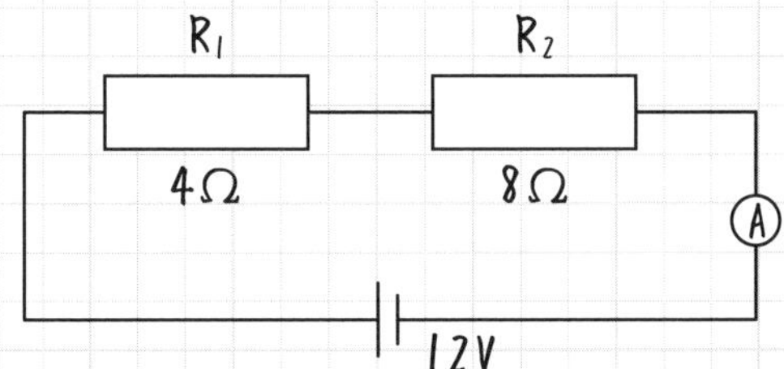

③ 100V－1000W（100Vの電源で使用すると1000Wの電力を消費する）という表示のあるドライヤーの抵抗は何Ωですか。

（　　　　　）

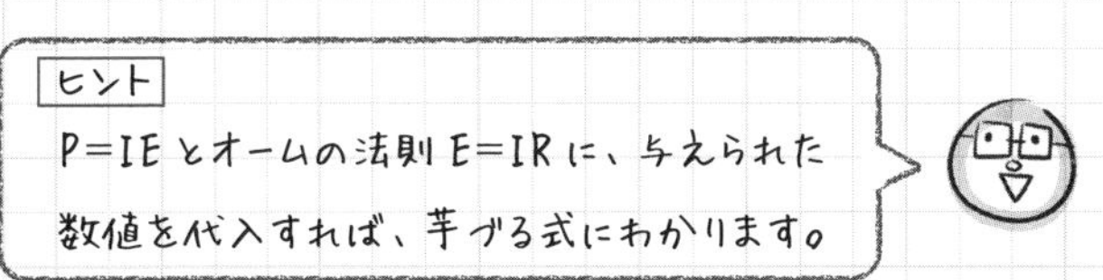

答え

① 回路全体の抵抗は、4（Ω）＋8（Ω）＝12Ωだから、
R_1を流れる電流は、12（V）÷12（Ω）＝<u>1（A）</u>

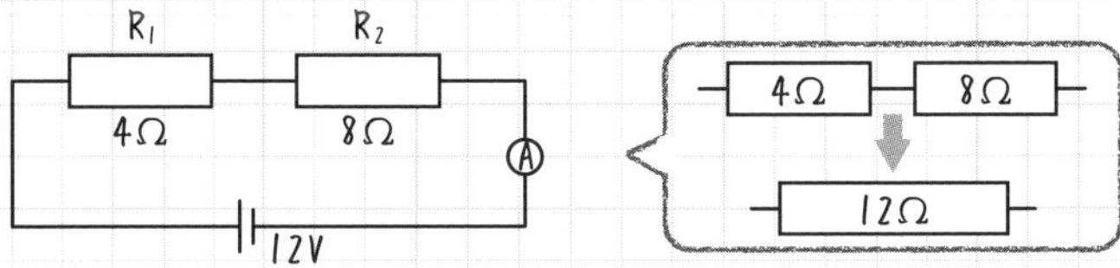

1A　4Ω

② P＝IE　E＝IR
E＝1（A）×4（Ω）＝4（V）　P＝1（A）×4（V）＝<u>4（W）</u>

1000W　100V

③ P＝IE　E＝IR
I＝1000（W）÷100（V）＝10（A）
このドライヤーを100Vの電源につなぐと10A流れる。
抵抗R＝100（V）÷10（A）＝<u>10（Ω）</u>

② 電力量

- 電力量は、一定時間に使う(つくる)電気エネルギー。
- 電力(1秒間に使う電気エネルギー)に時間(秒数)を掛けて求める。
- 単位はJ(ジュール)。
- 電力量(J)＝電力(W)×時間(秒)

例 1200Wのドライヤーを1分(60秒)使うとき、消費した電力量は何J(ジュール)でしょうか。

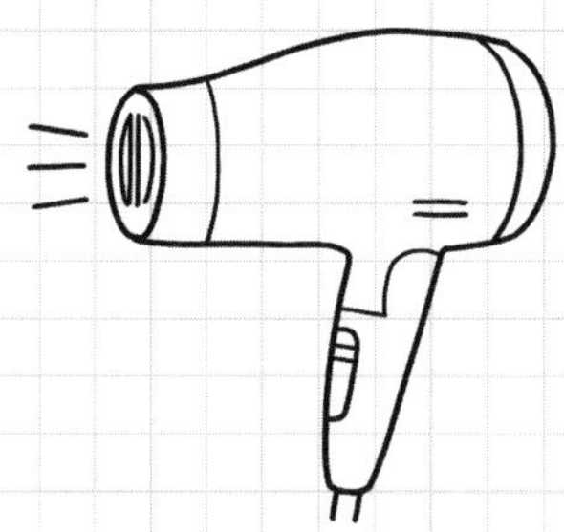

電力量(J)＝電力(W)×時間(秒)

＝1200×60＝72000(J)

練習問題でCheck!!　次の設問に答えよう。

5Ωの抵抗に100Vの電圧を加えて、30分電流を流したときの電力量を求めてください。

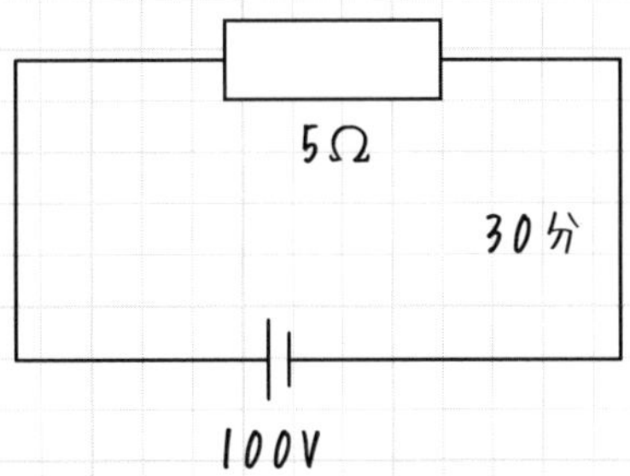

ヒント　こういう問題は使いそうな式をあらかじめ書き出して、与えられた数値を代入すれば芋づる式にわかります。

(　　　　　　)

答え

こういう書き込みをする。

J=Wt=IEt(秒)…①　E=I(A)×R(Ω)…②

（t：30分　E：100V　R：5Ω）

②より　I=100÷5=20(A)

①について、30分を秒に直す。30分=30×60=1800(秒)

以上より

J=Wt=IEt=20×100×1800=<u>3600000(J)</u>

7 電流による発熱

① 電力量と熱量

- 1gの水の温度を1℃上げるのに必要な熱量が1cal。
- 1calはJ(ジュール)で表すと、1cal＝4.2Jになる。つまり、1gの水の温度を1℃上げるのに必要な熱量は、4.2J。
- 熱量をJ(ジュール)で表すとき、

電力量J(ジュール)＝W(ワット)×t(秒)

は、

熱量としてそのまま使うことができる。

例題　電熱線に100Vの電圧をかけると2A流れました。この電熱線に60秒電流を流したとき、消費した電力量と発生した熱量を計算してみよう。

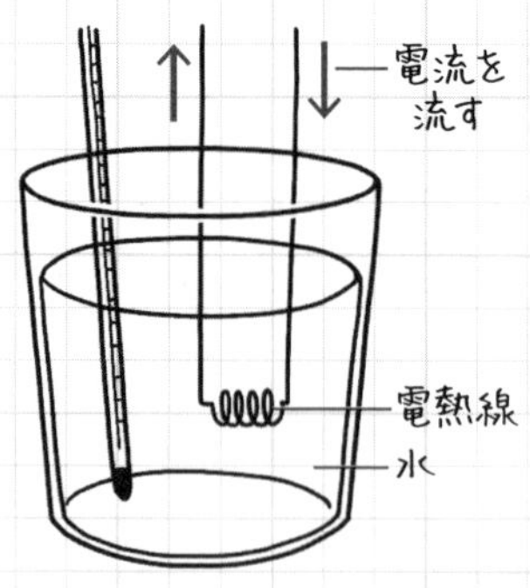

電力量J(ジュール)＝Wt＝IEt

＝2(A)×100(V)×60(秒)＝12000J

これが発生した熱量で、当然12000Jとなる。

② 熱量と水温の上昇

- 1gの水の温度を1℃上げるのに必要な熱量は、4.2J(ジュール)でした。
- そこで50gの水の温度を1℃上げるのに必要な熱量は、$4.2\times50=210$(J)。
- 50gの水の温度を10℃上げるのに必要な熱量は、$4.2\times50\times10=2100$(J)となる。
- 結局mgの水の温度をt℃上げるのに必要な熱量は、4.2mt(J)となる。

例題 50gの水に840J(ジュール)の熱量を加えると、水温は何度上がりますか?

50gの水の温度をt℃上げるのに必要な熱量は、

$4.2mt=4.2\times50\times t$(J)

これが840Jだから、$840=4.2\times50\times t$

$t=840\div(4.2\times50)=840\div210=4$(℃)

4℃上がる。

練習問題でCheck!! 次の設問を考えてみよう。

下図の回路で5Ωの電熱線に10Vを840秒かけました。このとき水の温度は何℃上昇しますか。ただし発生した熱量は、すべて水に入ったとします。

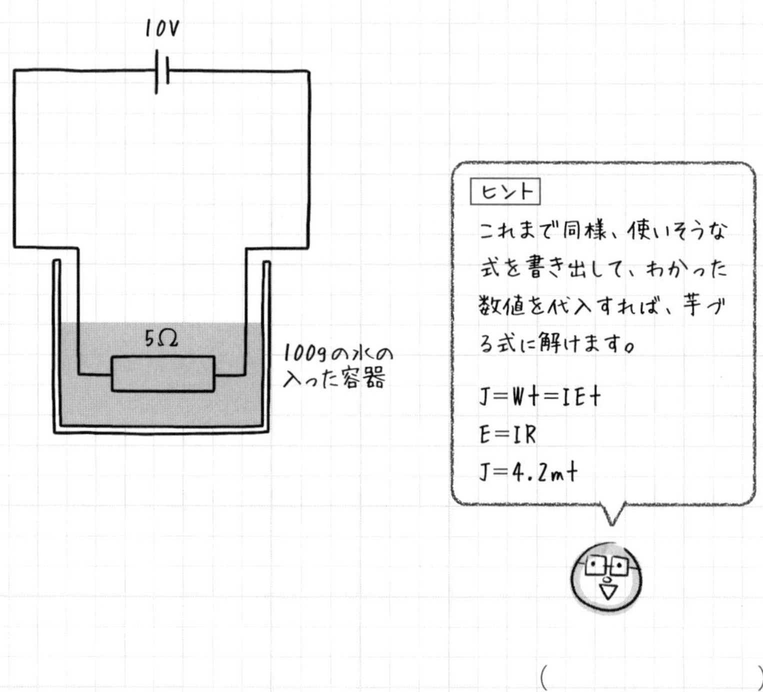

（　　　　　　　　）

答え

$J = Wt = IEt$ …①（E：10V、t：840秒）　$E = IR$ …②（E：10V、R：5Ω）　$J = 4.2mt$ …③（m：100g）

②より $I = 10(V) \div 5(\Omega) = 2(A)$

これを①に代入　$J = 2(A) \times 10(V) \times 840 = 16800(J)$

これを③に代入　$16800(J) = 4.2 \times 100 \times t$　　$t = 16800 \div 420 = 40$(℃)

考えなくてもできてしまいます!

練習問題でCheck!! 次の設問を考えてみよう。

下図の回路で電流を100秒流しました。

その結果、水の温度は2℃上昇しました。このとき、空気中に逃げた熱量は何Jですか。

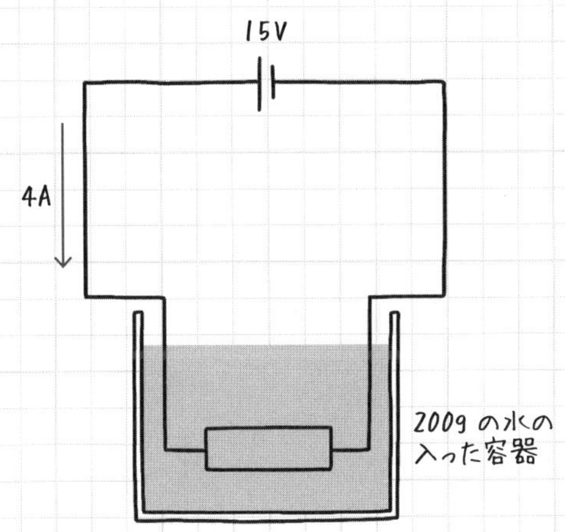

（　　　　　　　）

答え

電熱線から発生した熱量 − 逃げた熱量 ＝ 水が得た熱量

J（ジュール）＝ Wt ＝ IEt ― 100秒（I：4A　E：15V）　　J ＝ 4.2mt（m：200g　t：2℃）

電熱線から発生した熱量＝4×15×100＝6000（J）

水が得た熱量＝4.2×200×2＝1680（J）

逃げた熱量＝6000−1680＝4320（J）

8 電流と磁界

① 磁石と磁界

- 磁石と鉄を近づけると、鉄が引きつけられる。磁石の持つこういう力を磁力という。
- 磁力の働く空間が磁界。
- 磁石の周りには磁界ができるが、方位磁針を置いたときN極が示す向きを磁界の向きという。
- 棒磁石の周りには、このような磁界ができる。

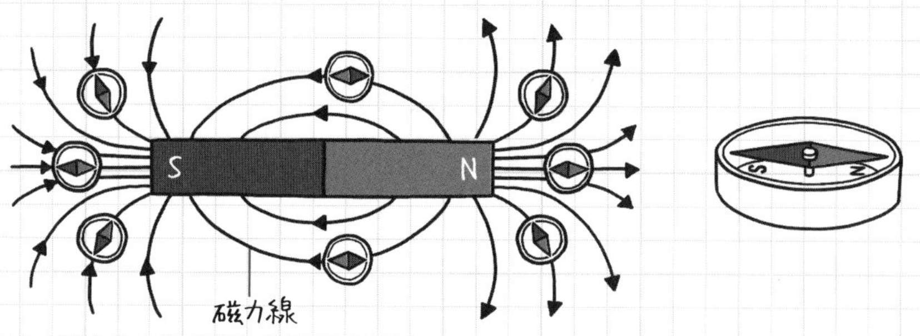

- 磁力線はN極から出てS極に入る。

練習問題でCheck!! 次の設問を考えてみよう。

A～D点に方位磁針を置いたとき、針の向きはア～エのどれになりますか。ただし磁針の赤い針はN極です。

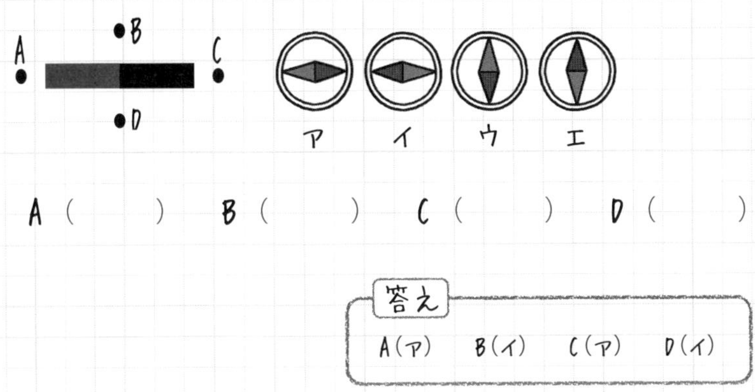

A（　　）　B（　　）　C（　　）　D（　　）

答え
A（ア）　B（イ）　C（ア）　D（イ）

② まっすぐな導線の周りの磁界

- まっすぐな導線に電流を流すと、導線の周りに磁界ができる。
- 電流の流れる向きにねじを置いて、そのねじを右に回すと考える。このねじが回る向きが磁界の向き（右ねじの法則）。

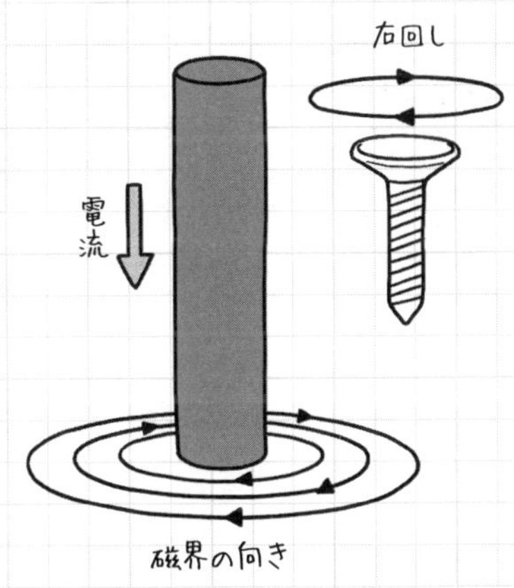

練習問題でCheck!! 次の設問を考えてみよう。

導線に電流が下から上へ流れています。このとき、B点に置いた方位磁針の針は、真上から見てどう見えますか。ア〜エから選んで記号で答えてください。ただし磁針の赤い針はN極です。

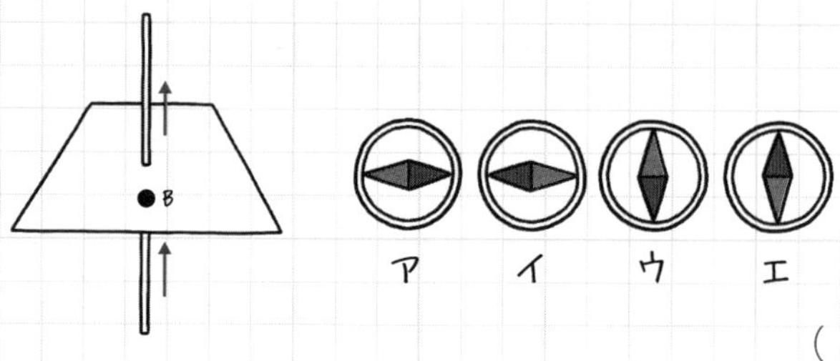

（　　　　　）

答え
（イ）

③ コイルがつくる磁界

- 親指以外の4本の指で、電流の向きにコイルをにぎる。

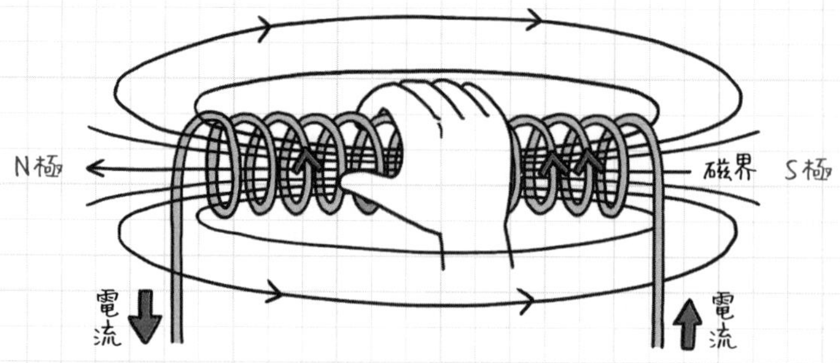

- 親指の向きがコイル内の磁界の向き。これを右手の法則という。

練習問題でCheck!! 次の設問を考えてみよう。

コイルに電流が図のように流れているとします。C点、D点に置いた方位磁針の針はどうなりますか。ア～エから選んで記号で答えてください。ただし磁針の赤い針はN極です。

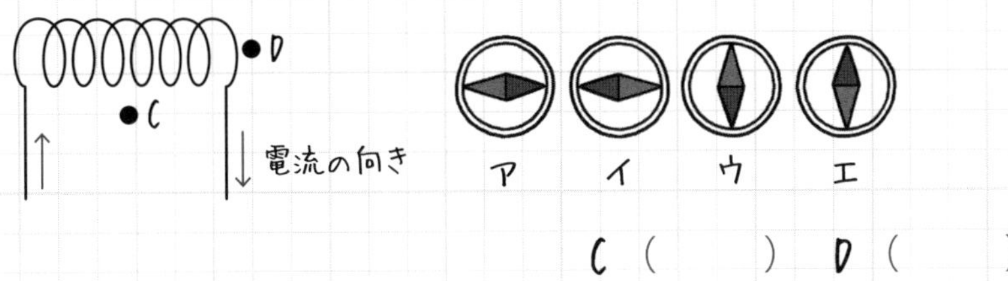

C（　　） D（　　）

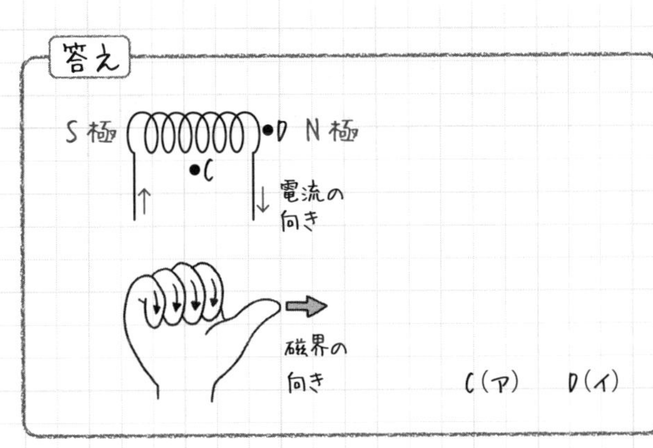

9 電流が磁界から受ける力

- 磁界の中で導線に電流を流すと、導線は磁界から力を受けて動く。
- 左手の中指を電流の向きに合わせ、人差し指を磁界の向きに合わせると、親指が力の向きになる。
- これをフレミングの左手の法則という。

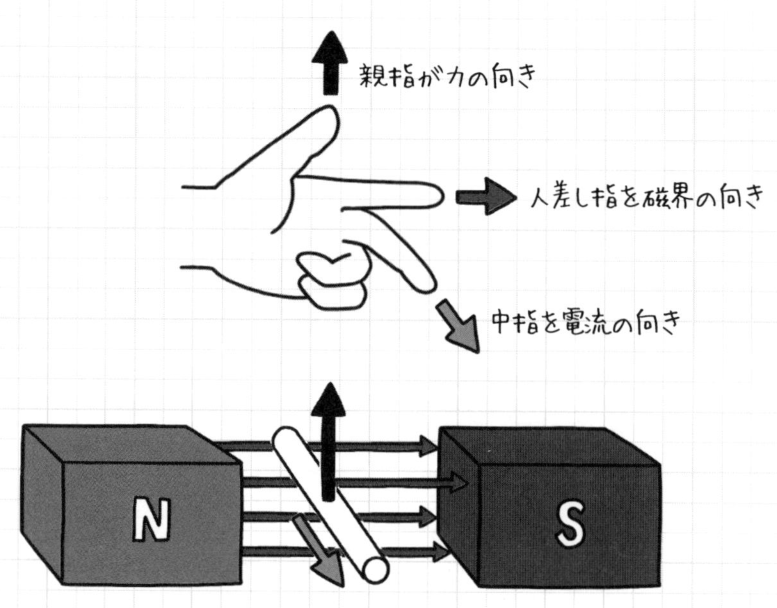

練習問題でCheck!! 次の設問を考えてみよう。

1 導線は磁石の内向きに力を受けますか、外向きに力を受けますか。
フレミングの左手の法則を使って考えてみましょう。

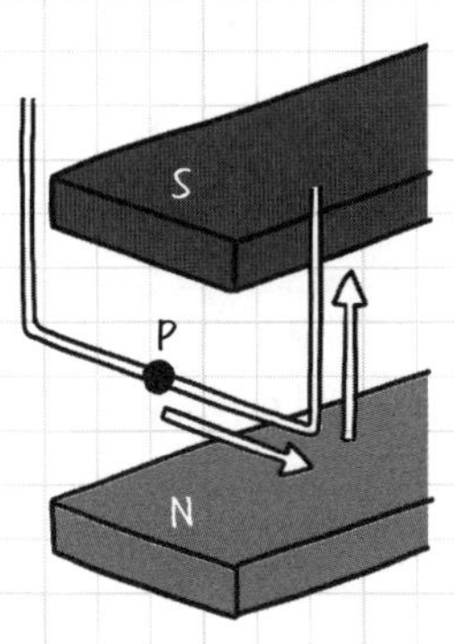

（　　　　　）

2 （　　）を埋めてください。

下図の状態のとき、導線ABは（　　）向きの力を受け、導線CDは（　　）向きの力を受けます。

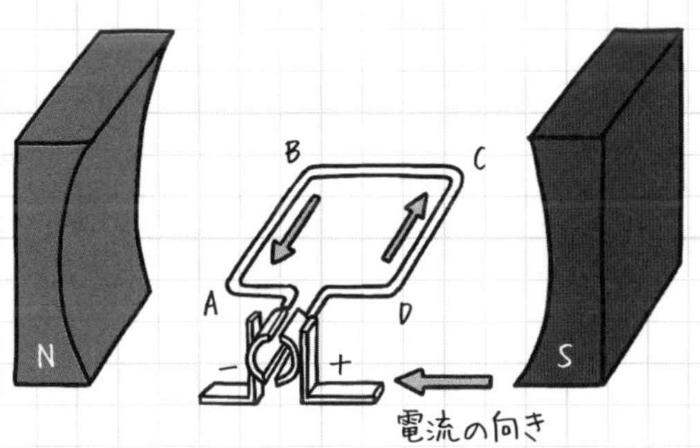

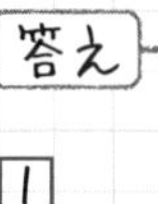

1

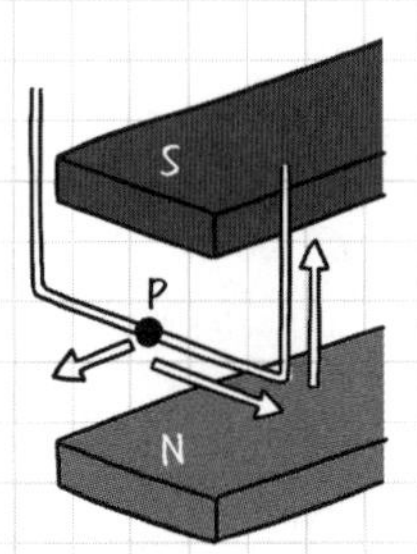

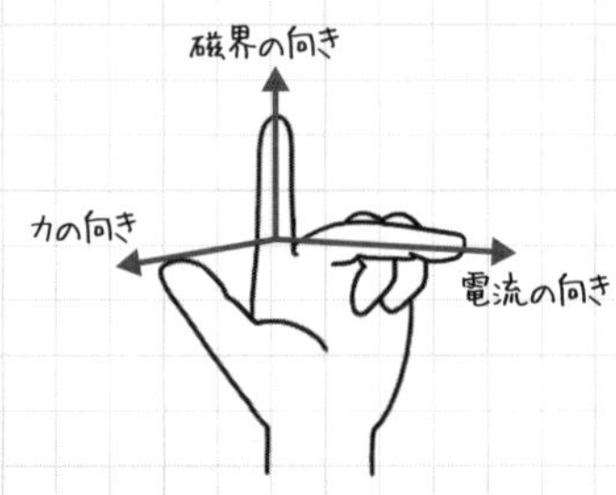

フレミングの左手の法則から、導線は磁石の外向きに力を受けます。

2 図の状態のとき、導線 AB は（上）向きの力を受け、導線 CD は（下）向きの力を受けます。

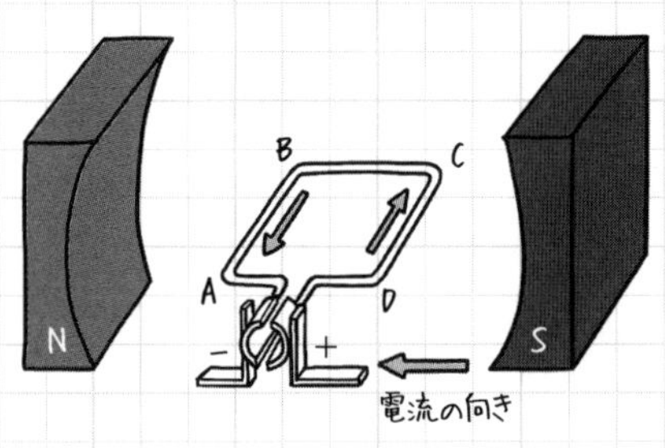

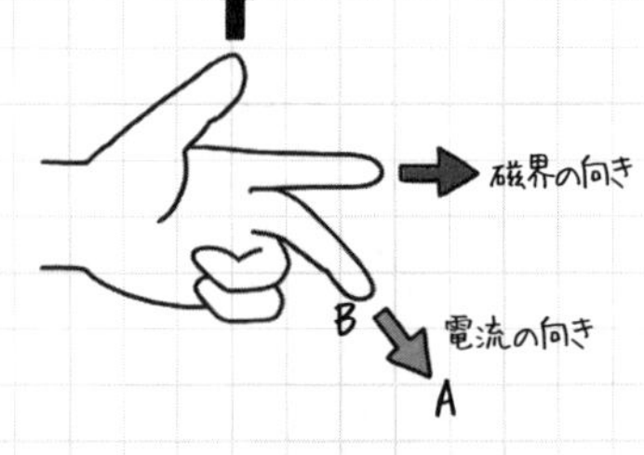

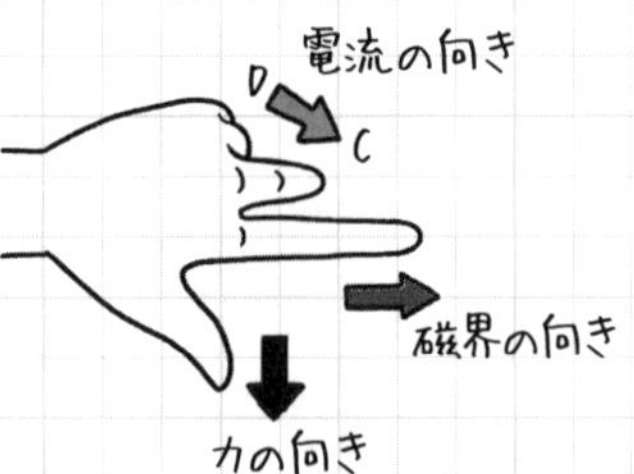

10 電磁誘導

- コイルの中の磁界が変化すると、コイルに電流が流れる。
- この現象を電磁誘導(でんじゆうどう)といい、流れる電流を誘導電流という。
- コイルに棒磁石を近づけたり、遠ざけたりすると、コイルの中の磁界が変化して、誘導電流が流れる。
- 棒磁石を近づけると、コイルの端が同じ極になる。

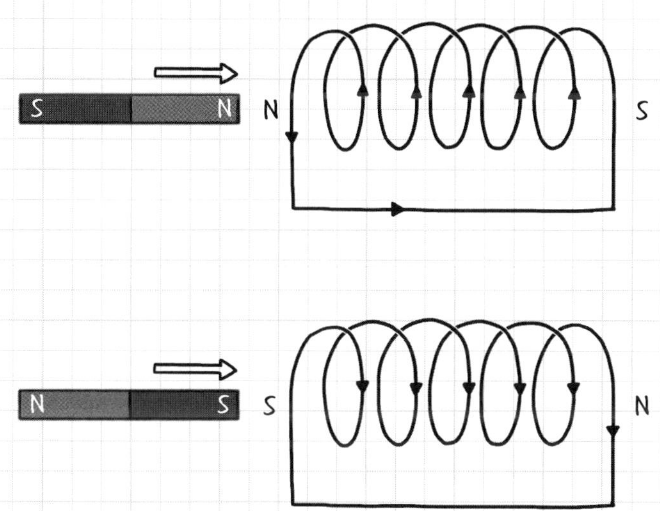

- 棒磁石を遠ざけると、コイルの端が違う極になる。

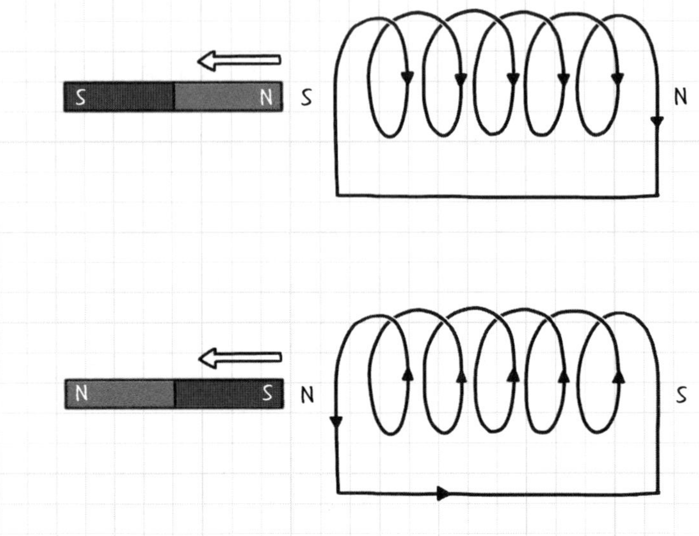

練習問題でCheck!! 次の設問を考えてみよう。

下図のように、コイルと検流計をつないで棒磁石をコイルに近づけたとき、検流計の針がどう振れるか調べました。

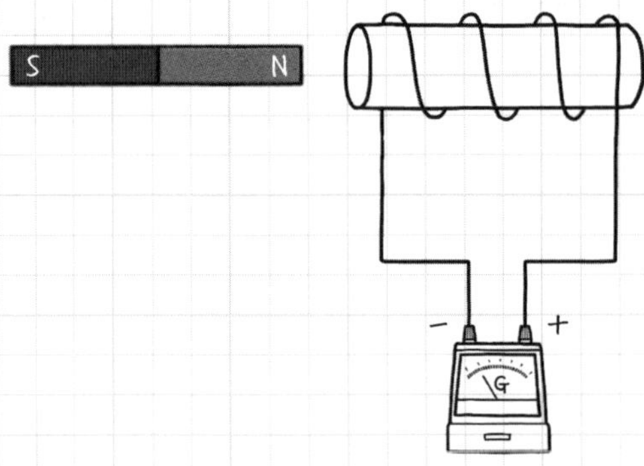

① コイルの左端はN極ですか、S極ですか。　　　　(　　　　)

② 検流計の針は、電流が検流計の中を←の方向に流れるとき右に、電流が→の方向に流れるとき左に振れます。右手の法則で電流の流れる向きを考えて、どちらに振れるか答えてください。
(　　　　)

“右手の法則”はp.282に出てきた、コイルをにぎる手のことだったね。

答え

① N極を近づけるからコイルの左端はN極。

②

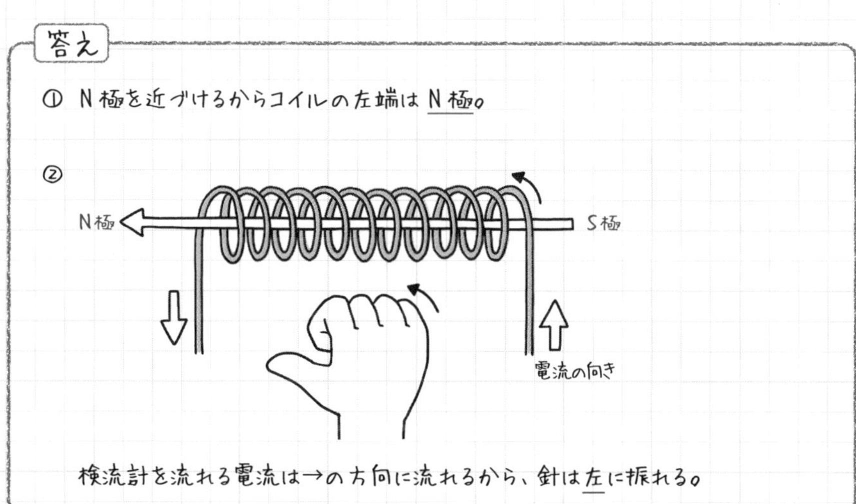

検流計を流れる電流は→の方向に流れるから、針は左に振れる。

その4 力とエネルギー

1 質量と重力と力

① 力の働き

- 力の働きは3つある。

1）物体の形を変える。

2）物体の運動（の様子）を変える。

3）物体を支える。

練習問題でCheck!! 下のアイウは上の1）2）3）のどれにあたりますか。

（　　）（　　）（　　）

答え

ア（2）　イ（3）　ウ（1）

② 質量と重力と力の単位

- 質量は上皿天秤（うわざらてんびん）で測れる。
- 質量はどこで測っても同じ。

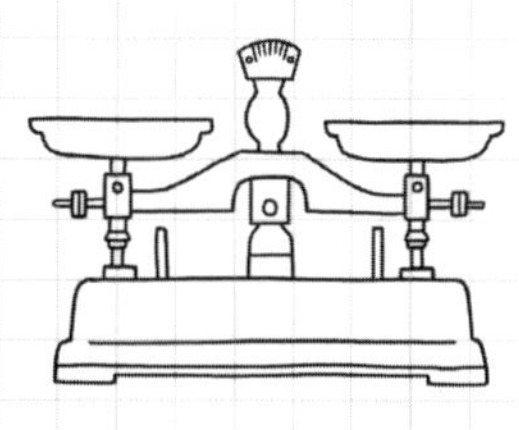

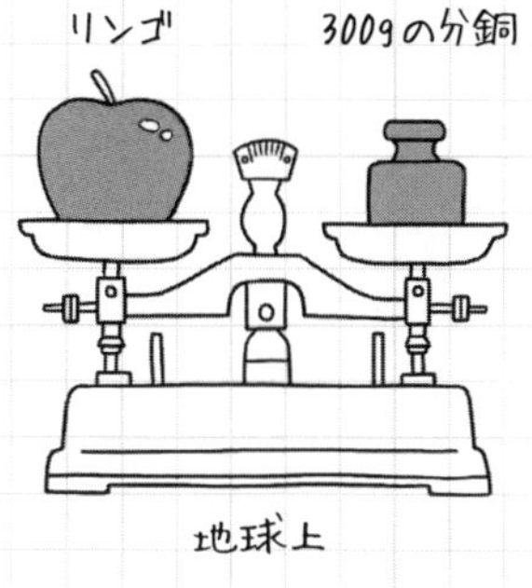

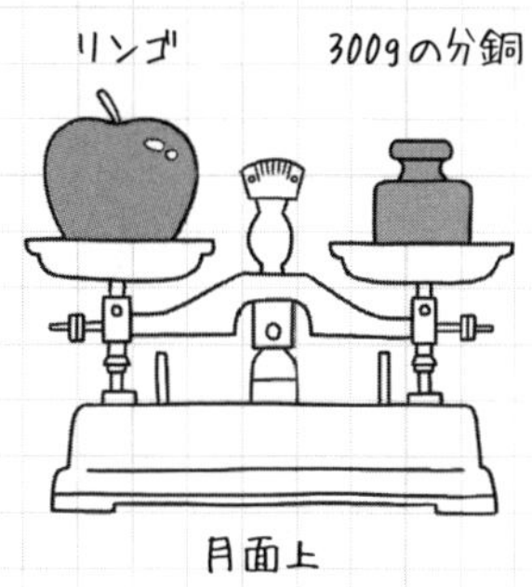

- 質量が100gの物体をばねばかりに吊るすと、この物体に重力が働いてばねを伸ばす。
- このときの重力が1N（ニュートン）で、これが力の単位となる。

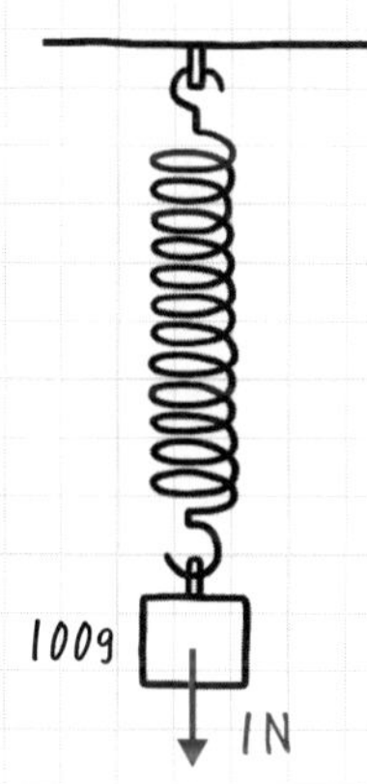

- 重りを外して、ばねの伸びが同じになるように手で引っぱるとき、この手がばねを引っぱる力は1Nとなる。

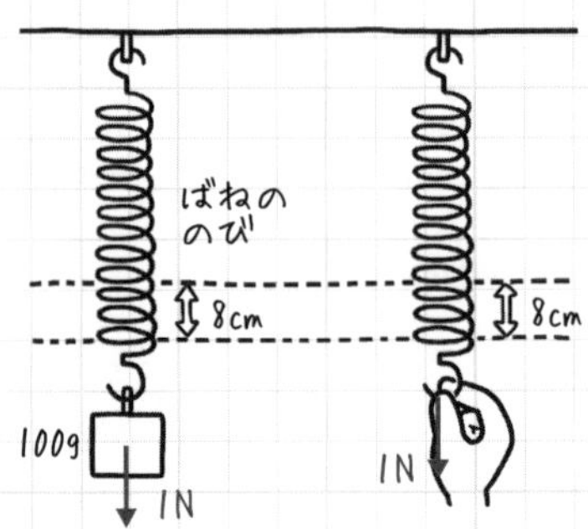

- 1Nは、地球上で質量100gの物体に働く重力の大きさ。
- 月面での重力の大きさは、地球の重力の1/6であることが知られている（月面では体が地球にいるときより軽く感じられる）。

練習問題でCheck!! 次の設問を考えてみよう。

① 質量600gの物体にかかる重力は、地球上では何N、月面では何Nですか。　地球上（　　　）　月面（　　　）

② ばねに200gの物体をぶら下げたら、ばねは6cm伸びました。同じばねを手で引っぱって6cm伸ばしたとき、手がばねを引っぱる力は何Nですか。

（　　　　　）

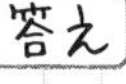

①

地球上

600g

6N

月面上

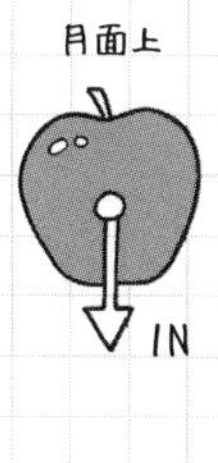

地球上では質量100gの物体に働く重力が1N

600gではその6倍だから6N

月面上の重力は地球の$\frac{1}{6}$だから、$6N \times \frac{1}{6} = 1N$

② 200gの物体に働く重力は2Nで、ばねは6cm伸びました。そこでばねを手で引っぱって6cm伸びたとき、手がばねを引っぱる力は2Nです。

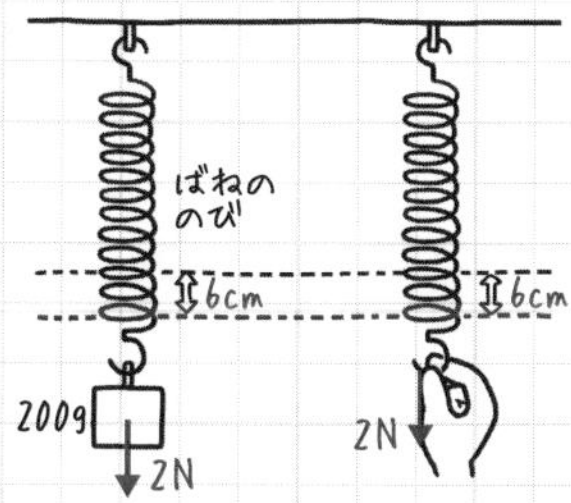

2 力の図示

- 力を図示するとは、どこに(力が働く点、作用点という)、どの向きに(力の向き)、どれだけの大きさの力(力の大きさ)が働いているかを図で表すこと。
- そのために、矢印(ベクトル)を使う。
- 矢印のしっぽが作用点、矢印の方向が力の向き、矢印の長さが力の大きさを表す。

練習問題でCheck!! ア、イ、ウに入る言葉は何か考えよう。

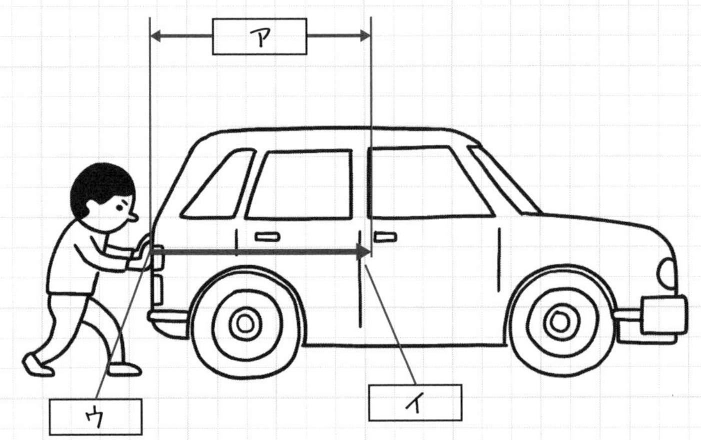

答え

ア) 力の大きさ　イ) 力の向き　ウ) 作用点

3 2力のつりあい

2力がつりあうのはどんなとき

- 力が働いているのに物体が動かないとき、力がつりあっている。

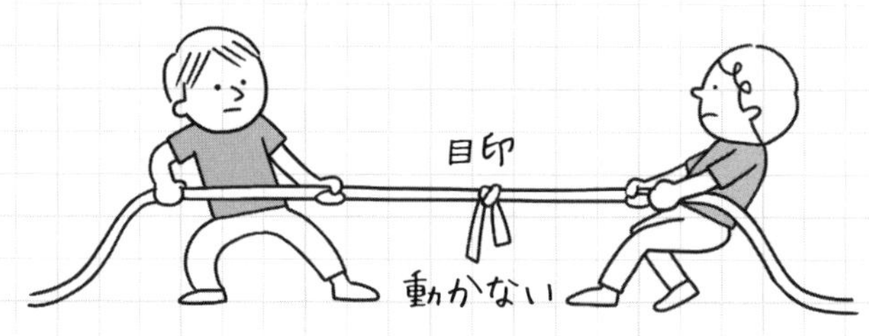

- 2つの力は、力の大きさが等しく、力の向きが反対で一直線上にあるとき、つりあっている。
- 向きが反対でも力の大きさが違うと、つりあわない（物体は動く）。

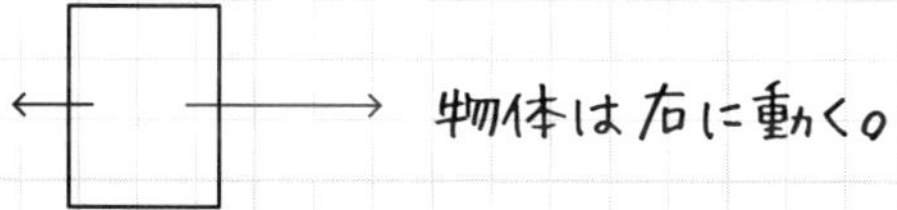

- 力の向きが反対で、力の大きさが等しくても、2つの力が一直線上に働いていないと、2つの力はつりあわない。

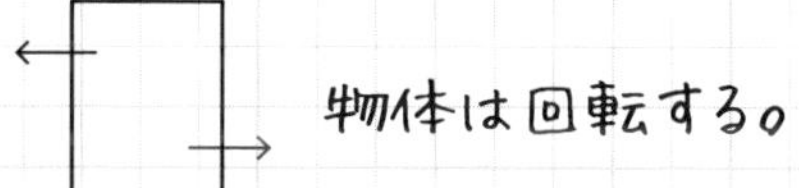

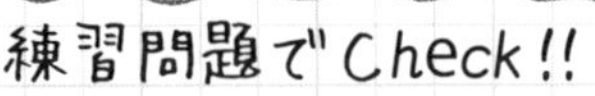

次の設問に答えよう。

下図のように、物体を左右から糸で引っぱります。

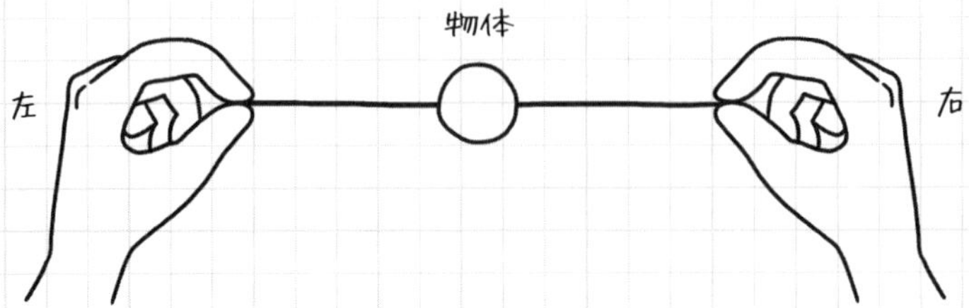

① 右に2Nで引っぱったところ、物体は動きませんでした。このとき、左に何Nで引っぱっていますか。

（　　　　）

② 左に引っぱる力の大きさを①と同じにしたまま、右に4Nで引っぱると、物体はどちら向きに動きますか。

（　　　）向き

答え

①2N　②右

4 作用反作用

- 力のつりあいと混同しがちですが、違うので注意。
- 作用反作用は、同じ点（作用点。2つの物体が接するところ）をAが押したら、Bから反対向きに、同じ大きさの力で押される関係。

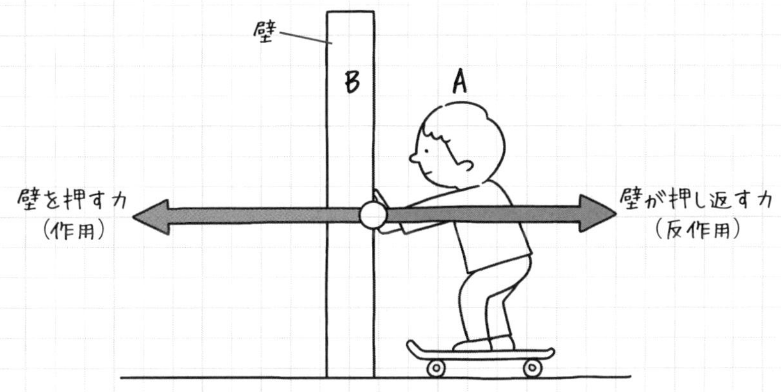

- あるいは、同じ点をAが引っぱったら、Bから反対向きに同じ大きさの力で引っぱられる関係。

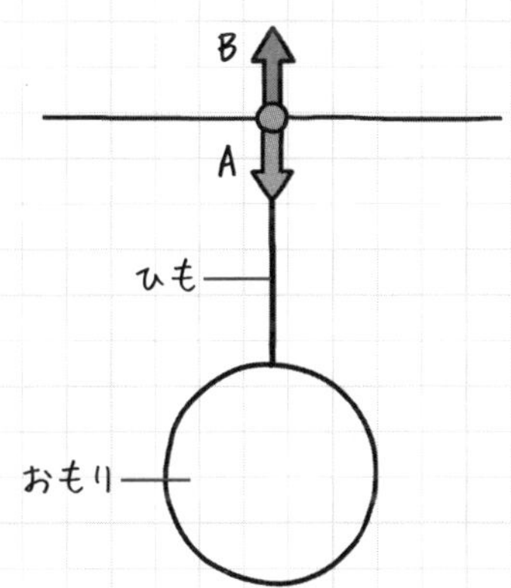

- 2力のつりあいでは、1つの物体に着目する。
- 作用反作用では、2つの物体と、同じ作用点に着目する。

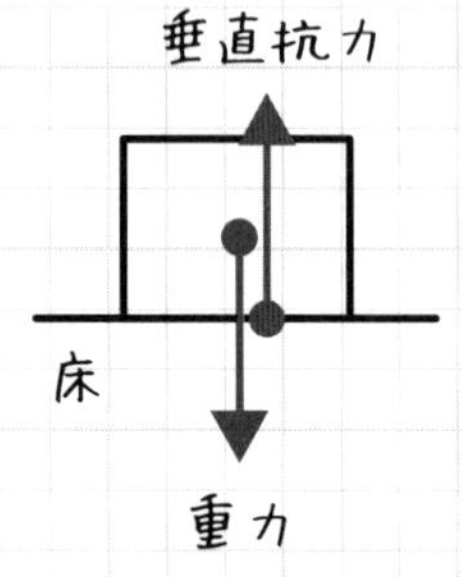

1つの物体に働く
重力と垂直抗力が
つりあっている。

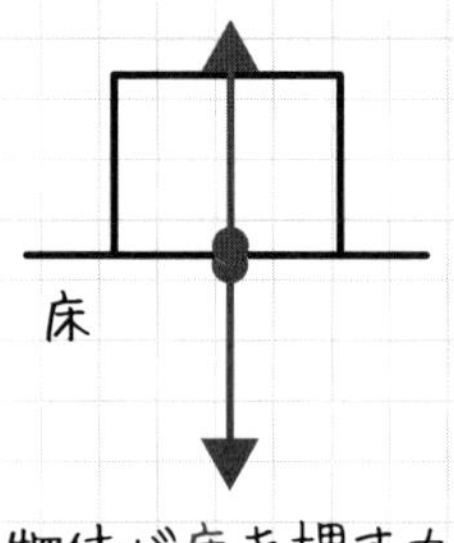

物体が床を押す力と、
床が物体を押す力が、
作用反作用の関係。

練習問題でCheck!!　(　)に入る記号を考えてみよう。

この図のように物体が静止しているとき、(　　)にA、B、C、D、Eのいずれかを入れてください。

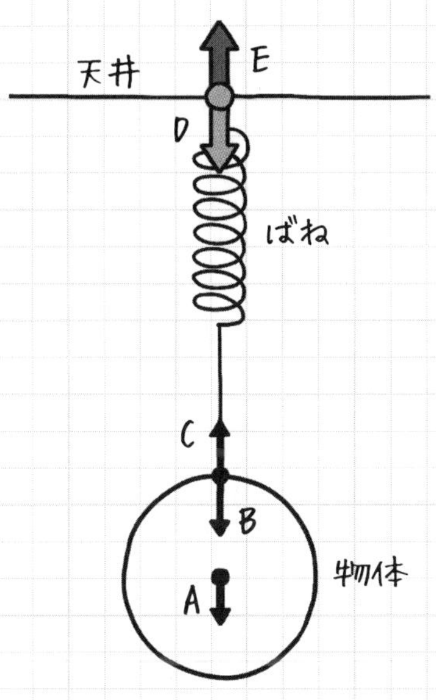

① 1つの物体に着目すると、重力(　　)と、ばねが物体を持ち上げる力(　　)がつりあう。

② 1つの物体[ばね]に着目すると、ばねを下向きに引っぱる力(　　)と、上向きに引っぱる力(　　)はつりあう。

③ 物体とばねが接するところに着目すると、物体をばねが持ち上げる力(　　)と、物体がばねを引っぱる力(　　)は、作用反作用の関係。

④ 天井とばねが接するところに着目すると、ばねが天井を引き下げる力(　　)と、天井がばねを引き上げる力(　　)は、作用反作用の関係。

答え

① A、C　② B、E　③ C、B　④ D、E

5 フックの法則

- ばねの伸びは、ばねにかかる力の大きさに比例する。
- この性質をフックの法則という。
- 具体例で見てみよう。

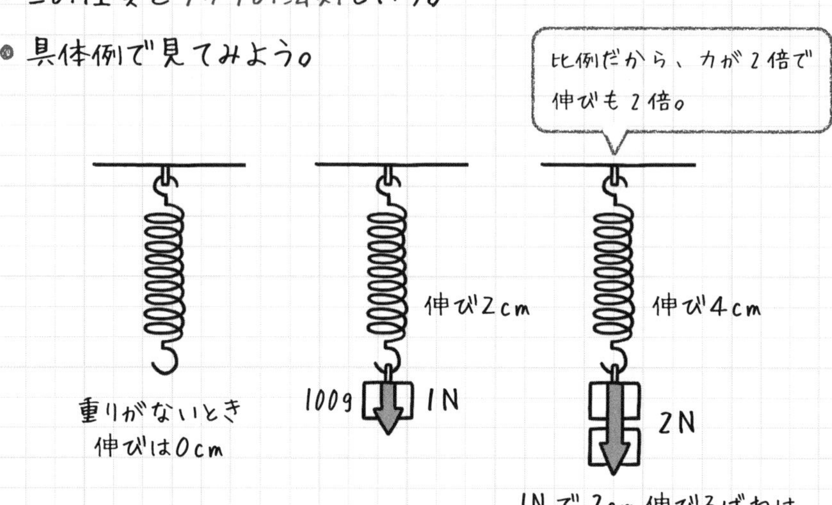

- ばねにかかる力とばねの伸びは比例するから、グラフは原点を通る直線になる。

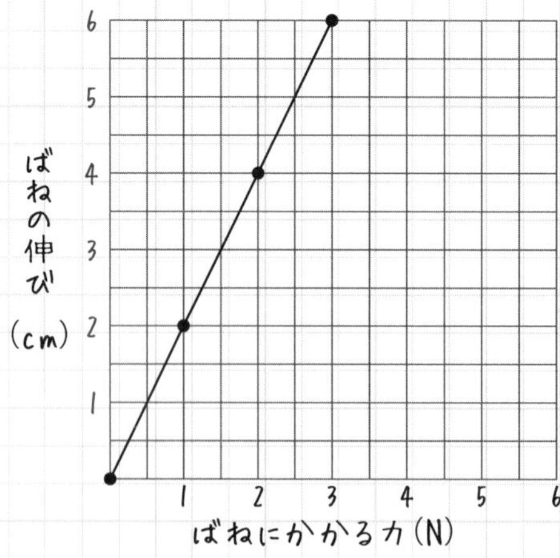

- 計算問題は数学の知識を利用する。

ばねの伸びをy(cm)、ばねにかかる力をx(N)とすると、

$y = ax$(aは比例定数)

このあとは数学の復習です。

- ばねを伸ばすと、ばねは縮もうとする。ばねを縮めると、ばねは伸びようとする。

- この、元に戻ろうとする性質を弾性、このとき働く力を弾性力という。

練習問題でCheck!! 次の設問を考えてみよう。

1 20gの重りを吊るすと5cm伸びるばねを、3Nの力で引っぱると何cm伸びますか。またこのばねが20cm伸びたとき、吊るした重りは何gですか。ただし100gの重りに働く重力は1Nです。

ヒント

比例だからy(cm)$=ax$(N)とおいて、あとはわかった数値を代入していけば、考えなくてもできるよ。

(　　　　)(　　　　)

2 2Nの力で5cm伸びるばねを2本使った下のような装置で、ばねの伸びは何cmになりますか。ただし100gの重りに働く重力は1Nです。

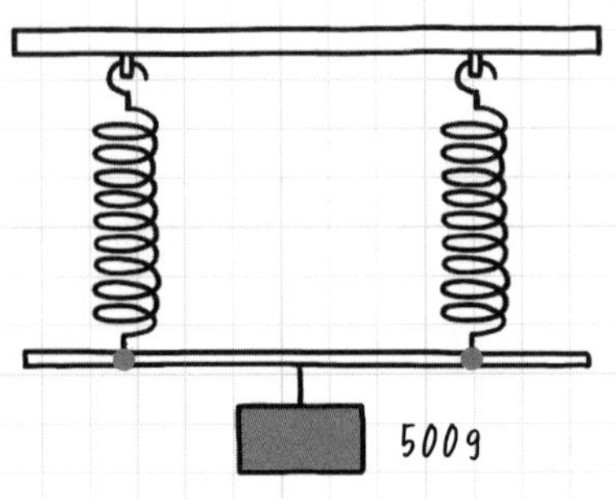

（　　　　　）

答え

1 伸びy(cm) ＝ ax(N)

20gで5cm伸びるとき、20gに働く重力は、20÷100 ＝ 0.2(N)

y(cm) ＝ ax(N)　（yに5、xに0.2）

a ＝ 5÷0.2 ＝ 25　よって　y ＝ 25x

3Nのときの伸びは、y ＝ 25×3 ＝ 75(cm)

20cm伸びたときの力は、20 ＝ 25x　より　x ＝ 20÷25 ＝ 0.8(N)

100gで1Nだから、吊るした重りは、0.8×100 ＝ 80(g)

2 伸びy(cm) ＝ ax(N)　（yに5、xに2）

a ＝ 5÷2 ＝ 2.5　　y ＝ 2.5x

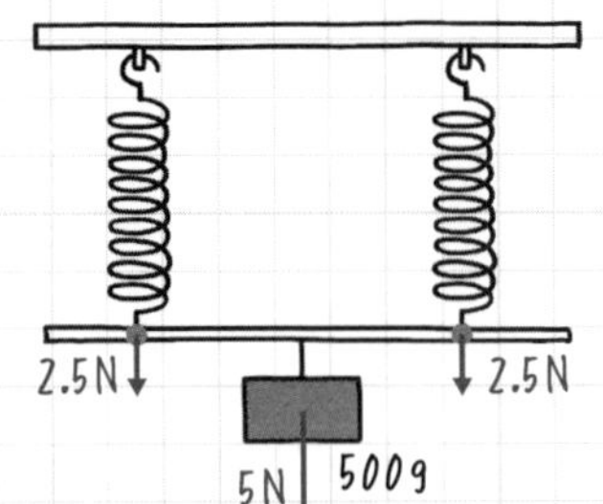

500gに働く重力が5N。各々のばねにこの半分の2.5Nがかかる。

y ＝ 2.5x　（xに2.5）

　＝ 2.5×2.5 ＝ 6.25(cm)

6 圧力

① 圧力と圧力の単位

- 圧力は、単位面積あたりに加わる力の大きさ。

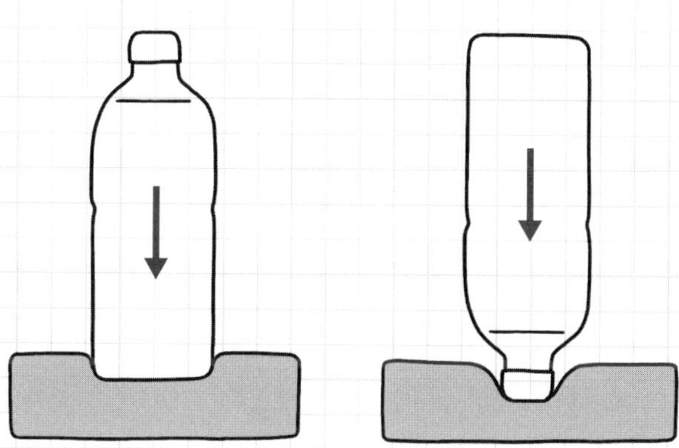

- ペットボトルを、底を下にしてスポンジの上に置いた場合と、キャップを下にして置いた場合では、キャップを下にした場合の方がスポンジのへこみが深くなる。
- これはスポンジにかかる力（重力）は等しいけれど、単位面積あたりに加わる力（圧力）はキャップが下の方が大きいから。
- 圧力の単位としてPa（パスカル）がよく使われる。
- $\text{圧力(Pa)} = \dfrac{\text{面を垂直に押す力(N)}}{\text{ふれあう面の面積}(m^2)}$ で計算する。

例 質量が1000gで、底面積が$5m^2$の物体が、図のように床の上に置かれています。100gに働く重力が1Nのとき、この物体が床におよぼす圧力は何Paですか。

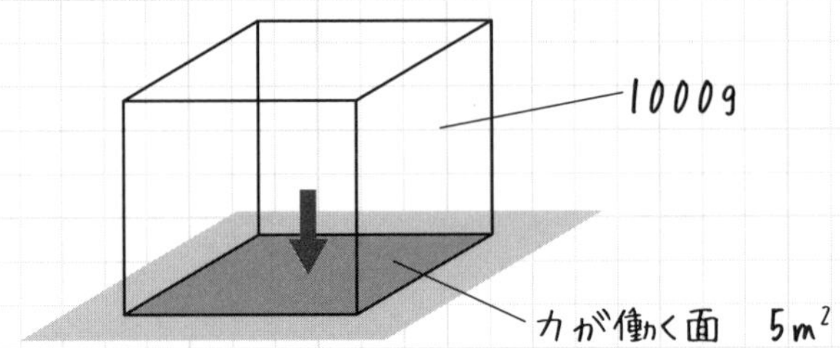

1000gの物体に働く重力は、$1000 \div 100 = 10$(N)

これが$5m^2$にかかるから、

圧力は$10(N) \div 5(m^2) = 2(N/m^2)$

$= \underline{2Pa}$

② 圧力と単位の換算

● こんな問題がよく出されます。

> 質量が2700gで底面積が300cm^{2}の物体の底面にかかる圧力は何Paですか。ただし質量100gにかかる重力は1Nとします。

2700gにかかる重力は、2700 ÷ 100 = 27(N)

これはよいとして、問題は300cm^2。

これを○○m^{2}に変える。

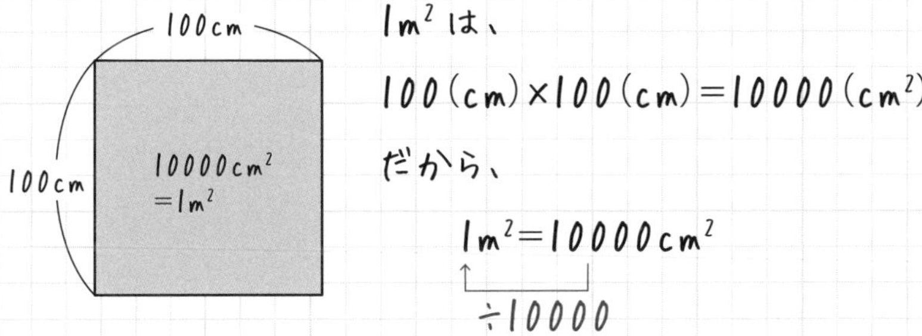

300cm^{2}は300 ÷ 10000 = 0.03(m^2)

求める圧力は、

27(N) ÷ 0.03(m^2) = 900(N/m^2) = 900(Pa)

練習問題でCheck!!　次の設問を考えてみよう。

質量が4000gの下のような直方体の物体があります。A面を下にするとき底面にかかる圧力は何Paですか。ただし100gの物体に働く重力は1Nです。

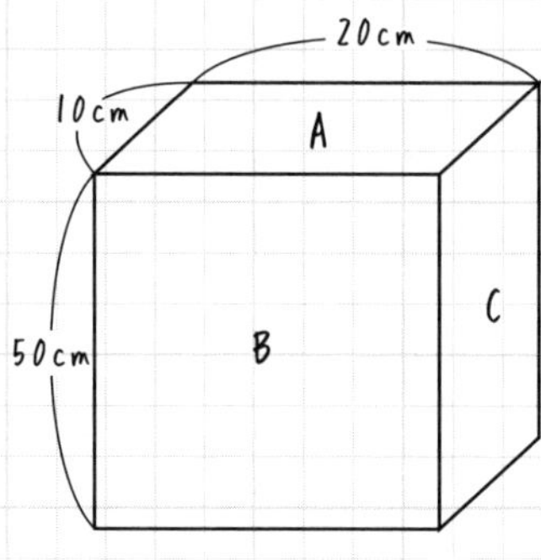

（　　　　　　）

答え

この物体にかかる重力は、4000÷100＝40（N）
A面の面積は20×10＝200（cm^2）
$1m^2$＝10000cm^2だから、m^2で表すと、200÷10000＝0.02（m^2）
圧力は、40（N）÷0.02（m^2）＝2000（N/m^2）＝<u>2000（Pa）</u>

7 力の合成と分解

① 力の合成

- 力が同じ方向に働くとき、

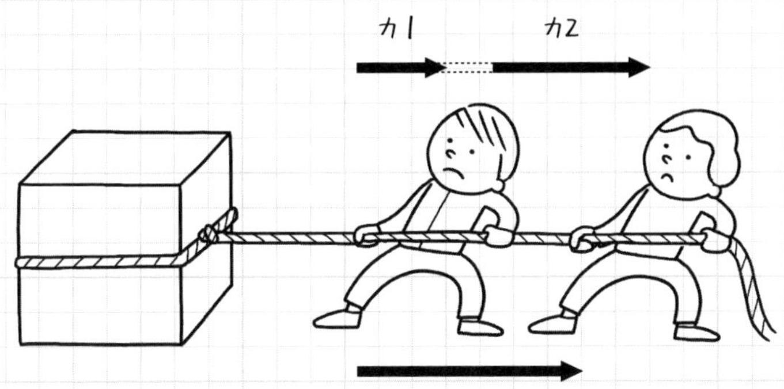

力1＋力2になる。

- 2力が反対方向に働くとき、

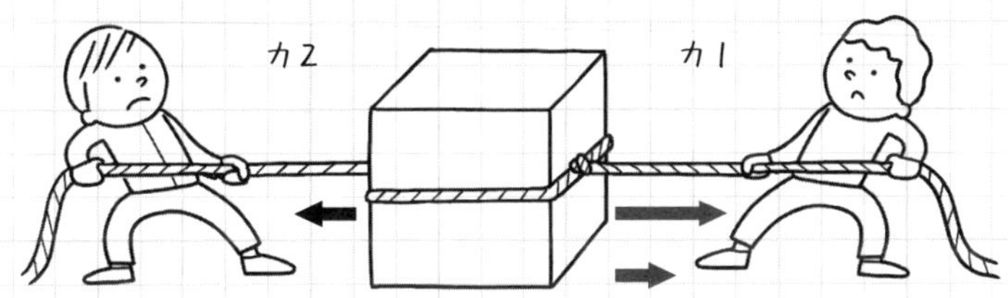

力1の大きさ>力2の大きさ

このとき、力1－力2になる。

● 2つの力に角度があるとき、

2つの力を2辺とする平行四辺形の対角線が、

合力(2力を合成した力)となる。

練習問題でCheck!! 次の設問に答えよう。

2つの力を合成した力Fを作図で求めてください。

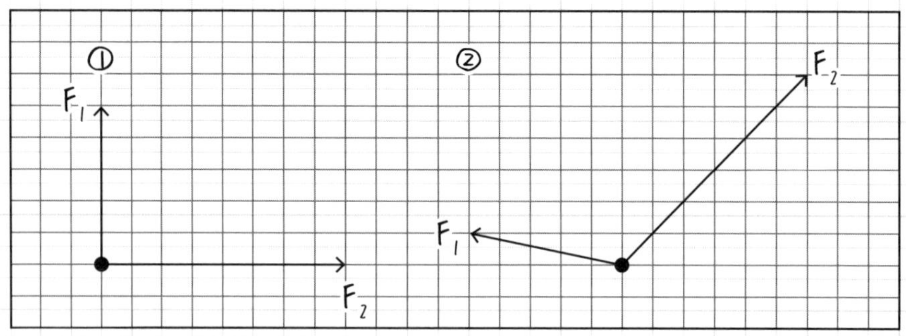

答え

平行四辺形は2組の対辺が平行な四角形。
そこでF1の矢印の先からF2に平行な直線を書き、F2の矢印の先からF1に平行な直線を書いて、この2つの直線の交点を求め、平行四辺形の対角線を書きます。

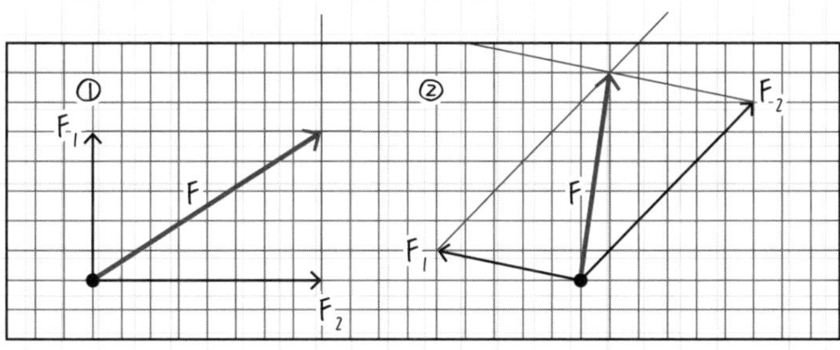

② 力の分解

- 平行四辺形の対角線が与えられたとき、平行四辺形の2辺を求める。
- 平行四辺形は2組の対辺が平行なので、対角線の矢印の先としっぽから平行線を引けば解決する!

例 重力を斜面に平行な力と、斜面に垂直な力に分解しなさいと言われたら…

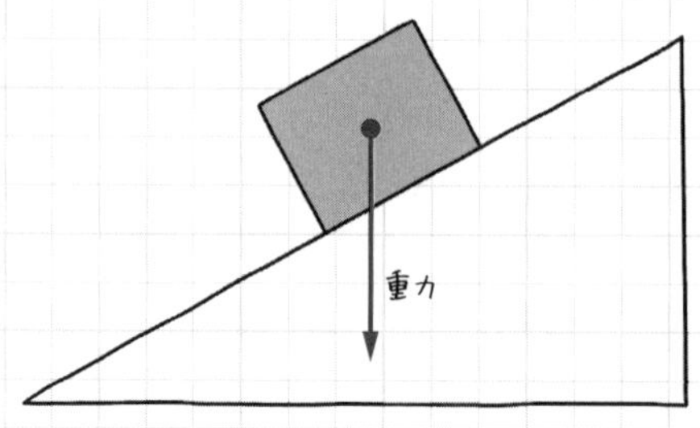

手順1 矢印のしっぽと先から、斜面に平行な直線を書く。

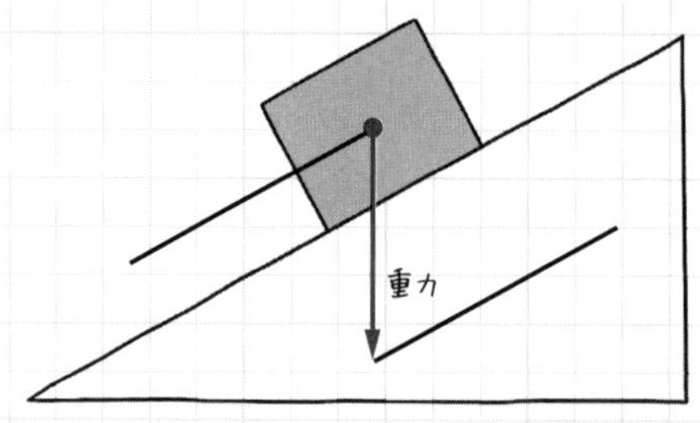

手順2 矢印のしっぽと先から、斜面に垂直な直線を書く。

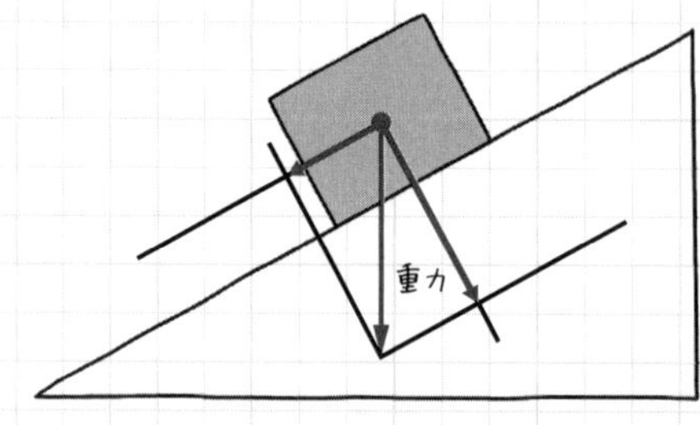

結果、重力は2本の赤い矢印に分解できる。

練習問題でCheck!! 力Fを破線の方向に分解してください。

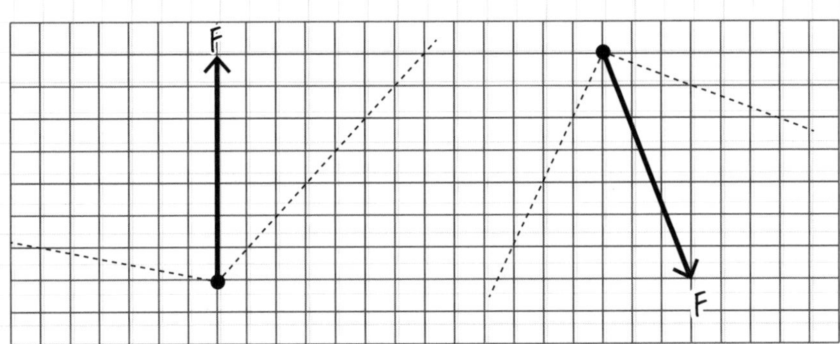

答え

合力が平行四辺形の対角線で、分力が平行四辺形の2辺とイメージできれば簡単です。

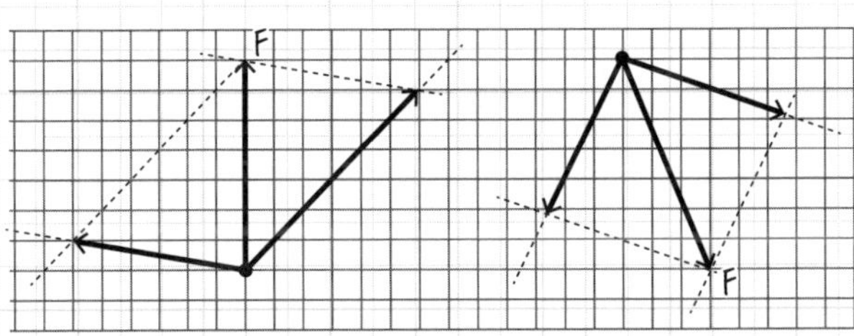

③ 3力のつりあい

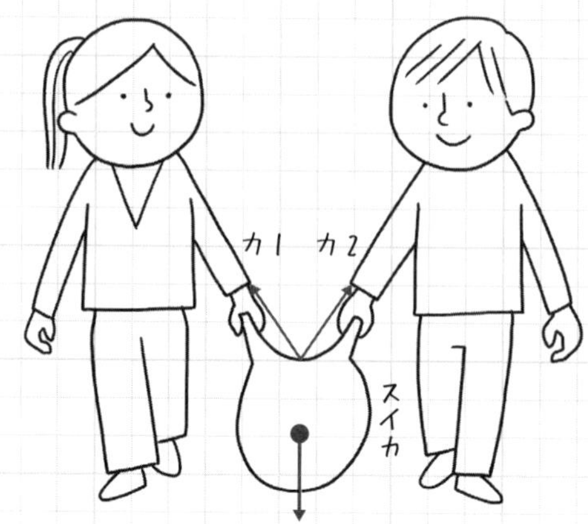

- 垂直方向にスイカが動かないのは、力1と力2と重力の3つの力がつりあっているから。
- 力1と力2は、合成して1つの力になる。
- この合力と重力がつりあっている。

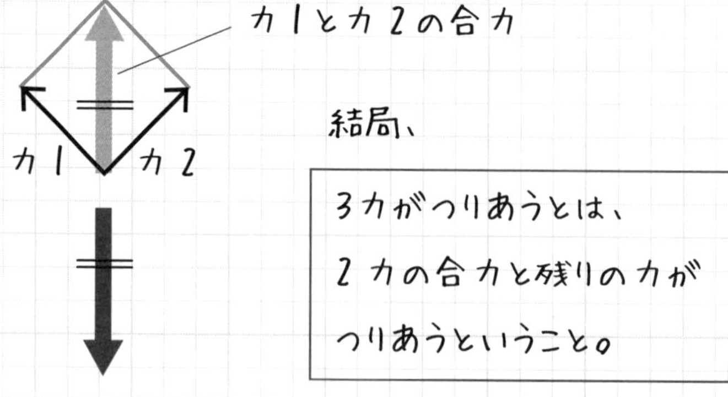

結局、

> 3力がつりあうとは、
> 2力の合力と残りの力がつりあうということ。

練習問題でCheck!! 次の設問を考えてみよう。

1 次の図で、Aさん、Bさんが引く力を作図してみよう。

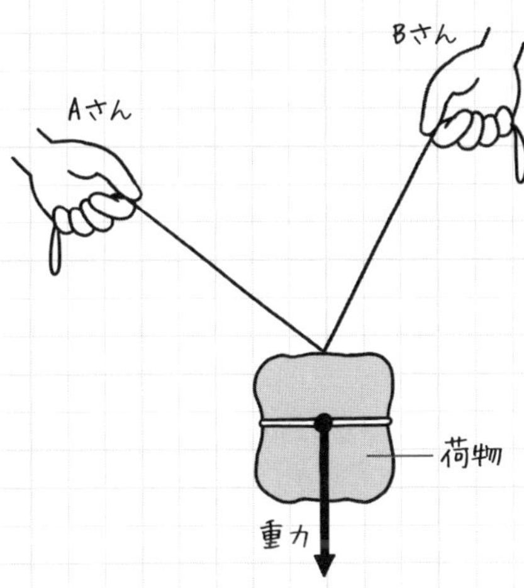

2 3本のひもOA、OB、OCで質量400gの物体を吊るしました。図の矢印はOA方向の力です。

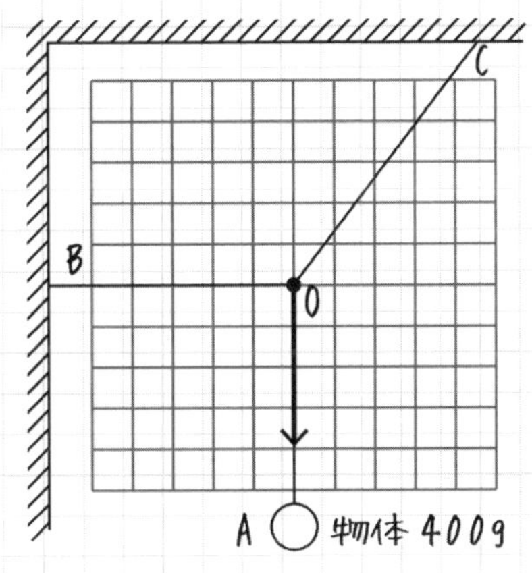

① O点に働くOB方向の力とOC方向の力を図に書き入れましょう。質量100gにかかる重力を1Nとします。

② O点に働くOB方向の力は何Nでしょうか。

(　　　　)

③ 3本のひもに働いている力の合力は何Nですか。

(　　　　)

答え

1

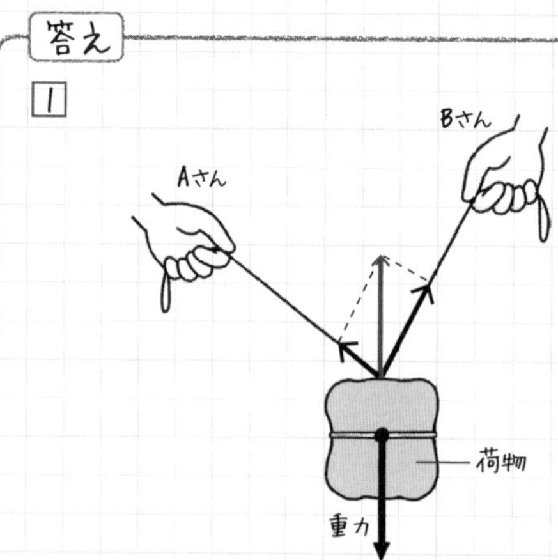

重力とつりあう力（赤い矢印）を書いて、それからこの矢印を合力（平行四辺形の対角線）とする分力（Aさんと Bさんの力）を作図する。

2 ① まず重力と同じ大きさ、反対向きで同一直線上にある力（赤い矢印）を書き入れる。そしてこれを対角線とする平行四辺形の 2 辺を作図する。

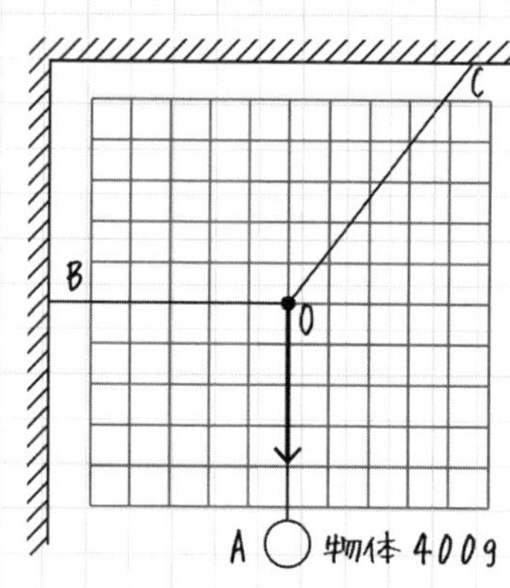

② OA 方向の矢印を見ると 4N が 4 目盛り。OB 方向の矢印は 3 目盛りなので、3N

③ 0N（ゼロ）。つりあっているので、当然 0N です。

8 仕事

① 仕事と仕事率

- 物理でいう仕事は、

  力の大きさ(N)×力の方向に動いた距離(m) で計算する。

- 単位はJ(ジュール)

例 10Nの力を加えて、力の向きに5m物体を動かしたとき、
この人が物体にした仕事は、
力の大きさ×移動距離＝10(N)×5(m)＝50(J)

- 仕事率は1秒あたりの仕事の量。
- 単位はW（ワット）
- 仕事率（W）＝仕事（J）÷時間（秒）　で計算する。
- 前ページの仕事50（J）を10秒でした場合の仕事率は、

仕事率（W）＝50（J）÷10（秒）＝5（W）

練習問題でCheck!!　次の設問に答えよう。

摩擦のある床に置いてある物体を、毎秒0.5mの一定の速さで引っぱりました。このとき、ばねばかりは15Nを示していました。

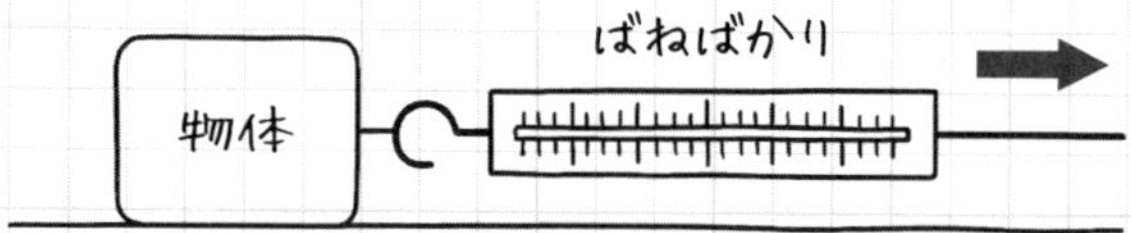

① 4秒間引いたとき、物体が移動した距離を求めてください。

（　　　　　　）

② このとき物体がされた仕事と仕事率を求めましょう。

仕事（　　　　　　）

仕事率（　　　　　　）

答え

① 0.5（m/秒）×4（秒）＝2（m）

② 仕事＝15（N）×2（m）＝30（J）　　仕事率＝30（J）÷4（秒）＝7.5（W）

② 斜面と仕事の原理

- 同じ仕事をするとき、たとえば質量1000gの物体を1m持ち上げるとき、それを垂直方向に持ち上げても、斜面という道具を使って持ち上げても、仕事の大きさ(J)は変わらない。
- これを仕事の原理という。

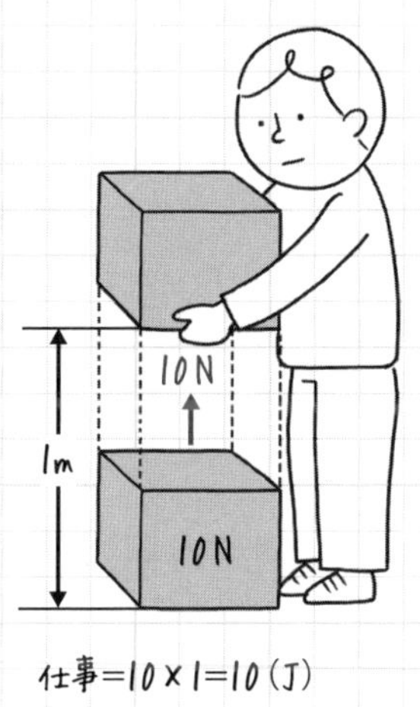

仕事=10×1=10(J)

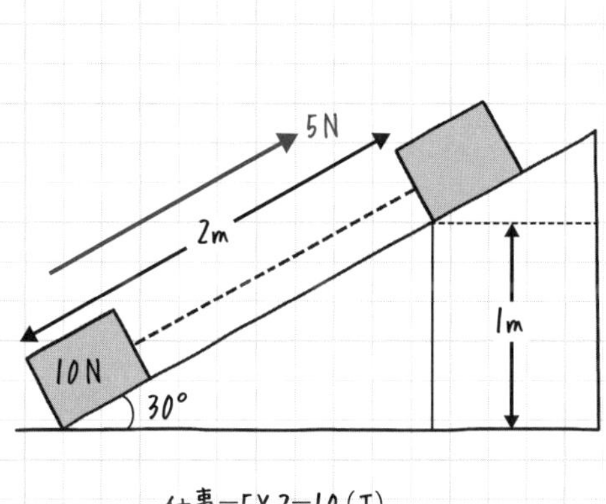

仕事=5×2=10(J)

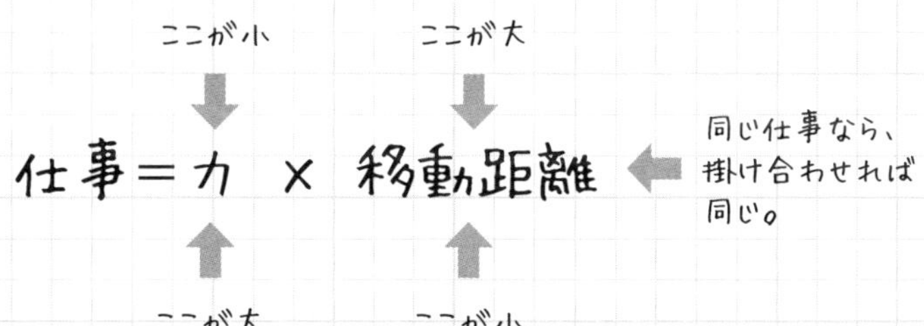

練習問題でCheck!!　次の設問を考えてみよう。

質量100gの物体に働く重力が1Nのとき、次の設問に答えてください。

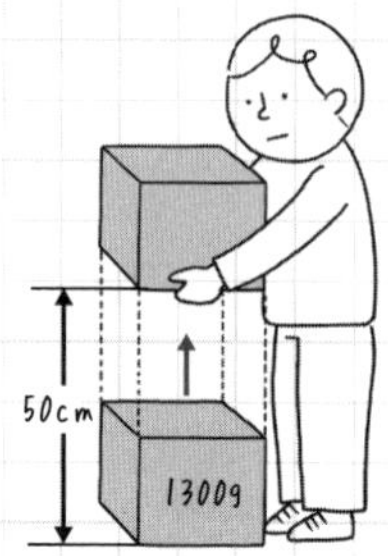

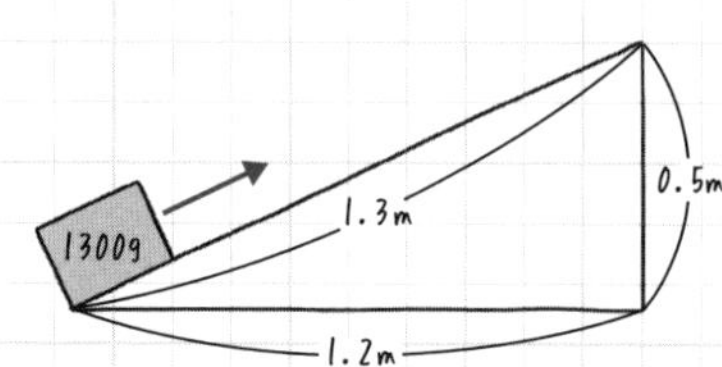

① 質量1300gの物体を50cm（0.5m）の高さに持ち上げるのに必要な仕事の大きさを求めましょう。（　　　　）

② 質量1300gの物体を上右図のように斜面に沿って1.3m引き上げるのに必要な仕事の大きさを求めましょう。（　　　　）

③ 斜面に沿って引き上げる力は何Nですか。（　　　　）

答え

① 1300gは100gの13倍だから、この物体に働く重力は13N。
上向きに13Nで0.5m持ち上げるから、仕事の大きさは、
13（N）×0.5（m）=6.5（J）

② 仕事の原理より　6.5（J）

③ 斜面に沿った力×1.3（m）=6.5（J）
斜面に沿った力=6.5（J）÷1.3（m）=5（N）

③ 滑車と仕事の原理

- 滑車には定滑車と動滑車がある。
- 定滑車は、滑車自体は動かない。
- 定滑車は力の向きを変える。

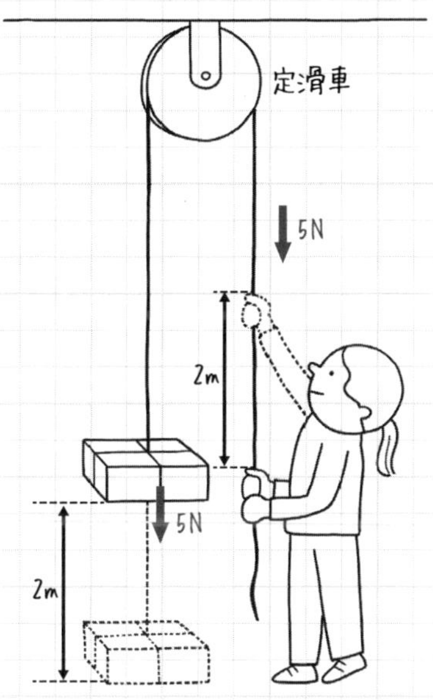

- 物体を2m持ち上げるとき、ロープも2m引っぱる。
- 重力が5Nかかっている物体を持ち上げるとき、ロープを引く力も5N。

- 動滑車は滑車自体が動く。
- 動滑車を使うと、物体にかかる重力より小さな力で持ち上げることができる。

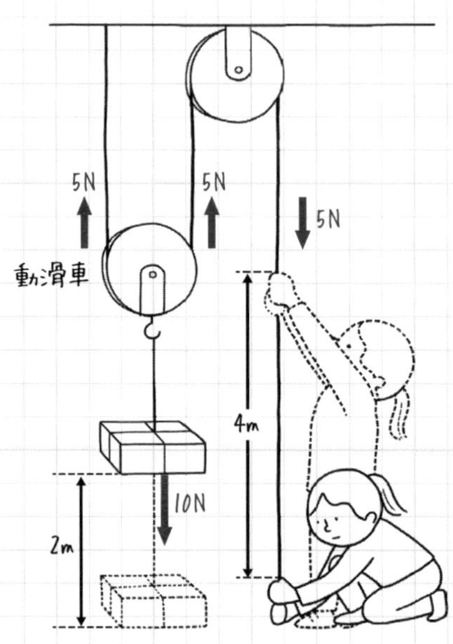

- 重力の半分で持ち上げることができる場合、ロープを、物体を持ち上げる距離の2倍引く。

練習問題でCheck!! 次の設問を考えてみよう。

質量100gの物体にかかる重力を1Nとします。

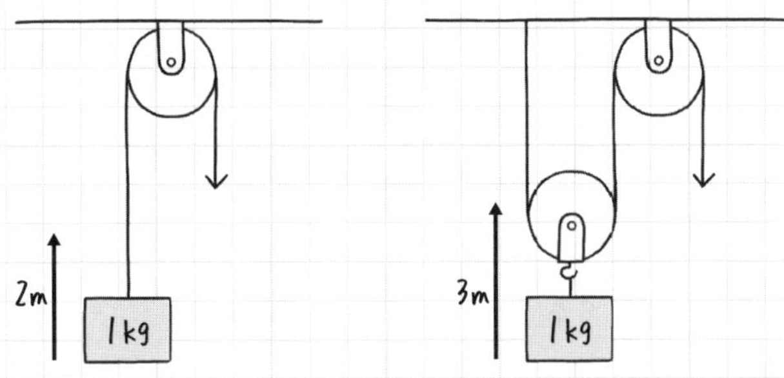

① 定滑車を使って質量1kgの物体を2m持ち上げるのに5秒かかりました。このときロープを引く力は何Nですか。また、この人が物体にする仕事は何Jでしょうか。この仕事の仕事率は何Wですか。

（　　　　）（　　　　）（　　　　）

② 上の動滑車で、質量1kgの物体を3m持ち上げるとき、ロープを引く力は何Nですか。また、そのときロープは何m引く必要がありますか。この人が物体にした仕事は何Jでしょうか。

（　　　　）（　　　　）（　　　　）

答え

① 1kg=1000g　これは100gの10倍だから、1kgにかかる重力は10(N)
(これがロープを引く力)
10Nで2mだから、仕事は、10(N)×2(m)=20(J)
20Jを5秒だから、仕事率は、20(J)÷5(秒)=4(W)

② 10Nが動滑車の左右のロープに5Nずつかかる。だからロープを引く力は5N
動滑車の左右のロープが3m短くなるから、ロープを3(m)×2=6(m)引く。
この人が物体にした仕事は、仕事の原理より、10Nで3mだから、
10(N)×3(m)=30(J)

④ てこと仕事の原理

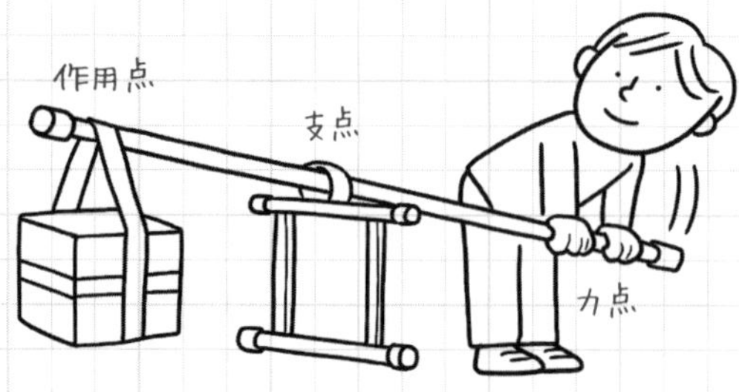

- ポイントは2つです。

ポイント1 てこの原理

力×うでの長さ＝一定

例 下図で、てこを押す力は？

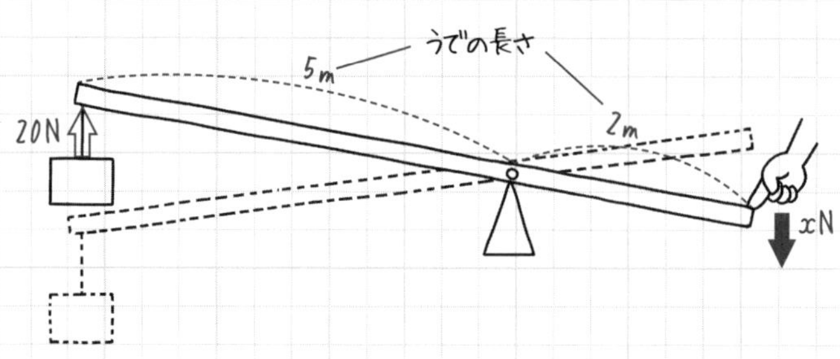

てこを押す力を xN とすると、

力×うでの長さ＝20(N)×5(m)＝x(N)×2(m)＝一定

より、

$x = 100 \div 2 = 50$(N)

ポイント 2

物体がされた仕事＝人がした仕事

例 下図のように、物体を15Nの力で4m持ち上げた。

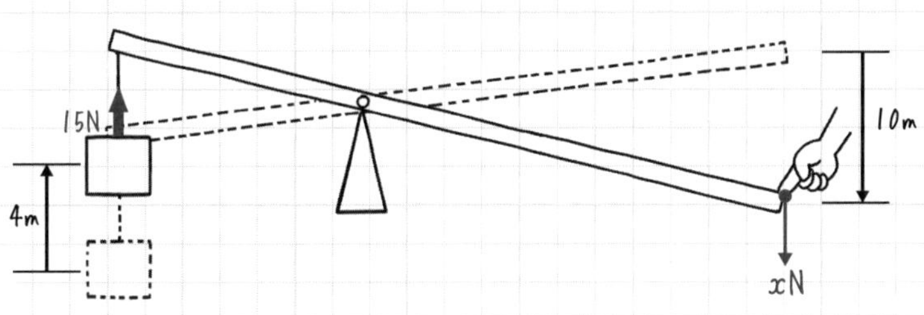

このとき、

- 物体がされた仕事は15Nで4mだから、

  $15(N) \times 4(m) = 60(J)$

- 物体がされた仕事＝人がした仕事だから、

  人がした仕事は60(J)

- 人がてこを押す力をxNとすると、

  人がした仕事＝$x(N) \times 10(m) = 60(J)$

  $x = 60 \div 10 = 6(N)$

練習問題でCheck!!　次の設問に答えよう。

下図のてこで、物体を20Nの力で1m持ち上げました。

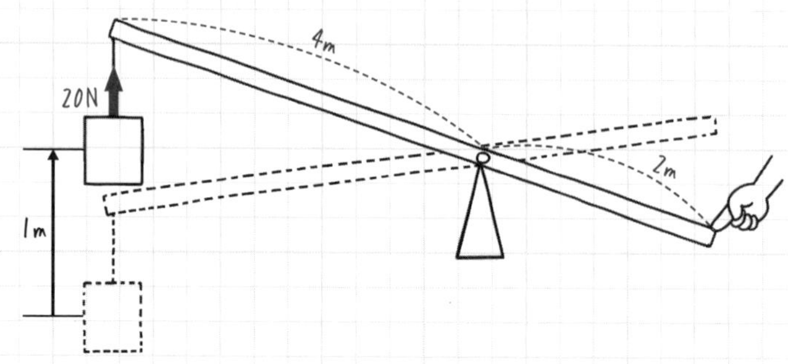

① てこの原理を使って、人がてこに加える力を計算してみよう。

(　　　　　　　　)

② ①で求めた力と、物体がされた仕事を用いて、手がてこを押し下げた距離を計算しましょう。

(　　　　　　　　)

答え

① 人がてこに加える力を xN とすると、てこの原理より、
20(N)×4(m)＝x(N)×2(m)
x＝80÷2＝<u>40(N)</u>

② 手がてこを y(m)押し下げたとする。
手がした仕事＝40(N)×y(m)
＝物体がされた仕事＝20(N)×1(m)
y＝20÷40＝<u>0.5(m)</u>

9 物体の運動

① 外から力が加わらないとき

- 静止している物体は静止したまま、運動している物体は等速直線運動を続ける。これを慣性の法則という。

例 テーブルクロスを取り去る芸（すばやく抜き取る）
上の食器類は止まっていようとするので、下のテーブルクロスだけを取り去ることができる。

- 止まっていたバスが動き出すとき、乗客は静止を続けようとするため、後方に倒れそうになる。

- 動いているカーリングのストーンは、等速直線運動を続ける。

② 外から力が加わる運動

- 外から力を加えると、止まっていた物体が動き始める。動いていた方向に力が加わると速さが増したり、動いていた方向と反対向きに力が加わると速さが減少したりする。
- 一定の力が加わると等加速度運動をする。
- 落下運動では、一定の力である重力が加わることで、速度が1秒ごとに9.8mずつ速くなる等加速度運動をする。

③ 自由落下

- 高いところから静かに物体を落とすと、その物体は自由落下する。
- 静かに物体を落とすとは、初速度0(m/s)ということ。
- 重力という一定の力が加わることで、
  重力加速度g＝9.8(m/s^2)の等加速度運動をする。
- 結果、速度が1秒ごとに9.8m速くなる。

- 自由落下の実験の結果、こういうことがわかる。

ただし、$g = 9.8 (m/s^2)$

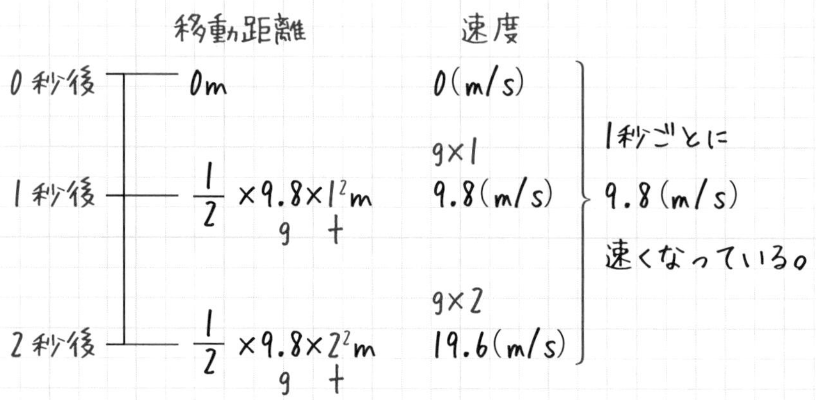

- 速度を $v (m/s)$、t 秒後の移動距離を $y (m)$ とすると、

$$v = gt \quad y = \frac{1}{2} gt^2$$

がなりたつ。

g は厳密には $9.8 (m/s^2)$ ですが、

計算が楽なように $10 (m/s^2)$ と与えられる問題も多い。

練習問題でCheck!! 次の設問に答えよう。

人があやまって崖から足をすべらせ、2秒後に地面に落ちました。

① この崖の高さは何mですか。

（　　　　　　）

② この人が地面に落ちたときの速さを求めましょう。重力加速度gは10(m/s²)として考えてみましょう。

（　　　　　　）

答え

① $y = \frac{1}{2}gt^2$

$= \frac{1}{2} \times 10\,(\mathrm{m/s^2}) \times 2^2\,(\mathrm{s^2}) = \underline{20\,(\mathrm{m})}$

② $v = gt = 10\,(\mathrm{m/s^2}) \times 2\,(\mathrm{s}) = \underline{20\,(\mathrm{m/s})}$

10 力学的エネルギー

① 位置エネルギー

- 力学的エネルギーには、位置エネルギーと運動エネルギーがある。
- 高いところにある物体は、重力による位置エネルギーを持つ。

高いところにある物体は、落下して下にある物体を動かしたり破壊したりする位置エネルギーを持っている。

- 質量が m (kg) で高さが h (m) のところにある物体の持つ位置エネルギー U は、重力加速度を g (m/s²) とするとき、

$$U = mgh\ (\text{J})$$ で計算する。

（J：ジュール）

練習問題でCheck!! 次の設問に答えよう。

地上 10m にある質量 5kg の物体が持つ位置エネルギーは何 J ですか。ただし重力加速度を $g = 10(m/s^2)$ とします。

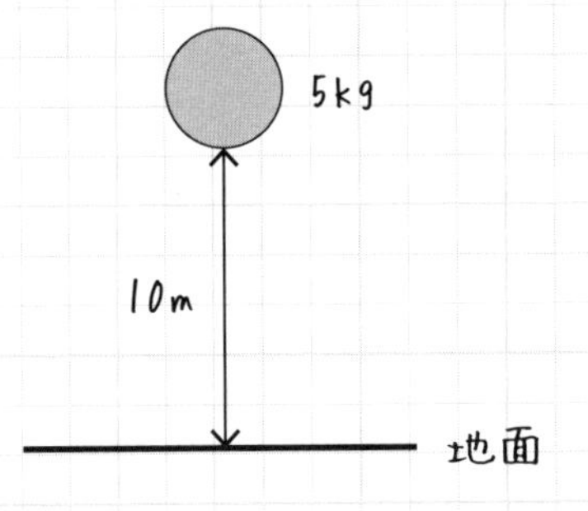

(　　　　　　　　)

答え

$mgh = 5(kg) \times 10(m/s^2) \times 10(m) = \underline{500}(J)$

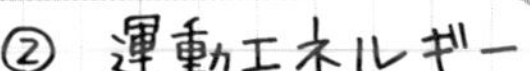

② 運動エネルギー

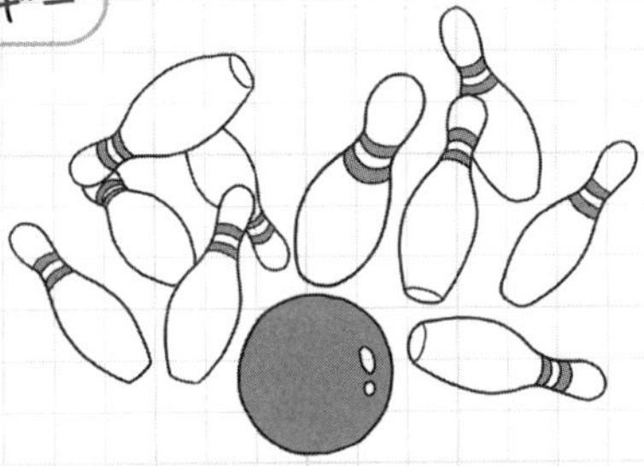

動いている物体は、運動エネルギーを持っている。

質量が m(kg) で、速度が v(m/s) の物体の持つ

運動エネルギーは、 $\frac{1}{2}mv^2(J)$

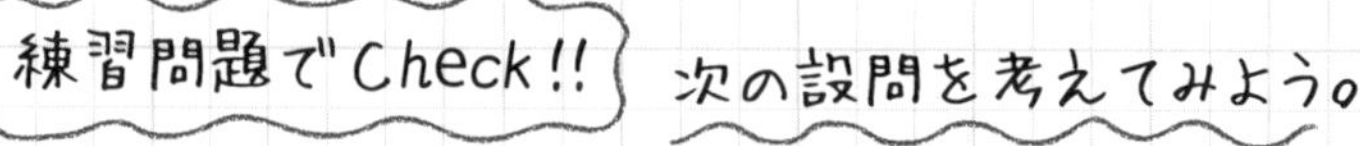

図のようなバスの運動エネルギーを計算してください。

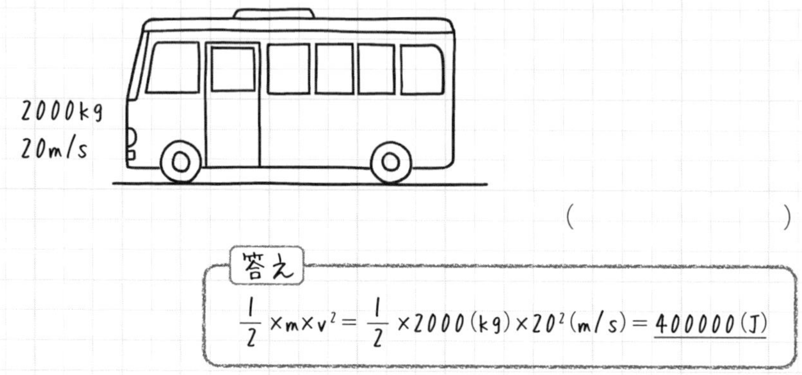

（　　　　　　　　　）

答え

$\frac{1}{2} \times m \times v^2 = \frac{1}{2} \times 2000(kg) \times 20^2(m/s) = \underline{400000(J)}$

③ 力学的エネルギー保存の法則

- 位置エネルギー＋運動エネルギーを力学的エネルギーという。
- 力学的エネルギーは一定。

$$mgh + \frac{1}{2}mv^2 = 一定$$

これを力学的エネルギー保存の法則という。

- 具体例として、20mの高さから静かに1kgの物体を自由落下させた場合で考えよう。ただし重力加速度を$10(m/s^2)$とする。

20m 位置エネルギーが、$mgh=1\times10\times20=200$(J)

$v=0$ なので運動エネルギーは 0(J)

$$mgh+\frac{1}{2}mv^2=200\,(\mathrm{J})$$

⇧ 200　⇧ 0

10m 位置エネルギーが、$mgh=1\times10\times10=100$(J)

$$mgh+\frac{1}{2}mv^2=200\,(\mathrm{J})$$

⇧ 100　⇧ 100

0m 位置エネルギーが 0(J)

$$mgh+\frac{1}{2}mv^2=200\,(\mathrm{J})$$

⇧ 0　⇧ 200

- 結局、位置エネルギーが減った分、運動エネルギーが増えて、2つのエネルギーの和は一定になる(位置エネルギーが増える分、運動エネルギーが減る場合もある)。

練習問題でCheck!! 次の設問に答えよう。

下図のように、質量 2kg の重りに軽い糸をつけ、天井から吊るしました。そして最初 A 点まで持ち上げ、それから手を離しました。重力加速度は $g = 10\text{m/s}^2$ とします。

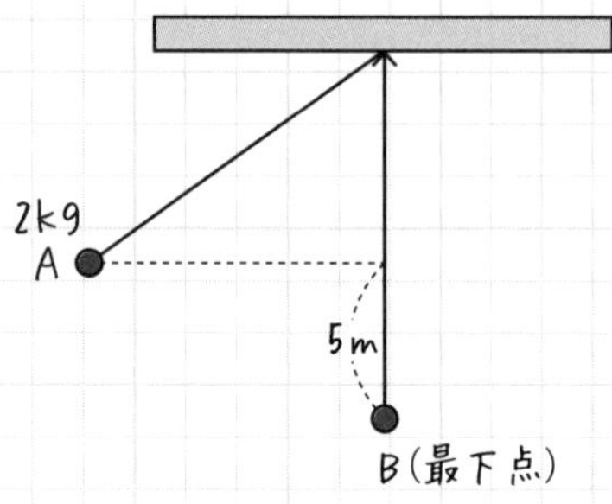

① A 点で重りが持つ位置エネルギーは何 J ですか。（　　　　　）

② B 点で重りが持つ運動エネルギーは何 J ですか。（　　　　　）

③ B 点における重りの速さを求めましょう。（　　　　　）

答え

① $mgh = 2(\text{kg}) \times 10(\text{m/s}^2) \times 5(\text{m}) = \underline{100(\text{J})}$

② 力学的エネルギー＝位置エネルギー＋運動エネルギー＝100J
位置エネルギー＝0(J)だから、運動エネルギー＝<u>100(J)</u>

③ 運動エネルギー＝ $\frac{1}{2} \times m(\text{kg}) \times v^2(\text{m/s})$

$= \frac{1}{2} \times 2 \times v^2 = 100$　　　$v = \underline{10(\text{m/s})}$

間地 秀三（まじ・しゅうぞう）

1950年生まれ。長年にわたり小学・中学・高校生に個人指導を行う。その経験から生み出されたノウハウを書籍として発表、好評を博する。
主な著書『小・中・高の計算まるごとおさらいノート』『中学数学がまるごとわかる』『高校数学がまるごとわかる』『小・中・高の理科がまるごとわかる』（以上、ベレ出版）、『快感数学ドリル 思わず大人も没頭する文章題と図形の問題』（SBクリエイティブ）、『〈改訂増補〉小学校6年間の算数が面白いほど解ける65のルール』（明日香出版社）、『小学校6年間の算数が6時間でわかる本』『中学3年間の数学を8時間でやり直す本』（以上、PHP研究所）他多数。

◉── 装丁　坂川 朱音
◉── イラスト　いげた めぐみ
◉── DTP・本文図版　清水 康広
◉── 校正　曽根 信寿

小・中・高の理科 まるごとおさらいノート

2023年12月25日　初版発行

著者	間地 秀三
発行者	内田 真介
発行・発売	ベレ出版 〒162-0832　東京都新宿区岩戸町12 レベッカビル TEL.03-5225-4790 FAX.03-5225-4795 ホームページ　https://www.beret.co.jp/
印刷	モリモト印刷株式会社
製本	根本製本株式会社

ISBN 978-4-86064-748-3 C2040　　編集担当　新谷友佳子

累計111万人が学んだ
間地先生の計算㊙ノート

小学校　$0.53\overline{)6.15}$　← この計算の答えと余りは どこに小数点を打つのが正解？

中学校　$3\sqrt{5}-2\sqrt{20}$　← 何をどうやって計算するんでしたっけ？

高校　Σ　log　$\int$　lim　← 何でしたっけ、この記号？

こんな方は是非本書で、手と頭をフルに動かして、
愉しみながらもう一度学生気分を味わってみてください!!

小・中・高の計算
まるごとおさらいノート

間地秀三 著

A5 並製／定価 1980 円（税込）■ 344 頁

ISBN978-4-86064-704-9 C2041

小・中・高で習う〈計算〉を、ざーっとおさらいできるマル秘ノート。足し算・引き算から始めて一歩ずつ着実に解き方を確認し、練習問題では実際に手を動かして解いてみることで理解を定着させていきます。各項目で押さえておくべき Point が明確に示してあるので、無駄なく楽しく学習を進めながら、必ず微分積分まで到達できます。数学は中学あたりで挫折した人、文系なので微積まで習わなかった人…など、どんな人でも楽しみながら着実に学べる、大人のための計算ノートです。